"十四五"职业教育国家规划教材

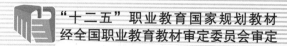
"十二五"职业教育国家规划教材
经全国职业教育教材审定委员会审定

U0191059

工程招投标与合同管理 （第2版）

【活页式教材】

主　编　蓝兴洲　周　玲

副主编　刘彦君　周　斌　黄艳晖　陈　晨　陈深根　钟上升

参　编　向环丽　于　淼　黄海棠

 新形态教材

重庆大学出版社

内容提要

本书是"十四五"职业教育国家规划教材。

本书是根据教育部对高职高专教育的教学基本要求编写的全国高职高专建筑类专业规划教材。教材从职业教育的特点和高职学生的知识结构出发,运用先进的职业教育理念,强调知识的实用性,注重专业能力的培养。全书共9个模块,主要内容包括:工程招投标概述,资格审查,工程招标,工程投标,开标、评标和中标,工程招标投标投诉与处理,建设工程合同,建设工程施工合同管理,工程施工索赔。

本书可作为建筑经济管理、工程造价、建筑工程技术、建设工程管理及其他各土建类专业高职高专教材;也可供建筑施工企业、工程监理机构、建设单位、工程招投标代理机构及相关单位的工程管理人员、技术人员参考。

图书在版编目(CIP)数据

工程招投标与合同管理 / 蓝兴洲,周玲主编. --2
版. --重庆:重庆大学出版社,2021.9(2024.1 重印)
高职高专建筑工程技术专业系列教材
ISBN 978-7-5689-3054-3

Ⅰ.①工… Ⅱ.①蓝… ②周… Ⅲ.①建筑工程—招
标—高等职业教育—教材②建筑工程—投标—高等职业教
育—教材③建筑工程—经济合同—管理—高等职业教育—
教材 Ⅳ.①TU723

中国版本图书馆 CIP 数据核字(2021)第 237303 号

工程招投标与合同管理
GONGCHENG ZHAOTOUBIAO YU HETONG GUANLI
(第 2 版)

主　编　蓝兴洲　周　玲
副主编　刘彦君　周　斌　黄艳晖
　　　　陈　晨　陈深根　钟上升
参　编　向环丽　于　淼　黄海棠
策划编辑:鲁　黎
责任编辑:鲁　黎　　版式设计:鲁　黎
责任校对:谢　芳　　责任印制:张　策

*

重庆大学出版社出版发行
出版人:陈晓阳
社址:重庆市沙坪坝区大学城西路 21 号
邮编:401331
电话:(023) 88617190　88617185(中小学)
传真:(023) 88617186　88617166
网址:http://www.cqup.com.cn
邮箱:fxk@ cqup.com.cn(营销中心)
全国新华书店经销
重庆愚人科技有限公司印刷

*

开本:787mm×1092mm　1/16　印张:21　字数:540千
2021 年 9 月第 2 版　　2024 年 1 月第 12 次印刷
印数:10 001—13 000
ISBN 978-7-5689-3054-3　定价:48.00 元

编写人员名单

主　编　蓝兴洲　广西机电职业技术学院
　　　　周　玲　广西机电职业技术学院
副主编　刘彦君　广西机电职业技术学院
　　　　周　斌　广西工业职业技术学院
　　　　黄艳晖　广西工业职业技术学院
　　　　陈　晨　广西工业职业技术学院
　　　　陈深根　广西深根建设集团有限公司
　　　　钟上升　广西电网有限责任公司
参　编　向环丽　广西财经学院
　　　　于　淼　广西财经学院
　　　　黄海棠　广西机电职业技术学院

第2版前言

建筑业是国民经济的重要支柱产业,与整个国家的经济发展、人民生活水平的改善有着密切的关系。改革开放以来,建筑业得到了迅速发展,伴随着国民经济体制的改革,建筑业推行了工程招投标管理制度和建设工程施工合同管理制度。两项制度密不可分,与其他制度一起,共同促进了建筑业的规范发展和与国际接轨。

建筑业的规范发展归根结底是人才的培养。掌握工程招投标能力和施工合同管理能力,已成为建设行业各类人才必备的技能,特别是工程造价人员、工程施工管理人员。

本教材以习近平新时代中国特色社会主义思想为指导,围绕全面发展的教育由德育、智育、体育、美育和劳动技术教育构成的宗旨,坚持立德树人、德技并修,推动思想政治教育与技术技能培养融合统一。在知识结构方面,将思想政治教育融入教材,深入推进育人方式,重点突出有效知识,构建支持学生终身学习的基础知识结构,力图将本专业领域的最新知识和成果用在教材里。在能力培养方面,注重培养学生发展核心素养,注重专业精神、职业精神、工匠精神的培养,重点突出教材实践性,体现以学生为中心,"做中学、做中教",确立工学结合一体化的培养方案;通过产教融合、校企深度合作,注重与职业资格证书的衔接,引入了造价师、建造师等岗位对工程招投标和合同能力的考核标准,使教材紧密结合岗位需求。在教材编写上按模块化学习,以任务为导向,突出实践案例。

本次修订采用了2021年1月1日起施行的《中华人民共和国民法典》、2019年3月18日修正的《中华人民共和国招标投标法》,2017年3月1日修订的《中华人民共和国招标投标法实施条例》及地方政府最新发布的文件和公布的工程电子招投标文件;采用最新的《建设工程施工合同(示范文本)》(GF—2017—0201),使课程标准更加符合法律法规规定的要求。

本教材编写的主要亮点包括:

1.明确教育服务经济社会发展能力显著增强的要求,相关现行法律法规和规范，采用最新案例，注重教材的科学性和先进性。

2. 根据学生接受知识点讲授最佳时间为 20 分钟的教育教学规律，利用"互联网+"，在各个模块不同位置加入二维码，分别设置了案例辨析、课程育人、分组讨论、课堂互动、项目实训等环节，注重理实一体化，并穿插思政教育和劳动教育。

3. 以学生为中心开展教学，学生可在课程中享受教、学、思、做、竞赛、演讲等过程，打破枯燥的课堂，较好地培养学生实际操作能力和综合素质。

4. 对接建设领域"1+X"职业技能等级证书。

5. 以就业为导向实施教学改革，强调知识的实用性，注重专业能力的培养和职业道德的养成。

本教材由蓝兴洲、周玲主编。具体编写分工如下：模块 1、模块 2 由蓝兴洲、陈深根编写；模块 3 由周玲编写；模块 4 由周斌编写；模块 5 由刘彦君编写；模块 6 由黄艳晖、陈晨编写；模块 7 由向环丽编写；模块 8 由于淼编写；模块 9 由钟上升编写；各模块的复习思考与练习由黄海棠编写。全书由周玲统稿。

本教材在编写过程中，还得到了广西建设工程机电设备招标中心有限公司、广西国盛招标有限公司、江苏国泰新点软件有限公司、广西深根建设集团有限公司、广西德胜工程项目管理有限公司及许多相关单位专业人员的支持和帮助，得到了广西机电职业技术学院、广西财经学院及广西工业职业技术学院等单位领导的大力支持。在此，对有关单位、领导和人员表示衷心的感谢！

由于编者的学识和理论水平有限，书中难免有不当及疏漏之处，望广大师生、同行和读者批评指正！

为方便教师教学，本教材配有免费电子教学课件、习题参考答案、实训指导书及数套实际工程招投标文件等教学资源。请与出版社联系。

编 者

2021 年 1 月

目 录

工程招投标概述

[**模块概述**]

工程招投标,是在工程建设领域实行招投标机制,使建设单位和施工、勘察、设计、监理等单位进行公平交易、平等竞争,从而达到确保工程质量、控制工程进度、降低工程造价、提高投资效益的目的。本模块是工程招投标的基础知识,介绍了工程招投标的含义和内容,包括工程招投标的相关概念、招投标的原则、特点、分类;介绍了工程招投标的法律体系,包括工程招投标法律体系的组成、对《中华人民共和国招标投标法》(以下简称《招标投标法》)的认识、对《中华人民共和国招标投标法实施条例》(以下简称《招标投标法实施条例》)的认识;介绍了工程招标投标市场,包括招标人、投标人、招标代理机构、招标交易场所;介绍了工程招投标程序及监督,包括工程招标投标的基本程序、监督体系及行政监督。

[**学习目标**]

掌握 工程招投标的原则;工程建设项目的概念;招标人、投标人、招标代理机构、招标交易场所的基本内容。

熟悉 工程招投标的相关概念、工程招投标的特点;工程招投标法律体系的组成。

了解 工程招投标分类;《招标投标法》的基本内容、《招标投标法实施条例》的基本内容;工程招标投标的基本程序、监督体系及行政监督。

[**能力目标**]

对我国工程招投标制度形成全方位的基本认识,初步具有工程招投标知识能力,为下一步继续学习工程招投标知识打下坚实的基础。

[**素质目标**]

培养学生的工程招投标法律意识,增强专业及职业素养,提高学生的综合学习能力。同时让学生明白,知识是从刻苦劳动中得来的,任何成就都是刻苦劳动的结果。同时作为公民和学生,必须遵守国家法律、社会法规和学校规章制度。

[案例导入]

微课:我国第一个工程招投标项目
我国第一个工程招投标项目——鲁布革水电站引水工程

任务 1.1   工程招投标的含义和内容

招投标,即招标和投标,是市场经济发展到一定阶段的产物,是一种特殊的商品交易方式,在国际工程建设领域普遍采用。随着我国社会主义市场经济体制的不断完善,在工程建设领域引入了招投标机制,其目的是使建设单位和施工、勘察、设计、监理等单位进行公平交易、平等竞争,从而确保工程质量,控制工程进度,降低工程造价,提高投资效益。

1.1.1   相关概念

（1）工程建设项目

工程建设项目,是指工程以及与工程建设有关的货物、服务。所谓工程,即建设工程,包括建筑物和构筑物的新建、改建、扩建及其相关的装修、拆除、修缮等;与工程建设有关的货物,指构成工程不可分割的组成部分,且为实现工程基本功能所必需的设备、材料等;与工程建设有关的服务,指为完成工程所需的勘察、设计、监理等服务。

工程建设项目,不仅包括建设工程的新建、改建、扩建及其相关的装修、拆除、修缮等工程的施工项目,也包括与工程建设有关的设备、材料等货物的采购项目及为工程建设提供的勘察、设计、监理等服务项目。

（2）招标投标

招标投标简称招投标,指招标人对拟招标项目事先公布指标和要求,多个投标人参加竞争,招标人按照规定的程序择优选择中标人的行为。

随着我国市场经济的发展,国家不仅在工程建设的勘察、设计、施工、监理、重要设备和材料采购的各个领域实行强制招标制度,而且在政府采购、机电设备进口、医疗器械及药品采购、国有土地使用权出让等方面也广泛推行招标方式。此外,在城市基础设施项目、政府投资公益性项目等建设领域,以招标方式选择项目法人、特许经营者、项目代建单位、评估咨询机构及贷款银行等也越来越常见。

招标通常作为一种采购方式,招标人是花钱采购的买方,投标人是有意向买方提供货物、工程或服务,并取得相应价款的卖方。但是在实践中,也有以招标方式出卖的,如国有土地使用权的出让。以招标方式出卖的,通常都是紧缺资源、供不应求的商品或财产权利等。

（3）工程招投标

工程招投标即工程招投标活动,是指拟对工程建设项目进行招标的法人或其他组织作为招标人,依法提出相应的要求和条件,通过发布招标公告或投标邀请书吸引潜在的投标人参加投标,按照规定程序组织技术、经济和法律等方面专家对投标人进行综合评审,从中选择最符合招标要求的投标人作为中标人的行为过程。简单地说,就是招标人为其工程建设项目依法选择工程承包人、货物供应商或服务提供方的过程。其实质是以合理的价格获得最优的工程、货物和服务。它包括招标、投标、开标、评标、中标以及签订合同等各阶段。

1.1.2　工程招投标的原则

开展工程招投标活动,必须遵守公开、公平、公正和诚实信用的原则,这是最基本的原则。违反了这一原则,开展工程招投标活动的预期目的将无法实现。

(1)公开原则

公开原则就是要求工程招投标活动具有高度透明性,包括信息公开和过程公开。

招标活动应当在国家指定的报刊、信息网络或者其他媒介发布招标公告、公开开标、公开中标结果,使每一个投标人获得同等的信息,避免出现信息不对称。

开标时,招标人应当邀请所有投标人参加,招标人在招标文件要求提交截止时间前收到的所有投标文件,开标时都应当当众予以拆封、宣读。中标人确定后,招标人应当在向中标人发出中标通知书的同时,将中标结果通知所有未中标的投标人。

(2)公平原则

公平原则要求给予所有投标人平等的机会,使其享有同等的权利,履行同等的义务,不歧视或排斥任何一方。

依法必须进行招标的项目,其招标投标活动不受地区或者部门的限制,任何单位和个人不得违法限制或者排斥本地区、本系统以外的法人或者其他组织参加投标,不得以任何方式非法干涉招标投标活动。

(3)公正原则

公正原则要求招标人在招标投标活动中应当按照统一的标准衡量每一个投标人的优劣,公正对待每一个投招标人,不偏不倚。

如在进行资格审查时,招标人应当按照资格预审文件或招标文件中载明的资格审查的条件、标准和方法对潜在投标人或者投标人进行资格审查,不得改变载明的条件或者以没有载明的资格条件进行资格审查。评标过程中,评标委员会应当按照招标文件确定的评标标准和方法,对投标文件进行评审和比较。评标委员会成员应当客观、公正地履行职务,遵守职业道德。

(4)诚实信用原则

诚实信用原则,是我国民事活动所应当遵循的一项重要基本原则。《中华人民共和国民法典》(以下简称《民法典》)第 6 条规定,"民事主体从事民事活动,应当遵循公平原则,合理确定各方的权利和义务。"《民法典》第 7 条也明确规定,"民事主体从事民事活动应当遵循诚实信用原则,秉持诚实,恪守承诺。"招标投标活动作为订立合同的一种特殊方式,同样应当遵循诚实信用原则。

这条原则要求投标当事人应以诚实、守信的态度,履行义务,以维护交易秩序和各方利益平衡。如在招标过程中,招标人不得发布虚假的招标信息,不得擅自终止招标;在投标过程中,投标人不得以他人名义投标,不得与招标人或其他投标人串通投标;中标通知书发出后,招标人不得擅自改变中标结果,中标人不得擅自放弃中标项目,否则将承担相应的法律责任。

1.1.3　工程招投标交易方式的特点

工程招投标作为工程交易过程的重要方式,其最显著的特征就是在各方平等的条件下,充分发挥竞争机制的作用,优胜劣汰,以较低的价格获得较优的工程、货物或服务,从而达到提高经济效益、保证工程质量的目的,实现资源的优化配置。与传统的直接发包等非竞争性交易方式相比,具有明显的优越性,主要表现在:

(1)法制性强、程序规范

作为一种特殊的交易方式,工程招投标活动制定有完善的法律法规,并且详细到具体的程序、文本。工程招投标活动的每一个环节都必须遵循相应的法律法规。程序上的微小差错,都可能产生重大偏差,从而导致招投标活动终止或结果无效。如对招标文件的发售,法律规定不得少于5日。如果实际少于5日,即使其他招标活动全部合法进行完毕,确定了中标人,整个招投标活动也会被认为无效而重新招标。

(2)专业性强、技术要求高

工程招投标文件包括商务文件和技术文件两大部分。工程招投标活动涉及工程技术、工程经济、工程管理和法律法规等各方面知识,因此,招投标活动专业性强技术要求高,国家对参与招投标活动的单位和人员都有明确的规定。如要求招标人必须具有编制招标文件和组织评标能力;设立由工程技术、经济、法律等方面的专家参与的评标专家委员会;对投标人实行资格审查等。

(3)透明度高、监督性强

工程招投标活动充分体现公开、公平、公正的原则,投标人不受地区或者部门的限制,所有符合资格的潜在投标人都有机会参与竞争;整个招投标活动都处在行政监督之下,任何单位和个人不得非法干涉。投标人或其他利害关系人认为招标活动不符合规定的,都有权依法向有关行政监督部门投诉。

(4)经济效益显著、促进资源节约

招投标活动通过最大限度地吸引投标人参与竞争,招标人能够以较低的价格选择可靠的中标人,从而获得较优的工程、货物和服务,节约资金,提高经济效益。投标人为了中标,将努力引进先进技术,提高管理水平,降低成本、提高质量,并提高企业的经济效益。招投标活动的结果将促进社会资源的节约,并提高社会经济效益。

(5)减少腐败现象、促进社会公平

招标投标活动要求依照法定程序公开进行,有利于社会监督,防止徇私舞弊、暗箱操作等问题的产生,从而减少腐败现象,促进社会公平。

当然,招标投标活动也有其缺点和不足,主要是招标投标程序复杂,费时较多,法律要求非常严格,稍有考虑不周,就会发生流标、废标等情况,造成人力、物力和时间的浪费。因此,有些价值较低的工程建设项目,不适宜采用招标投标方式。

[课程育人]

微课:工程招标的原则与程序
1.什么是工程招投标?它的原则和程序是什么?
2.将来我们到工作岗位应该具备什么样的职业道德?

1.1.4　工程招投标分类

（1）按照工程建设项目标的物属性划分

按照工程建设项目标的物属性不同,工程招投标分为工程施工、货物、服务三大类。

①工程施工招投标,指对建设工程的新建、改建、扩建及其相关的装修、拆除、修缮等选择合格的工程施工承包单位的招投标方式。工程施工是形成建筑产品实体的阶段,也是工程建设项目中建设资金花费最多的阶段,工程施工质量和工程施工进度又直接影响建设项目的最终使用。因此,工程施工招投标在工程招投标中占主导地位。

②工程货物招投标,指对与工程建设项目有关的重要设备、材料选择合格供货商的招投标方式。工程建设项目的重要设备、材料的采购一般不在施工企业工程承包范围内,由建设单位单独采购用于工程建设。为了保证工程质量、提高投资效益,根据法律规定,需要对工程货物单独进行招投标,如对工程项目所需的电梯、供配电系统、空调系统等采购任务进行的招标。投标方通常为材料供应商、成套设备供应商。

③工程服务招投标,指对为工程建设提供的勘察、设计、监理等服务项目选择合格服务商的招投标方式。勘察、设计是工程建设过程的前期重要阶段,由勘察单位和设计单位分别完成。工程监理是确保工程投资、质量、进度有效控制的一项制度,由监理单位完成。为了保证工程质量、提高投资效益,根据法律规定,需要对工程服务的勘察、设计、监理等进行招投标。工程服务招投标,投标人必须具有国家颁发的勘察、设计、监理等企业资质。

工程货物、工程服务招投标可以单独进行招投标,也可以与工程施工合并实行总承包招标。

（2）按工程项目承包的范围划分

按工程项目承包的范围不同,工程招投标可分为项目总承包招投标、项目阶段性招投标、设计施工招投标、工程分承包招投标及专项工程承包招投标。

①项目全过程总承包招投标,即选择项目全过程总承包人招投标。这种方式又可分为两种类型,其一是指工程项目实施阶段的全过程招投标;其二是指工程项目建设全过程的招投标。前者是在设计任务书完成后,从项目勘察、设计到施工交付使用进行一次性招投标;后者则是从项目的可行性研究到交付使用进行一次性招投标,业主只需提供项目投资和使用要求及竣工、交付使用期限,其可行性研究、勘察设计、材料和设备采购、土建施工设备安装及调试、生产准备和试运行、交付使用,均由一个总承包商负责承包,即所谓"交钥匙工程"。承揽"交钥匙工程"的承包商被称为总承包商,绝大多数情况下,总承包商要将工程部分阶段的实施任务分包出去。

②工程分承包招投标,是指中标的工程总承包人作为招标人,将其中标范围内的部分专业项目或次要项目,通过招标投标的方式分包给具有相应资质的分承包人的招投标方式。中标的分承包人只对招标的总承包人负责。

③专项工程承包招投标,指在工程施工招投标中,对其中某项比较复杂或专业性强、施工和制作要求特殊的单项工程进行单独招投标的方式。

（3）按工程类别及行业管理分类

按与工程建设相关的工程类别及行业管理部门划分,可将工程招投标分为以下几类:

1）房屋建筑和市政基础设施工程建设项目招投标

房屋建筑工程,是指各类房屋建筑及其附属设施和与其配套的线路、管道、设备安装工程及室内外装修工程。市政基础设施工程,是指城市道路、公共交通、供水、排水、燃气、热力、园林、环卫、污水处理、垃圾处理、防洪、地下公共设施及附属设施的土建、管道、设备安装工程。住房和城乡建设部负责全国房屋建筑和市政基础设施工程施工、监理、勘察设计招标投标活动的监督管理。

2)公路工程建设项目招投标

公路工程,包括公路、公路桥梁、公路隧道及与之相关的安全设施、防护设施、监控设施、通信设施、收费设施、绿化设施、服务设施、管理设施等公路附属设施的新建、改建与安装工程。交通运输部依法负责全国公路工程施工、监理、勘察设计招标投标活动的监督管理。

3)水利工程建设项目招投标

这是指水利工程建设项目的勘察设计、施工、监理以及与水利工程建设有关的重要设备、材料采购等的招标投标活动。水利部是全国水利工程建设项目招标投标活动的行政监督与管理部门。

4)通信建设项目招投标

这是指邮政、电信枢纽、通信、信息网络等邮电通信建设项目的勘察、设计、施工、监理以及与工程建设有关的主要设备、材料等的招投标。工业和信息化部负责全国通信建设项目招标投标工作的监督管理。

5)农业基本建设项目招投标

这是指农业农村部管理的基本建设项目的勘察、设计、施工、监理招标,仪器、设备、材料招标以及与工程建设相关的其他招标活动。

6)民航专业工程及货物招投标

这是指民航专业工程建设项目的勘察、设计、施工、监理、货物的招标投标活动。民航总局机场司和民航地区管理局及其派出机构对民航专业工程及货物的招标投标活动实施监督。

7)铁路建设工程招投标

这是指新建、改建国家铁路、国家与地方或企业合资铁路、地方铁路的固定资产投资项目的施工、监理及与建设工程有关的重要设备和主要材料采购等的招标投标活动。国务院铁路主管部门及受其委托的部门归口管理全国铁路建设工程招标投标工作。

8)水运工程建设项目招投标

水运工程建设项目是指水运工程以及与水运工程建设有关的货物、服务。水运工程包括港口工程、航道整治、航道疏浚、航运枢纽、过船建筑物、修造船水工建筑物等及其附属建筑物和设施的新建、改建、扩建及其相关的装修、拆除、修缮等工程;货物是指构成水运工程不可分割的组成部分,且为实现工程基本功能所必需的设备、材料等;服务是指为完成水运工程所需的勘察、设计、监理等服务。交通运输部主管全国水运工程建设项目招标投标活动。

9)机电产品国际招投标

这是指工程建设项目中使用的需要通过国际采购的机电产品的招投标。商务部是机电产品国际招标投标的国家行政主管部门,负责监督和协调全国机电产品的国际招标投标工作。

10)广播电影电视工程建设项目招投标

这是指国家广播电视总局所属企、事业单位各类工程建设项目的勘察、设计、施工、监理以及与工程建设有关的重要设备、材料等的采购发包。招标投标活动及其当事人,应当接受各级有关项目审批部门和总局主管司局的监督管理。

（4）按工程承发包模式分类

随着建筑市场运作模式与国际接轨进程的深入，我国承发包模式也逐渐呈多样化，主要包括工程咨询承包、交钥匙工程承包模式、设计施工承包模式、设计管理承包模式、BOT 工程模式、CM 模式、EPC 工程总承包模式、PPP 模式。按承发包模式分类，可将工程招标划分为工程咨询招标、交钥匙工程招标、设计施工招标、设计管理招标、BOT 工程招标。

1）工程咨询招投标

这是指以工程咨询服务为对象的招标行为。工程咨询服务的内容主要包括工程立项决策阶段的规划研究、项目选定与决策；建设准备阶段的工程设计、工程招标；施工阶段的监理、竣工验收等工作。

2）交钥匙工程招投标

"交钥匙"模式即承包商向业主提供包括融资、设计、施工、设备采购、安装和调试直至竣工移交的全套服务。交钥匙工程招标是指发包商将上述全部工作作为一个标的招标，承包商通常将部分阶段的工程分包，亦即全过程招标。

3）工程设计施工招投标

设计施工招标是指将设计及施工作为一个整体标的以招标的方式进行发包，投标人必须为同时具有设计能力和施工能力的承包商。我国由于长期采取设计与施工分开的管理体制，目前具备设计、施工双重能力的施工企业为数较少。

设计-建造模式是一种项目组管理方式：业主和设计-建造承包商密切合作，完成项目的规划、设计、成本控制、进度安排等工作，甚至负责项目融资。使用一个承包商对整个项目负责，避免了设计和施工的矛盾，可显著减少项目的成本和工期。同时，在选定承包商时，把设计方案的优劣作为主要的评标因素，可保证业主得到高质量的工程项目。

4）工程设计-管理招投标

设计-管理模式是指由同一实体向业主提供设计和施工管理服务的工程管理模式。采用这种模式时，业主只签订一份既包括设计也包括工程管理服务的合同，在这种情况下，设计机构与管理机构是同一实体。这一实体常常是设计机构施工管理企业的联合体。设计-管理招标即为以设计管理为标的进行的工程招标。

5）BOT 工程招投标

BOT（Build-Operate-Transfer）即建造-运营-移交模式，是私营企业参与基础设施建设，向社会提供公共服务的一种方式。我国一般称其为"特许权"，是指政府部门就某个基础设施项目与企业（项目公司）签订特许权协议，授予签约方企业来承担该基础设施项目的投资、融资、建设、经营与维护。在协议规定的特许期限内，这个企业向设施使用者收取适当的费用，由此来回收项目的投融资，建造、经营和维护成本并获取合理回报；政府部门则拥有对这一基础设施的监督权、调控权。特许期届满，签约方企业将该基础设施无偿或有偿移交给政府部门。

BOT 工程招标即是对这些工程环节的招标。

6）EPC 工程总承包模式

设计采购施工总承包［EPC 即 Engineering（设计）、Procurement（采购）、Construction（施工）的组合］是指工程总承包企业按照合同约定，承担工程项目的设计、采购、施工、试运行服务等工作，并对承包工程的质量、安全、工期、造价全面负责，是我国目前推行总承包模式中最主要的一种。我国相关规定，工程总承包项目范围内的设计、采购或者施工中，有任一项属于依法必须进行招标的项目范围且达到国家规定规模标准的,应当采用招标的方式选择工程总承包单位。

7)PPP 模式

政府和社会资本合作模式(Public-Private Partnership,PPP),是在基础设施及公共服务领域建立的一种长期合作关系。其通常模式是由社会资本承担设计、建设、运营、维护基础设施的大部分工作,并通过"使用者付费"及必要的"政府付费"获得合理投资回报;政府部门负责基础设施及公共服务价格和质量监管,以保证公共利益最大化。推广运用政府和社会资本合作模式,是国家确定的重大经济改革任务,对于加快新型城镇化建设、提升国家治理能力、构建现代财政制度具有重要意义。

(5)按照工程是否具有涉外因素分类

按照工程是否具有涉外因素,可以将工程建设项目招投标分为国内工程招标投标和国际工程招标投标。

1)国内工程招投标

这是指对本国没有涉外因素的工程建设项目进行的招标投标。

2)国际工程招投标

这是指对有不同国家或国际组织参与的工程建设项目进行的招投标。国际工程招投标,包括本国的国际工程(习惯上称涉外工程)招投标和国外的国际工程招投标两个部分。国内工程招标和国际工程招标的基本原则是一致的,但具体做法有差异。随着社会经济的发展和与国际接轨的深化,国内工程招标和国际工程招标在做法上的区别已越来越小。

[课堂互动]

微课:工程招标的分类
工程招投标有哪些分类? 本书所讲的是哪一类工程招投标?

任务 1.2　工程招投标法律体系

我国招投标法律体系是伴随着改革开放而逐步建立并完善的。1984 年,国家计委、城乡建设环境保护部联合下发了《建设工程招标投标暂行规定》,倡导实行建设工程招投标,我国由此开始推行招投标制度。

1.2.1　工程招投标法律体系的组成

工程招投标法律体系是指全部现行的与工程招投标活动有关的法律法规和政策规定等组成的有机整体。我国现已基本形成了一个以《中华人民共和国招标投标法》为主,相关基本法律及相关法规、条例、规章为辅的关于工程招标投标的法律制度。按照法律效力的不同,可分为五个层次:

（1）工程招投标相关的法律

这是指由国家最高权力机关全国人民代表大会及其常委会制定并修改,由国家主席签署颁布的工程招投标相关的主席令。除《中华人民共和国招标投标法》外,涉及工程招投标的法律还有《中华人民共和国政府采购法》（以下简称《政府采购法》）以及与之相关的《中华人民共和国建筑法》（以下简称《建筑法》）《中华人民共和国民法典合同编》（以下简称《民法典合同编》）等。

（2）工程招投标相关的行政法规

这是指由国家最高行政机关国务院依据宪法和法律制定并修改,由国务院总理签署颁布的工程招投标相关的国务院令或国务院规范性文件。如《中华人民共和国招标投标法实施条例》（国务院令第613号）、《国务院办公厅关于进一步规范招投标活动的若干意见》（国办发〔2004〕56号）、《国家重大项目稽查办法》（国发办〔2000〕54号）等。

（3）工程招投标相关的地方性法规

这是指地方有立法权的地方人大颁布工程招投标相关的地方性法规。如《广西壮族自治区实施〈中华人民共和国招标投标法〉办法》（广西壮族自治区人民代表大会常务委员会公告第15号）。

（4）工程招投标相关的规章

这是指由国务院有关部门颁发的有关招标投标的部门规章以及有立法权的地方人民政府颁发的地方性招标投标规章。如《工程建设项目招标范围和规模标准规定》（国家计委令第3号）《评标委员会和评标方法暂行规定》（七部委第12号令）《工程项目施工招标投标办法》（国家发展和改革委员会令第30号）《招标公告发布暂行办法》（国家计委令第4号）《房屋建筑和市政基础设施工程施工分包管理办法》（建设部令第124号）《湖北省招标投标管理办法》（湖北省人民政府令第306号）等。

（5）工程招投标相关的标准文本、范本

这是指行政主管部门和地方政府各部门颁发的工程招投标相关的标准文本。如《〈标准施工招标资格预审文件〉和〈标准施工招标文件〉试行规定》（七部委第56号令）《关于印发简明标准施工招标文件和标准设计施工总承包招标文件的通知》（发改法规〔2011〕3018号）《自治区住房城乡建设厅关于印发广西壮族自治区房屋建筑和市政工程施工招标文件范本（2019年版）的通知》（桂建发〔2019〕4号）。

1.2.2　认识《中华人民共和国招标投标法》

《中华人民共和国招标投标法》是工程招投标领域的根本大法,一切工程招投标的法规规定都必须以该法为依据。

（1）施行时间

《中华人民共和国招标投标法》由中华人民共和国第九届全国人民代表大会常务委员会第十一次会议于1999年8月30日通过并予公布,自2000年1月1日起施行,2017年12月27日修正。

（2）章节条款

《中华人民共和国招标投标法》共六章、六十八条款,包括:

第一章总则,主要规定了《招标投标法》的立法宗旨、适用范围、必须招标的范围、招标投标活动应遵循的基本原则以及对招标投标活动的监督。

第二章招标,具体规定了招标人的定义,招标项目的条件,招标方式,招标代理机构的地位、成立条件和资格认定,招标公告和投标邀请书的发布,对潜在投标人的资格审查,招标文件的编制、澄清或修改等内容。

第三章投标,具体规定了参加投标的基本条件和要求、投标人编制投标文件应当遵循的原则和要求、联合体投标,以及投标文件的递交、修改和撤回程序等内容。

第四章开标、评标和中标,具体规定了开标、评标和中标环节的行为规则和时限要求等内容。

第五章法律责任,规定了违反招标投标基本程序的行为规则和时限要求,应承担的法律责任。

第六章附则,规定了《招标投标法》的例外适用情形以及生效日期。

(3)立法宗旨

制定《招标投标法》的根本目的是维护市场竞争秩序,完善社会主义市场经济体制。市场经济的一个重要特点,就是要充分发挥竞争机制的作用,使市场主体在平等条件下公平竞争,优胜劣汰,从而实现资源的优化配置。

具体地说,制定《招标投标法》是为了规范招标投标活动,保护国家利益、社会公共利益和招标投标活动当事人的合法权益,提高经济效益,保证项目质量。

(4)适用范围

《招标投标法》第二条规定,在中华人民共和国境内进行招标投标活动,适用本法。也就是说,在中华人民共和国境内进行的所有招投标活动,包括政府机关、国有企事业单位、集体企业、私人企业、外商投资企业以及其他组织等所有单位组织的招投标活动,无论其资金性质,不论是属于该法第三条规定的依法必须招标的项目,还是属于当事人自愿选择的招投标活动,只要是属于招投标活动,都必须受《招标投标法》约束。

另外,香港、澳门虽然属于中华人民共和国境内,由于其是特别行政区,按照有关规定,招标投标法不适用香港和澳门两个特别行政区,香港和澳门有关招标投标的立法由这两个特别行政区的立法机关自行制定。

(5)强制招投标的范围

《招标投标法》第三条规定,在中华人民共和国境内进行下列工程建设项目包括项目的勘察、设计、施工、监理以及与工程建设有关的重要设备、材料等的采购,必须进行招标:

①大型基础设施、公用事业等关系社会公共利益、公众安全的项目;

②全部或者部分使用国有资金投资或者国家融资的项目;

③使用国际组织或者外国政府贷款、援助资金的项目。

(6)招标投标的原则

招标投标活动应当遵循公开、公平、公正和诚实信用的原则。

(7)规定了若干制度

1)实行招标代理机构制度

招标代理机构是依法设立、从事招标代理业务并提供相关服务的社会中介组织。招标人有权自行选择招标代理机构,委托其办理招标事宜。具有编制招标文件和组织评标能力的招标人,也可以自行办理招标事宜。

2）建立信息发布制度

招标人采用公开招标方式的，应当发布招标公告。依法必须进行招标项目的招标公告，应当通过国家指定的报刊、信息网络或者其他媒介发布。

招标公告应当载明招标人的名称和地址，招标项目的性质、数量、实施地点和时间以及获取招标文件的办法等事项。

3）建立评标专家库制度

政府有关部门和招投标代理机构应建立专家库，专家应当从事相关领域工作满8年并具有高级职称或者具有同等专业水平。招标人组织的评标委员会由招标人的代表和有关技术、经济等方面的专家组成，成员人数为5人以上单数，其中技术、经济等方面的专家不得少于成员总数的2/3。

4）实行行政监督制度

招标投标活动及其当事人应当接受依法实施的监督。有关行政监督部门依法对招标投标活动实施监督，依法查处招标投标活动中的违法行为。

（8）关于招投标活动的主要规定

1）规定了招标方式

招标分为公开招标和邀请招标。公开招标，是指招标人以招标公告的方式邀请不特定的法人或者其他组织投标。邀请招标，是指招标人以投标邀请书的方式邀请特定的法人或者其他组织投标。招标人采用邀请招标方式的，应当向3个以上具备承担招标项目的能力、资信良好的特定的法人或者其他组织发出投标邀请书。

2）规定了招标文件的编制要求

招标人应当根据招标项目的特点和需要编制招标文件。招标文件应当包括招标项目的技术要求、对投标人资格审查的标准、投标报价要求和评标标准等所有实质性要求和条件，以及拟签订合同的主要条款。

3）规定了投标人应当具备的基本条件

投标人应当具备承担招标项目的能力。国家有关规定对投标人资格条件或者招标文件对投标人资格条件有规定的，投标人应当具备规定的资格条件。

4）界定了联合体投标

联合体就是指两个以上法人或者其他组织通过签订共同投标协议组成一个联合体，以一个投标人的身份共同投标。联合体各方均应当具备承担招标项目的相应能力；国家有关规定或者招标文件对投标人资格条件有规定的，联合体各方均应当具备规定的相应资格条件。由同一专业的单位组成的联合体，按照资质等级较低的单位确定资质等级。

5）规定了投标人禁止事项

①投标人不得相互串通投标报价，不得排挤其他投标人的公平竞争，损害招标人或者其他投标人的合法权益。

②投标人不得与招标人串通投标，损害国家利益、社会公共利益或者他人的合法权益。

③禁止投标人以向招标人或者评标委员会成员行贿的手段谋取中标。

④投标人不得以低于成本的报价竞标，也不得以他人名义投标或者以其他方式弄虚作假，骗取中标。

6）规定了开标的基本程序

开标时，由投标人或者其推选的代表检查投标文件的密封情况，也可以由招标人委托的公证机构检查并公证；经确认无误后，由工作人员当众拆封，宣读投标人名称、投标价格和投标文件的其他主要内容。

7）对评标委员会成员的要求

①评标委员会成员应当客观、公正地履行职务，遵守职业道德，对所提出的评审意见承担个人责任。

②评标委员会成员不得私下接触投标人，不得收受投标人的财物或者其他好处。

③评标委员会成员和参与评标的有关工作人员不得透露对投标文件的评审和比较、中标候选人的推荐情况以及与评标有关的其他情况。

8）对中标后的要求

招标人和中标人应当按照招标文件和中标人的投标文件订立书面合同。招标人和中标人不得再行订立背离合同实质性内容的其他协议。

（9）关于招标投标法中的时间规定

招标投标法对招投标活动中的主要时间节点作出了明确的时间规定，一旦错过了相应的时间点，投标人将会错过递交投标文件的机会，招标人可能由于时间安排不够，而致使招投标活动无效，造成重新招标的不利局面。因此，招标投标法的时间规定极其重要。

①招标人对已发出的招标文件进行必要的澄清或者修改的，应当在招标文件要求提交投标文件截止时间至少 15 日前，以书面形式通知所有招标文件收受人。

②依法必须进行招标的项目，自招标文件开始发出之日起至投标人提交投标文件截止之日止，最短不得少于 20 日。

③招标人和中标人应当自中标通知书发出之日起 30 日内，订立书面合同。

④依法必须进行招标的项目，招标人应当自确定中标人之日起 15 日内，向有关行政监督部门提交招标投标情况的书面报告。

（10）关于法律责任

违反《招标投标法》的行为，根据违法主体及违法程度承担对应的行政责任、民事责任，构成犯罪的，依法追究刑事责任。

1.2.3　认识《中华人民共和国招标投标法实施条例》

《中华人民共和国招标投标法实施条例》是依据《中华人民共和国招标投标法》制定的，同时兼顾《政府采购法》《民法典》等法律的衔接，在行政法规层面对招投标活动作出的可操作性的具体规定，并起着统一招标投标规则的作用。

（1）施行时间

《中华人民共和国招标投标法实施条例》于 2011 年 11 月 30 日国务院第 183 次常务会议通过并公布，自 2012 年 2 月 1 日起施行，2019 年 3 月 2 日第三次修订。

（2）章节条款

《中华人民共和国招标投标法实施条例》共七章、八十五条款，包括：

第一章总则；

第二章招标；

第三章投标；

第四章开标、评标和中标；

第五章投诉与处理；

第六章法律责任；

第七章附则。

与《招标投标法》相对比,增加了投诉与处理一章内容,多了17条内容。

（3）创新或完善的各项招投标制度

1）招标投标信用制度

国家建立招标投标信用制度。有关行政监督部门应当依法公告对招标人、招标代理机构、投标人、评标委员会成员等当事人违法行为的行政处理决定。

2）电子招标投标制度

国家鼓励利用信息网络进行电子招标投标。

3）招标从业人员资格认证制度

国家建立招标投标专业人员职业资格制度,具体办法由国务院人力资源社会保障部门、发展改革部门制定并组织实施。

4）制定和使用标准文件制度

编制依法必须进行招标项目的资格预审文件和招标文件,应当使用国务院发展改革部门会同有关行政监督部门制定的标准文本。

5）建立综合评标专家库制度

国家实行统一的评标专家专业分类标准和管理办法。具体标准和办法由国务院发展改革部门会同国务院有关部门制定。省级人民政府和国务院有关部门应当组建综合评标专家库。

6）进入招投标交易场所交易制度

设区的市级以上地方人民政府可以根据实际需要,建立统一规范的招标投标交易场所,为招标投标活动提供服务。

7）职业自律服务制度

招标投标协会按照依法制定的章程开展活动,加强行业自律和服务。

（4）关于对招标投标活动的主要规定

1）关于招标投标活动的监督管理

招投标活动的监督管理实行行政监督、行政监察、纪检监察、审计监督等全方位的监督。该条例明确了国务院发展改革部门指导和协调全国招标投标工作,对国家重大建设项目的工程招标投标活动实施监督检查。国务院工业和信息化、住房和城乡建设、交通运输、水利、商务等部门,按照规定的职责分工对有关招标投标活动实施监督。财政部门依法对实行招标投标的政府采购工程建设项目的预算执行情况和政府采购政策执行情况实施监督。监察机关依法对与招标投标活动有关的监察对象实施监察。

2）关于招标代理机构

该条例对招标代理机构的资格、代理行为、代理合同及收费作出了规定。招标代理机构实行的资格管理,其资格依照法律和国务院的规定由有关部门认定。国务院住房和城乡建设、商务、发展改革、工业和信息化等部门,按照规定的职责分工对招标代理机构依法实施监督管理。招标代理机构在其资格许可和招标人委托的范围内开展招标代理业务,任何单位和个人不得非法干涉。招标人应当与被委托的招标代理机构签订书面委托合同,合同约定的收费标准应当符合国家有关规定。

3)关于招标投标公告和招标文件

公开招标的项目,应当依照招标投标法和招标投标条例的规定发布招标公告、编制招标文件。招标人采用资格预审办法对潜在投标人进行资格审查的,应当发布资格预审公告、编制资格预审文件。依法必须进行招标的项目的资格预审公告和招标公告,应当在国务院发展改革部门依法指定的媒介发布。

4)关于招标投标资格审查制度

该条例规定了资格预审申请文件提交时间、资格预审主体和依据、资格预审结果、资格后审、资格预审文件和招标文件的澄清修改、编制资格预审文件招标文件不能违法等。

5)关于投标人的规定

该条例对投标人作出了限制。与招标人存在利害关系可能影响招标公正性的法人、其他组织或者个人,不得参加投标。单位负责人为同一人或者存在控股、管理关系的不同单位,不得参加同一标段投标或者未划分标段的同一招标项目投标。投标人发生合并、分立、破产等重大变化的,应当及时书面告知招标人。投标人不再具备资格预审文件、招标文件规定的资格条件或者其投标影响招标公正性的,其投标无效。

(5)关于《招标投标法实施条例》中的时间规定

①资格预审文件或者招标文件的发售期不得少于5日。

②依法必须进行招标的项目提交资格预审申请文件的时间,自资格预审文件停止发售之日起不得少于5日。

③对已发出的资格预审文件或者招标文件进行澄清或者修改,招标人应当在提交资格预审申请文件截止时间至少3日前,或者投标截止时间至少15日前,以书面形式通知所有获取资格预审文件或者招标文件的潜在投标人;不足3日或者15日的,招标人应当顺延提交资格预审申请文件或者投标文件的截止时间。

④潜在投标人或者其他利害关系人对资格预审文件有异议的,应当在提交资格预审申请文件截止时间2日前提出;对招标文件有异议的,应当在投标截止时间10日前提出。招标人应当自收到异议之日起3日内作出答复;作出答复前,应当暂停招标投标活动。

⑤投标人撤回已提交的投标文件,应当在投标截止时间前书面通知招标人。招标人已收取投标保证金的,应当自收到投标人书面撤回通知之日起5日内退还。

⑥依法必须进行招标的项目,招标人应当自收到评标报告之日起3日内公示中标候选人,公示期不得少于3日。

⑦投标人或者其他利害关系人对依法必须进行招标的项目的评标结果有异议的,应当在中标候选人公示期间提出。招标人应当自收到异议之日起3日内作出答复;作出答复前,应当暂停招标投标活动。

⑧招标人最迟应当在书面合同签订后5日内向中标人和未中标的投标人退还投标保证金及银行同期存款利息。

⑨投标人或者其他利害关系人认为招标投标活动不符合法律、行政法规规定的,可以自知道或者应当知道之日起10日内向有关行政监督部门投诉。

⑩行政监督部门应当自收到投诉之日起3个工作日内决定是否受理投诉,并自受理投诉

之日起30个工作日内作出书面处理决定。

（6）关于法律责任

该条例对招标人、招标代理机构、投标人、国家工作人员、评标委员会成员、中标人、取得招标职业资格的专业人员、监督部门的主管人员和工作人员的违法行为进行了界定和处罚规定，构成犯罪的，应依法追究刑事责任。

[课程育人]

微课:我国招投标的法律体系

1.简述我国工程招投标的法律体系构成情况。

2.通过工程招投标中运用的法律规范，同学们如何理解并形成遵纪守法的良好道德?

任务1.3 工程招标投标市场

工程招投标市场，是一个以工程建设项目为对象，招投标当事人为主体，造价咨询机构、评标专家等参与的从事招标投标活动的交易场所。招标投标活动的当事人是指招标投标活动中享有权利和承担义务的各类主体，包括招标人、投标人和招标代理机构等。

1.3.1 招标人

（1）招标人的概念及分类

1）招标人的概念

招标人是依法提出招标项目、进行招标的法人或者其他组织，通常是工程、货物或服务的采购方。

工程项目的招标人一般称为建设单位，即工程建设项目的投资主体或投资者，也是项目建设的管理主体，对工程项目拥有产权，如房地产开发企业。货物招标采购的招标人，通常称为货物的买主。服务项目招标采购的招标人，通常为该服务项目的需求方。

2）招标人的分类

招标人分为两类：一是法人；二是其他组织。

法人，是指依法注册登记，具有独立的民事权利能力和民事行为能力，依法享有民事权利和承担民事义务的组织，包括企业法人和机关、事业单位及社会团体法人。

其他组织，是指合法成立、有一定组织机构和财产，但又不具备法人资格的组织，如依法登记领取营业执照的合伙组织、企业的分支机构等。

自然人可否作为招标人，法律上没有明确规定。

（2）招标人具备的条件

法人或者其他组织必须满足依法提出招标项目和依法进行招标两个条件后，才能成为招标人。

1）依法提出招标项目

这是指招标人提出的招标项目必须符合两个基本条件：一是招标项目按照国家有关规定需要履行项目审批手续的，应当先履行审批手续，取得批准；二是招标人应当有进行招标项目的相应资金或者资金来源已经落实，并应当在招标文件中如实载明。

2）依法进行招标

招标人必须按照《招标投标法》《招标投标法实施条例》等法律、法规对招标、投标、开标、评标、中标和签订合同等程序作出的规定，开展招标活动。

招标人依法进行招标有两个方面的含义，一是招标人具有编制招标文件和组织评标的能力，即有与招标项目规模和复杂程度相适应的技术、经济等方面的专业人员，可以自行办理招标事宜，并向有关行政监督部门备案；二是招标人不具有编制招标文件和组织评标的能力时，可以委托招标代理机构办理招标事宜。

1.3.2 投标人

（1）投标人的概念及分类

1）投标人的概念

投标人是指响应招标、参加投标竞争的法人或者其他组织以及依法响应科研项目招标、参加投标竞争的个人。

工程项目的投标人一般称为建筑单位，即建筑施工企业，从事房屋建筑、公路、水利、电力、桥梁、矿山等土木工程施工。货物招标项目的投标人，通常为货物的卖主，即生产商或销售商。服务项目招标采购的投标人，通常为该服务项目的提供方，如勘察、设计单位、监理单位等。

2）投标人的分类

投标人分为三类：一是法人；二是其他组织；三是具有完全民事行为能力的个人，亦称自然人。

自然人只能作为科研招标项目的投标人，不能作为其他招标项目的投标人。

（2）投标人具备的基本条件

法人、其他组织和个人必须具备响应招标和参与投标竞争两个条件后，才能成为投标人。

1）响应招标

法人或其他组织对特定的招标项目有兴趣，愿意参加竞争，并按合法途径获取招标文件，但这时法人或其他组织还不是投标人，只是潜在投标人。所谓响应招标，是指潜在投标人获得了招标信息或者投标邀请书后购买招标文件，接受资格审查，并编制投标文件，按照招标人的要求参加投标的活动。

2）参与投标竞争

潜在投标人按照招标文件的约定，在规定的时间和地点递交投标文件，对订立合同正式提出要约。潜在投标人一旦正式递交了投标文件，就成为投标人。

（3）投标人的资格条件

法人或者其他组织响应招标、参加投标竞争，是成为投标人的一般条件。要想成为合格投标人，还必须满足两项资格条件：一是国家有关规定对不同行业及不同主体投标人的资格条件；二是招标人根据项目本身的要求，在招标文件或资格预审文件中规定投标人的资格条件。

（4）关于联合体投标

1）投标联合体的概念

所谓联合体投标,是指两个以上法人或者其他组织组成一个联合体,以一个投标人的身份共同投标的行为。对于联合体投标可作如下理解:

①联合体的联合各方为法人或者法人之外的其他组织。形式可以是两个以上法人组成的联合体、两个以上非法人组织组成的联合体或者是法人与其他组织组成的联合体。

②联合体是一个临时性的组织,不具有法人资格。组成联合体的目的是增强投标竞争能力,减少联合体各方因支付巨额履约保证而产生的资金负担,分散联合体各方的投标风险,弥补有关各方技术力量的相对不足,提高共同承担的项目完工的可靠性。如果属于共同注册并进行长期的经营活动的"合资公司"等法人形式的联合体,则不属于《招标投标法》所称的联合体。

③联合体的组成是"可以组成",也可以不组成。是否组成联合体由联合体各方自己决定。对此,《招标投标法》第三十一条第四款也有相应的规定。这说明联合体的组成属于各方自愿的共同的一致的法律行为。

④联合体对外"以一个投标人的身份共同投标"。也就是说,联合体虽然不是一个法人组织,但是对外投标应以所有组成联合体各方的共同的名义进行,不能以其中一个主体或者两个主体(多个主体的情况下)的名义进行,即"联合体各方""共同与招标人签订合同"。这里需要说明的是,联合体内部之间权利、义务、责任的承担等问题则需要依据联合体各方订立的合同为依据。

⑤联合体共同投标的联合体各方应具备一定的条件。比如,根据《招标投标法》的规定,联合体各方均应具备承担招标项目的相应能力;国家有关规定或者招标文件对投标人资格条件有规定的,联合体各方均应当具备规定的相应资格条件。

⑥联合体共同投标一般适用于大型建设项目和结构复杂的建设项目。对此,《建筑法》第二十七条有类似的规定。

2）资质要求

联合体各方均应当具备本法或者国家规定的资格条件和承担招标项目的相应能力。这是对投标联合体资质条件的要求。

①联合体各方均应具有承担招标项目必备的条件,如相应的人力、物力、资金等。

②国家或招标文件对投标人资格条件有特殊要求的,联合体各个成员都应当具备规定的相应资格条件。

③同一专业的单位组成的联合体,应当按照资质等级较低的单位确定联合体的资质等级。如在 3 个投标人组成的联合体中,有 2 个是甲级资质等级,有 1 个是乙级,则这个联合体只能定为乙级。之所以这样规定,是防止以优等资质获取招标项目,而由资质等级差的供货商或承包商来完成,从而保证招标质量。

3）联合体投标注意事项

①联合体各方应当签订共同投标协议,明确约定各方拟承担的工作和责任,并将共同投标协议连同投标文件一并提交招标人;

②联合体各方签订共同投标协议后,不得再以自己名义单独投标,也不得组成新的联合体或参加其他联合体在同一项目投标;

③联合体参加资格预审并获通过的,其组成的任何变化都必须在提交投标文件截止之日前征得招标人的同意;

④联合体各方必须指定牵头人,授权其代表所有联合体成员负责投标和合同实施阶段的主办、协调工作;

⑤联合体中标的,联合体各方应当共同与招标人签订合同,就中标项目向招标人承担连带责任。

1.3.3 招标代理机构

我国从 20 世纪 80 年代初,开始利用世界银行贷款进行建设,进行招投标活动。由于许多项目单位对招投标活动知之甚少,并缺乏相应的专门人才,为此,一批专门从事招标代理业务的机构应运产生。1984 年成立的中国技术进出口总公司国际金融组织和外国政府贷款项目招标公司(后改为中技国际招标公司)是中国第一家招标代理机构。

随着国家对招投标代理的日益规范,招标投标事业的不断发展,我国相继出现了工程建设项目招标、进口机电设备招标、政府采购招标、中央投资项目招标等方面的专职招标机构。这些招标代理机构作为专职机构,拥有专业的人才和较丰富的招标经验,能为招标人提供招标采购代理服务,对促进我国招标投标事业的发展起到了积极的推动作用。

(1)招标代理机构性质

招标代理机构是指依法设立,专门从事招标代理业务并提供相关服务的社会中介组织。

根据国务院深化"放管服"改革,降低制度性交易成本,取消了招标代理机构的资质许可规定。招标代理机构应当拥有一定数量的具备编制招标文件、组织评标等相应能力的专业人员。

招标代理机构作为社会中介组织,应与国家行政机关和其他国家机关没有行政隶属关系或其他利害关系,否则,就会形成"政企不分",会对其他代理机构构成不公平待遇。其服务宗旨是为招标人提供代理服务,招标代理机构应当在招标人委托的范围内办理招标事宜。

(2)招标代理机构职责

招标代理机构职责,是指招标代理机构在代理业务中的工作任务和所承担责任。招标代理机构应当在招标人委托的范围内办理招标事宜,并遵守关于招标人的规定。招标代理机构可以在其资质等级范围内承担下列招标事宜:

1)拟订招标方案

招标方案的内容一般包括:建设项目的具体范围、拟招标的组织形式、拟采用的招标方式。上述问题确定后,还应制订招标项目的作业计划,包括招标流程、工作进度安排、项目特点分析和解决预案等。

招标实施之前,招标代理机构凭借自身的经验,根据项目的特点,有针对性地制订周密和切实可行的招标方案,提交给招标人,使招标人能事先了解整个招标过程的情况,以便给予很好的配合,保证招标方案的顺利实施。招标方案对整个招标过程起着重要的指导作用。

2)编制和出售资格审查文件、招标文件

招标代理机构最重要的职责之一就是编制招标文件。招标文件是招标过程中必须遵守的法律性文件,是投标人编制投标文件、招标代理机构接受投标、组织开标、评标委员会评标、招标人确定中标人和签订合同的依据。招标文件编制的优劣将直接影响到招标的质量和招标的成败,也是体现招标代理机构服务水平的重要标志。如果项目需要,招标代理机构还要编制资格审查文件。招标文件经招标人确认后,招标代理机构方可对外发售。招标文件发出后,招标代理机构还要负责有关澄清和修改等工作。

3)审查投标人资格

招标代理机构负责组织资格审查委员会或评标委员会,根据资格审查文件或招标文件的规定,审查潜在投标人或投标人资格。审查投标人资格分为资格预审和资格后审两种方式。资格预审是在投标前对潜在投标人进行的资格审查;资格后审一般是在开标后对投标人进行的资格审查。

4)编制标底或招标控制价

如果是工程建设项目,招标代理机构受招标人的委托,还应负责或委托编制标底或招标控制价。招标代理机构应按国家颁布的法规、项目所在地政府管理部门的相关规定,编制标底或招标控制价,并负有对标底文件保密的责任。招标人应公布招标控制价。

5)组织投标人踏勘现场

根据招标项目需要和招标文件规定,招标代理机构可组织潜在投标人踏勘现场,收集投标人提出的问题,编制答疑会议纪要或补遗文件,发给所有招标文件的收受人。

6)接受投标,组织开标、评标,协助招标人定标

招标代理机构应按招标文件的规定,接受投标,组织开标、评标等工作。根据评标委员会的评标报告,协助招标人确定中标人,并向中标人发出中标通知书,向未中标人发出招标结果通知书。

7)草拟合同

招标代理机构可以根据招标人的委托,依据招标文件和中标人的投标文件拟订合同,组织或参与招标人和中标人进行合同谈判,签订合同。

8)招标人委托的其他事项

根据实际工作需要,有些招标人委托招标代理机构负责合同的执行、货款的支付、产品的验收等工作。一般情况下,招标人委托的招标代理机构承办所有事项,都应当在委托协议或委托合同中明确规定。

1.3.4 招投标交易场所

招投标交易场所,是指依法设立的为招标投标活动当事人提供交易平台和相关服务、为有关行业行政主管部门进场提供相关服务的,实行集中交易、集中监管的场所。

国家规定,设区的市级以上地方人民政府可以根据实际需要,建立统一规范的招标投标交易场所,为招标投标活动提供服务。招标投标交易场所不得与行政监督部门存在隶属关系,不得以营利为目的。

目前,我国工程招投标交易场所主要是公共资源管理部门监管的公共资源交易中心。

公共资源交易中心是为实现资源整合而设立的综合性交易场所,是负责公共资源交易和提供咨询、服务的机构,是公共资源统一进场交易的服务平台。

1)公共资源交易中心设立的原则

即遵循"政府主导、管办分离,集中交易、规范运行,部门监管、行政监察"的原则,优化公共资源配置,整合现有分散的专业交易平台,创新监管机制,规范交易行为,切实解决公共资源

交易过程中存在的突出问题,维护社会公共利益和市场参与各方利益,打造公开、公平、公正和诚实守信的阳光交易平台。

2)公共资源交易中心的交易服务范围

公共资源交易中心的交易服务范围包括:工程建设项目招投标、土地使用权出让招标拍卖、矿业权交易、政府采购、企业国有产权交易、医疗药械采购等公共资源交易活动等。

3)公共资源交易中心的主要职责

①为公共资源交易招标投标活动当事人提供交易平台和相关服务;

②为有关行业行政主管部门跟标进场提供相关服务;

③建立健全招标投标全程电子化监督管理系统,管理进场项目交易活动档案;

④负责相关招标投标的统计、分析、研究工作;

⑤收集、储存和发布进场交易项目、供应商、招标代理机构等信息;

⑥建立为采购人提供随机选择代理机构的服务体系;

⑦建立招标投标当事人和代理机构信用档案库;

⑧向有关行政主管部门报告招标投标活动中发现的违法违纪行为并协助调查。

4)公共资源交易中心进场交易一般流程

①进场交易登记,申请进入公共资源交易中心进行项目集中交易的单位(招标人或招标代理机构),应向中心交易服务科提交《公共资源交易项目登记表》,同时需提交以下材料:

a.经行业主管部门批准的招标计划;

b.经行业主管部门审核通过的招标公告和招标文件;

c.项目若为招标代理机构代理,还须提交委托代理协议书。

②发布招标公告,办理招标人(招标代理机构)招标公告的媒体发布事宜。

③资格预审。需要进行资格预审的交易项目,招标人在中心发售资格预审文件和接收资格预审申请书,并按规定进行预审。

④领取招标文件。投标人到招标人设在中心的窗口领取招标文件。领取招标文件需按招标公告要求提供有关材料核查。

⑤确定开标场所。根据招标文件中确定的开标时间安排好开标场地,并于开标前再公布。

⑥递交投标文件。投标人按招标文件的要求编制投标文件,并按招标文件规定的时间、地点、方式递交投标文件。

⑦抽取评审专家。招标人(招标代理机构)于开标前规定时限内向中心提交经行业主管部门审核的《评审专家抽取申请表》。中心负责组织招标人随机抽取评审专家。

⑧开标评标。招标人(招标代理机构)负责开标、评标的组织实施,负责通知有关监督管理部门按时参加开标评标会议实施现场监督,根据评委评标结果确定中标候选人。中心负责提供开标、评标、场地管理服务。

⑨公示中标结果。招标人(招标代理机构)按有关规定负责在指定媒体公示中标结果,投标人对中标结果有异议的,按有关规定向招标人(招标代理机构)及有关监管部门提出质疑、投诉。

⑩发放中标通知书。中标通知书经中心备案后,由招标人(招标代理机构)在规定的时间内向中标单位发出。

［**课程育人**］

1.你怎么理解招标人、投标人及其需具备的条件？

2.你认为如何才能具备丰富的招标经验？（从工作过程中的积累,引导学生理解坚守岗位,敬业爱岗）

任务1.4　工程招投标程序及监督

1.4.1　工程招标投标基本程序

招标投标最显著的特点就是招标投标活动具有严格规范的程序。一个完整的工程招标投标程序,应该包括招标、投标、开标、评标、中标和签订合同六大环节,如图1.1所示。

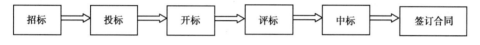

图1.1　工程招投标基本程序流程

（1）工程招标

工程招标是指招标人按照国家有关规定履行项目审批、核准手续、落实资金来源后,依法发布招标公告或投标邀请书,编制并发售招标文件等具体环节的活动。

根据工程项目特点和实际需要,有些招标项目还要委托招标代理机构,组织资格预审、组织现场踏勘、进行招标文件的澄清与修改等。

由于这是工程招标投标活动的起始程序,投标人资格、评标标准和方法、合同主要条款等各项实质性条件和要求都要在招标环节得以确定。因此,它对于整个招标投标过程是否合法、科学,能否实现招标目的,具有基础性影响。

（2）工程投标

工程投标是指投标人根据招标文件的要求,编制并提交投标文件,响应招标的活动。

投标人参与竞争并进行一次性投标报价是在投标环节完成的,在投标截止时间结束后,招标人不能接受新的投标,投标人也不得更改投标报价及其他实质性内容。

因此,投标情况确定了竞争格局,是决定投标人能否中标、招标人能否取得预期效果的关键。

（3）工程开标

工程开标即招标人按照招标文件确定的时间和地点,邀请所有投标人到场,当众开启投标人提交的投标文件,宣布投标人的名称、投标报价及投标文件中的其他重要内容。

开标的最基本要求和特点是公开,保障所有投标人的知情权。这也是维护各方合法权益的基本条件。

（4）工程评标

招标人依法组建评标委员会,依据招标文件的规定和要求,对投标文件进行审查、评审和比较,确定中标候选人。

评标是审查确定中标人的必经程序。依法必须招标项目的中标人必须按照评标委员会的推荐名单和顺序来确定。因此,评标是否合法、规范、公平、公正,对招标结果具有决定性作用。

(5)工程中标

中标也称定标,即招标人从评标委员会推荐的中标候选人中确定中标人,并向中标人发出中标通知书,并同时将中标结果通知所有未中标的投标人。

按照法律规定,部分招标项目在确定中标候选人和中标人之后还应当依法进行公示。中标既是竞争结果的确定环节,也是发生异议、投诉、举报的环节,有关方面应当依法进行处理。

(6)签订书面合同

中标通知书发出后,招标人和中标人应当按照招标文件和中标人的投标文件在规定的时间内订立书面合同,中标人按合同约定履行义务,完成中标项目。

合同的签订标志着工程招标投标活动的圆满结束、工程项目建设的启动。另外,无法明确或不便表述的有关条款,可以采用补充协议的方式并入合同的组成部分。

依法必须招标项目,招标人应当从确定中标人之日起 15 日内,向有关行政监督部门提交招标投标情况的书面报告。

1.4.2　工程招标投标活动监督体系

工程招标投标活动及其当事人应当接受依法实施的监督。工程招标投标活动的监督体系是指在工程招标投标活动中,所形成的行政监督、司法监督、当事人监督、社会监督等组成的有机整体。各监督主体既相对独立,又密切配合,形成了整体合力。

(1)当事人监督

这是指对工程招标投标活动当事人进行监督。工程招标投标活动当事人包括招标人、投标人、招标代理机构、评标专家等。由于当事人直接参与并且与工程招标投标活动有着直接的利害关系,因此,当事人监督往往最积极,也最有效,是行政监督和司法监督的重要基础。

(2)行政监督

行政机关对招标投标活动的监督,是工程招投标活动监督体系的重要组成部分。依法规范和监督市场行为,维护国家利益、社会公共利益和当事人的合法权益,是市场经济条件下政府的一项重要职能。有关行政监督部门依法对招标投标活动实施监督,依法查处招标投标活动中的违法行为。

(3)司法监督

司法监督是指国家司法机关对招标投标活动的监督,如招投标活动当事人认为招标投标活动存在违反法律、法规、规章规定的行为,可以起诉,由法院依法追究有关责任人相应的法律责任。

(4)社会监督

社会监督是指除招标投标活动当事人以外的社会公众的监督。"公开、公平、公正"原则之一的公开原则就是要求招标投标活动必须向社会透明,以方便社会公众的监督。任何单位和个人认为招标投标活动违反招标投标法律、法规、规章时,都可以向有关行政监督部门举报,由有关行政监督部门依法调查处理。因此,社会公众、社会舆论以及新闻媒体对招标投标活动的监督是一种第三方监督,在现代信息公开的社会发挥着越来越重要的作用。

1.4.3 工程招投标的行政监督

（1）行政监督的基本原则

政府对工程招标投标活动实施行政监督必须遵循依法行政的基本要求,其基本原则有:

1）职权法定原则

政府对工程招标投标活动实施行政监督,应当在法定职责范围内依法实行。任何政府部门、机构和个人都不能超越法定权限,直接参与或干预具体招标投标活动。有关行政监督部门也不得违反法律法规设立审批、核准、登记等涉及招投标的行政许可事项。

2）合理行政原则

政府对工程招标投标活动实施行政监督,应当遵循公平、公正的原则。要平等对待招标投标活动当事人,不偏私、不歧视;所采取的措施和手段应当是必要、适当的。

3）程序正当原则

政府对工程招标投标活动实施行政监督,应当严格遵循法定程序,依法保障当事人的知情权、参与权和救济权。

4）高效便民原则

政府对工程招标投标活动实施行政监督,无论是核准招标事项,还是受理投诉举报案件,都应当遵守法定时限,积极履行法定职责,提高办事效率,切实维护当事人的合法权益。

（2）行政监督的职责分工

我国工程招标投标行政监督职责分工的特点是由法律授权,分级管理。我国的立法中,一般都是在法律条文中直接规定主管部门。工程招标投标行政监督职责分工与行政管理层级相对应,中央和地方各级政府有关部门按照各自权限分级负责有关招标投标活动的监督工作。由于招标投标涉及领域众多,职责分工相对比较复杂,具体职责分工是以国务院有关部门的职责分工为基础划分的,主要有:

1）指导协调部门

由于招标投标行政监督部门很多,为了加强部门之间的协调配合,保障政令统一,提高行政监督合力,国务院指定国家发展和改革委员会负责指导和协调全国招投标工作,具体职责包括:会同有关行政主管部门拟定《招标投标法》的配套法规、综合性政策和必须进行招标项目的具体范围、规模标准以及不适宜进行招标的项目,报国务院批准;指定发布招标公告的报刊、信息网络或其他媒介等。同时,国家发展改革委也是重要的招标投标行政监督部门。国家发展改革委作为项目审批部门,负责依法核准应报国家发展改革委审批和由其核报国务院审批项目的招标方案（包括招标范围、招标组织形式、招标方式）;组织国家重大建设项目稽查特派员,对国家重大建设项目建设过程中的工程招投标进行监督检查。

2）行业监督部门

按照国务院确定的职责分工,对于招投标过程中泄露保密资料、泄露标底、串通招标、串通投标、歧视排斥投标等违法活动的监督执法,分别由有关行业行政主管部门负责并受理投标人和其他利害关系人的投诉。按照这一原则,工业和信息、水利、交通、铁道、民航等行业和产业项目的招投标活动的监督执法,分别由有关行业行政主管部门负责。各类房屋建筑及其附属设施的建造和与其配套的线路、管道、设备的安装项目和市政工程项目的招投标活动的监督执法,由建设行政主管部门负责。进口机电设备采购项目的招投标活动的监督执法,由商务行政主管部门负责。

此外,按照《政府采购法》规定,各级财政部门依法履行对政府采购活动的监督管理职责,政府采购工程进行招标投标的,适用招标投标法。审计部门依据《中华人民共和国审计法》(以下简称《审计法》)的规定,可以对政府投资和以政府投资为主的建设项目、国际组织和外国政府援助、贷款项目进行审计监督。监察部门依据《中华人民共和国行政监察法》(以下简称《行政监察法》)的规定,对有关行政监督部门及其工作人员实施招标投标行政监督进行行政监察。

(3)行政监督的内容

从监督内容看,政府针对工程招标投标活动实施行政监督主要分为程序监督和实体监督两个方面。程序监督,是指政府针对招标投标活动是否严格执行法定程序实施的监督;实体监督,是指政府针对招标投标活动是否符合《招标投标法》及有关配套规定的实体性要求实施的监督。具体内容包括:

①依法必须招标项目的招标方案(含招标范围、招标组织形式和招标方式)是否经过项目审批部门核准。

②依法必须招标项目是否存在以化整为零或其他任何方式规避招标等违法行为。

③公开招标项目的招标公告是否在国家指定媒体上发布。

④招标人是否存在以不合理的条件限制或者排斥潜在投标人,或者对潜在投标人实行歧视待遇,强制要求投标人组成联合体共同投标等违法行为。

⑤招标代理机构是否存在泄露应当保密的与招标投标活动有关情况和资料,或者与招标人、投标人串通损害国家利益、社会公共利益或者他人合法权益等违法行为。

⑥招标人是否存在向他人透露已获取招标文件的潜在投标人的名称、数量或可能影响公平竞争的有关招标投标的其他情况的行为,或泄露标底,或违法与投标人就投标价格、投标方案等实质性内容进行谈判等违法行为。

⑦投标人是否存在相互串通投标或与招标人串通投标,或以向招标人或评标委员会成员行贿的手段谋取中标,或者以他人名义投标或以其他方式弄虚作假骗取中标等违法行为。

⑧评标委员会的组成、产生程序是否符合法律规定。

⑨评标活动是否按照招标文件预先确定的评标方法和标准在保密的条件下进行。

⑩招标人是否存在在评标委员会依法推荐的中标候选人以外确定中标人的违法行为。

⑪招标投标的程序、时限是否符合法律规定。

⑫中标合同签订是否及时、规范,合同内容是否与招标文件和投标文件相符,是否存在违法分包、转包。

⑬实际执行的合同是否与中标合同内容一致,如此等等。

(4)行政监督方式

政府有关部门主要通过核准招标方案和自行招标备案,受理投诉举报、检查、稽查、审计、查处违法行为以及招标投标情况书面报告等方式,对招标投标过程和结果进行监督,同时对招标代理机构实行严格的资格管理制度。

1)核准招标方案

必须招标的项目在开展招标活动之前,招标人应当将招标方案报项目审批部门核准。项目审批部门对必须招标的项目核准的内容包括:建设项目具体招标范围(全部招标或者部分招标）、招标组织形式（委托招标或自行招标）、招标方式（公开招标或邀请招标）。招标人应当按照项目审批部门的核准意见开展招标活动。

我国对建设项目的审批实行分级分类管理。目前，国家发展改革委审批权限内的应当进行招标方案核准的项目有三类：

一是国家发展改革委审批或者初审后报国务院审批的中央政府投资项目；

二是向国家发展改革委申请 500 万元人民币以上中央政府投资补助、转贷或者贷款贴息的地方政府投资项目或者企业投资项目；

三是国家发展改革委核准或者初核后报国务院核准的国家重点项目。

各省发展改革部门审批权限内的项目实行招标方案核准的范围都是结合本地实际确定的，具体项目范围不完全一致。因此，招标人应当根据具体招标项目审批部门的规定，向有关部门申报招标方案核准。

2）自行招标备案

依法必须招标的项目，具有编制招标文件和组织评标能力的，可以自行办理招标事宜，但是应当向有关行政监督部门备案。行政监督部门要对招标人是否具有自行招标的条件进行监督，一是防止那些对招标程序不熟悉、不具备招标能力的项目单位自行组织招标，影响招标质量和项目的顺利实施；二是防止个别项目单位借自行招标之机，进行虚假招标甚至规避招标。

3）现场监督

对工程招标投标过程的现场监督主要由县级以上人民政府有关行政主管部门负责。现场监督，是指政府有关部门工作人员在开标、评标的现场行使监督权，及时发现并制止有关违法行为。现场监督也可以通过网上监督来实现，即政府有关部门利用网络技术对招标投标活动实施监督管理。

4）招标投标情况书面报告

依法必须进行招标的项目，招标人应当自确定中标人之日起 15 日内，向有关行政监督部门提交招标投标情况的书面报告。报告的主要内容包括招标范围，招标方式和发布招标公告的媒介，招标文件中投标人须知、技术条款、评标标准和方法、合同主要条款，评标委员会的组成和评标报告，中标结果等。行政监督部门通过这些内容对招标投标活动的合法性进行监督。

5）受理投诉举报

投标人和其他利害关系人认为招标投标活动不符合法律规定的，有权依法向有关行政监督部门投诉。另外，其他任何单位和个人认为招标投标活动违反有关法律规定的，也可以向有关行政监督部门举报。有关行政监督部门应当依法受理和调查处理。

6）监督检查

监督检查是行政机关行使行政监督权最常见的方式。各级政府行政机关对招标投标活动实施行政监督时，可以采用专项检查、重点抽查、调查等方式，有权调取和查阅有关文件、调查和核实招标投标活动是否存在违法行为。

7）项目稽查

在我国的建设项目管理中，对于规模较大、关系国计民生或对经济和社会发展有重要影响的建设项目，作为重大建设项目进行重点管理和监督，国家还专门建立了重大建设项目稽查特派员制度。发展改革部门可以组织国家重大建设项目稽查特派员，采取经常性稽查和专项性稽查方式对重大建设项目建设过程中的招标投标活动进行监督检查。

8）实施行政处罚

有关行政监督部门通过各种监督方式发现并经调查核实有关招标投标违法行为后,应当依法对违法行为人实施行政处罚。

[分组讨论]

1. 通过学习本模块工程招投标法律的学习,理解招投标中监督的作用。

2. 从社会公民和在校学生的身份,谈谈应该如何遵守国家法律法规和学校规章制度。

小　结

工程招投标,是在工程建设领域实行招投标机制,使建设单位和施工、勘察、设计、监理等单位进行公平交易、平等竞争,从而达到确保工程质量、控制工程进度、降低工程造价、提高投资效益的目的。

工程招投标作为我国工程建设领域的一项基本制度,已实行多年,在行业内形成了一定的术语,即与工程招投标相关的概念,如工程建设项目,是指工程以及与工程建设有关的货物、服务。所谓工程,即建设工程,包括建筑物和构筑物的新建、改建、扩建及其相关的装修、拆除、修缮等;与工程建设有关的货物,指构成工程不可分割的组成部分,且为实现工程基本功能所必需的设备、材料等;与工程建设有关的服务,指为完成工程所需的勘察、设计、监理等服务。相关概念还有招标投标、工程招投标、工程招标、工程开标、工程评标、工程中标和签订合同等。

工程招投标必须遵循一定的原则,即开展工程招投标活动,必须遵守公开、公平、公正和诚实信用的原则,这是最基本的原则。

工程招投标是工程项目投资活动在交易阶段中的一种特殊交易方式,具有鲜明的特点,主要表现在:法制性强、程序规范,专业性强、技术要求高,透明度高、监督性强,经济效益显著、促进资源节约、减少腐败现象、促进社会公平。

为了研究工程招投标,可以对其进行多种分类,最基本的分类是按照工程建设项目标的物属性划分,分为工程施工、货物、服务三大类。还可以按工程项目承包的范围划分、按工程类别及行业管理分类、按工程承发包模式分类、按照工程是否具有涉外因素分类。

工程招投标法律体系是指全部现行的与工程招投标活动有关的法律法规和政策规定等组成的有机整体。我国现已基本形成了一个以《招标投标法》为主,相关基本法律及相关法规、条例、规章为辅的关于工程招标投标的法律制度。按照法律效力的不同,可分为 5 个层次:工程招投标相关的法律、行政法规、地方性法规、规章、标准文本和范本。

《招标投标法》是工程招投标领域的根本大法,一切工程招投标的法规规定,都必须以该法为依据。《招标投标法实施条例》是依据《招标投标法》制定的,同时兼顾《政府采购法》《合同法》(现已废止,由《民法典》取代)等法律的衔接,在行政法规层面对招投标活动作出的可操作性的具体规定,并起着统一招标投标规则的作用。

工程招投标市场,是一个以工程建设项目为对象,招投标当事人为主体,造价咨询机构、评标专家等参与的从事招标投标活动的交易场所。招标投标活动的当事人是指招标投标活动中享有权利和承担义务的各类主体,包括招标人、投标人和招标代理机构等。目前,我国工程招投标交易场所主要是公共资源管理部门监管的公共资源交易中心。

招标投标最显著的特点就是招标投标活动具有严格规范的程序。一个完整的工程招标投标程序,应该包括招标、投标、开标、评标、中标和签订合同六大环节。

工程招标投标活动及其当事人应当接受依法实施的监督。工程招标投标活动的监督体系是指在工程招标投标活动中,所形成的行政监督、司法监督、当事人监督、社会监督等组成的有机整体。各监督主体既相对独立,又密切配合,形成了整体合力。

知识扩展链接

1.《中华人民共和国招标投标法》

http:// www. npc. gov. cn/wxzl/gongbao/2000-12/05/content_5004749. htm

2. 广西壮族自治区公共资源交易中心广西壮族自治区政府采购中心

http://gxggzy. gxzf. gov. cn/

3. 广西壮族自治区招标投标公共服务平台

http://zbtb. gxi. gov. cn:9000/

复习思考与练习

一、填空题

1. _____是指工程以及与工程建设有关的货物、服务。

2. 招投标,指招标人对拟招标项目事先公布指标和要求,多个_____参加竞争,_____按照规定的程序选择_____的行为。

3. 我国《招标投标法》明确规定,招投标方式有两种,即_____和_____。_____是指招标人以招标公告的方式邀请不特定的法人或者其他组织投标。

4. _____是依法提出招标项目、进行招标的法人或者其他组织。通常是工程、货物或服务的采购方。

5. _____是指响应招标、参加投标竞争的法人或者其他组织以及依法相应科研项目招标、参加投标竞争的个人。

6. 投标人具备的基本条件:_____和_____。

7. _____是指两个以上法人或者其他组织组成的一个联合体,以一个投标人的身份共同投标的行为。

8. 一个完整的工程招标投标程序,应该包括招标、投标、开标、_____、_____和_____六大环节。

9.工程招标投标活动的监督体系是指在工程招标投标活动中,所形成的行政监督、司法监督、_____、_____等组成的有机整体。

10._____ ,是依法设立的,一个集信息、管理和服务为一体的综合服务性机构,在辖区范围内为工程建设项目招投标及相关活动提供集中交易服务的有形建筑市场。

二、单选题

1.工程建设项目招投标可分为铁路建设工程招投标、房屋建筑和市政基础设施工程建设项目招投标、公路工程建设项目招投标、水利工程建设项目招投标、通信建设项目招投标等,是按( )分类。

    A.工程建设项目标的物属性   B.工程类别及行业管理

    C.工程项目承包的范围   D.工程承发包模式

2.招标投标活动应当遵循( )原则。

    A.自愿、公平、公正和最低价中标

    B.公开、公平、公正和合理

    C.公开、公平、公正和诚实信用

    D.自愿、平等、公正和诚实信用

3.招标活动应当在国家指定的报刊、信息网络或者其他媒介发布招标公告、公开开标、公开中标结果,使每一个投标人获得同等的信息,避免出现信息不对称。符合招标投标活动的( )原则。

    A.公开   B.公平   C.公正   D.诚实信用

4.招标时对所有在投标截止日期以后送到的投标书都应拒收的行为体现了招投标活动的( )原则。

    A.公开   B.公平   C.公正   D.诚实信用

5.公开招标是指招标人以( )的方式邀请不特定的法人或者其他组织投标。

    A.招标公告   B.合同谈判   C.行政命令   D.投标邀请书

6.根据法的效力等级,《中华人民共和国招标投标法实施条例》属于( )。

    A.法律   B.行政法规   C.部门规章   D.单行条例

7.关于《招标投标法》适用范围说法不正确的是( )。

    A.政府机关、国有企事业单位组织的招投标活动,都必须受《招标投标法》约束

    B.集体企业、私人企业组织的招投标活动,都必须受《招标投标法》约束

    C.外商投资企业以及其他组织等组织的招投标活动,都必须受《招标投标法》约束

    D.香港、澳门属于中华人民共和国境内,必须受《招标投标法》约束

8.《中华人民共和国招标投标法》规定依法必须招标的项目自招标文件开始发出之日起至投标人提交投标文件截止之日止最短不得少于( )天。

    A.20   B.30   C.10   D.15

9.甲、乙、丙3个同一专业的施工单位分别具有该专业二、二、三级企业资质,甲、乙、丙3个单位的项目经理数量合计符合一级企业资质要求。甲、乙、丙三单位组成联合体参加投标则该联合体资质等级应为( )。

    A.一级   B.二级   C.三级   D.四级

10. 下列关于联合体共同投标的说法,正确的是(　　)。

    A. 两个以上法人或其他组织可以组成一个联合体,以一个投标人的身份共同投标

    B. 联合体各方只要其中任意一方具备承担招标项目的能力即可

    C. 由同一专业的单位组成的联合体,投标时按照资质等级较高的单位确定资质等级

    D. 联合体中标后,应选择其中一方代表与招标人签订合同

11. 某建设工程有 A、B 两个单项工程,甲、乙两承包单位组成联合体中标,分别承担 A、B 单项工程的施工任务。甲承包单位因施工原因产生质量事故但无力赔偿,乙单位应该(　　)。

    A. 不赔偿　　　　　　　　　　B. 全部赔偿

    C. 按比例赔偿　　　　　　　　D. 根据双方约定决定是否赔偿

12. 根据《招标投标法》规定,评标由(　　)依法组建的评标委员会负责。

    A. 主管部门　　　　　　　　　B. 招投标交易中心

    C. 招标人　　　　　　　　　　D. 投标人

13. 依法必须进行招标的项目,其评标委员会由招标人的代表和有关技术、经济等方面的专家组成,成员人数为(　　)人以上的单数。

    A. 3　　　　　　B. 5　　　　　　C. 7　　　　　　D. 9

14. 依法必须进行招标的项目,其评标委员会由招标人的代表和有关技术、经济等方面的专家组成,其中技术经济等方面的专家不得少于成员总数的(　　)。

    A. 1/2　　　　　B. 1/3　　　　　C. 2/3　　　　　D. 3/5

三、多选题

1. 工程建设项目是指工程以及与工程建设有关的货物、服务。下列属于工程建设项目的是(　　)。

    A. 建筑工程

    B. 设备安装工程

    C. 设备及工器具购置

    D. 与工程建设有关的服务,指为完成工程所需的勘察、设计、监理等服务

2. 招标投标活动的公平原则体现在(　　)等方面。

    A. 要求招标人或评标委员会严格按照规定的条件和程序办事

    B. 平等地对待每一个投标竞争者

    C. 不得对不同的投标竞争者采用不同的标准

    D. 招标人不得以任何方式限制或者排斥本地区、本系统以外的法人或者其他组织参加投标

3. 下列说法正确的是(　　)。

    A. 在投标截止时间结束后,招标人不能接受新的投标,但投标人可以更改投标报价及其他实质性内容

    B. 开标的最基本要求和特点是公开,保障所有投标人的知情权,这也是维护各方合法权益的基本条件

    C. 评标是审查确定中标人的必经程序

D.无法明确或不便表述的有关条款,可以补充协议方式并入合同的组成部分

4.以下属于按工程项目承包的范围划分的是(　　)。

　A.项目总承包招投标

　B.项目阶段性招投标、设计施工招投标

　C.工程分承包招投标及专项工程承包招投标

　D.工程施工招投标

5.按照法律效力的等级,工程招投标法律体系由(　　)组成。

　A.工程招投标相关的法律

　B.工程招投标相关的行政法规

　C.工程招投标相关的地方性法规

　D.工程招投标相关的规章和工程招投标相关的标准文本、范本

6.《招标投标法》规定了投标人禁止事项包括(　　)。

　A.投标人不得相互串通投标报价,不得排挤其他投标人的公平竞争,损害招标人或者其他投标人的合法权益

　B.投标人不得与招标人串通投标,损害国家利益、社会公共利益或者他人的合法权益

　C.禁止投标人以向招标人或者评标委员会成员行贿的手段谋取中标

　D.投标人不得以低于成本的报价竞标,也不得以他人名义投标或者以其他方式弄虚作假,骗取中标

7.关于招投标法实施条例中的时间规定正确的是(　　)。

　A.资格预审文件或者招标文件的发售期不得少于3日

　B.投标人撤回已提交的投标文件,应当在投标截止时间前书面通知招标人。招标人已收取投标保证金的,应当自收到投标人书面撤回通知之日起5日内退还

　C.依法必须进行招标的项目,招标人应当自收到评标报告之日起3日内公示中标候选人,公示期不得少于3日

　D.投标人对依法必须进行招标的项目的评标结果有异议的,应当在中标候选人公示期间提出

8.根据《中华人民共和国招标投标法》的规定,投标人在招标文件要求提交投标文件的截止时间前可以(　　)已提交的投标文件,并书面通知招标人。

　A.补充　　　　　B.修改　　　　　C.撤回　　　　　D.取消

9.招标人具备自行招标的能力表现为(　　)。

　A.必须是法人组织　　　　　　　B.有编制招标文件的能力

　C.有审查投标人资质的能力　　　D.有组织评标定标的能力

10.组成联合体投标的(　　)。

　A.联合体参加资格预审并获通过的,其组成不可以有任何变化

　B.联合体中标的,联合体各方应当共同与招标人签订合同,就中标项目向招标人承担连带责任

　C.联合体参加资格预审并获通过的,其组成变化必须在提交投标文件截止之日前征得招标人的同意

　D.联合体各方必须指定牵头人

11. 下列招投标行为违反法律、法规有关规定的有( )。

    A. 投标人互相约定抬高投标价

    B. 招标人对所有投标人公开标底

    C. 投标人的投标报价低于标底

    D. 投标人以向招标人或者评标委员会成员行贿的手段谋取中标

模块 **2**
资 格 审 查

[**模块概述**]

在工程招投标活动中,为了确保中标人的合法性,保障招投标双方利益,需要对潜在投标人进行资格审查。本模块是招标过程的重要内容。首先对工程招投标中的资格审查做了基本介绍,包括资格审查的含义、资格审查的方式和标准、资格审查的程序;接着,以工程施工资格审查为例,介绍了资格审查文件的编制,包括招标公告的编制,资格审查文件的组成内容、资格申请文件的构成及格式,以及资格审查程序;然后,对工程施工招标文件资格审查部分的编制做了详细介绍;最后,以实际案例,对工程施工资格预审部分进行了分析。

[**学习目标**]

掌握 资格审查的概念、资格审查方式的含义;招标公告的编制;工程施工招标资格审查文件的编制。

熟悉 资格审查原则、资格审查的内容、资格审查标准的含义;资格审查文件的编制。

了解 资格审查的程序、资格审查过程中易出现的问题;资格审查文件编制的注意事项。

[**能力目标**]

学会编制工程招标公告、能看懂工程招标资格审查文件、会编制一般的工程招标资格审查申请文件,会合法、合理安排招标工作时间。

[**素质目标**]

1. 通过资格审查内容的学习和训练,培养学生养成公正、严谨的职业意识,构建社会主义精神文明大厦。

2. 从招投标过程的时间安排的学习中,学会计划充分,才能更好地完成任务,实现目标。

3. 让学生明白,只有通过自己辛勤劳动获得的知识,才能掌握得更加透彻,应用自如。

［**案例导入**］

微课：招标文件上的一句话带来的思考？
招标文件上的一句话带来的思考——关于企业资格条件的理解

任务2.1　认识工程招投标中的资格审查

在工程建设领域,建筑活动具有特殊性和复杂性,既关系到建筑产品的质量、安全,更关系到公共安全、人身健康等,因此,国家对企业和企业主要管理、技术人员实行资质(资格)管理。企业、个人在资质(资格)许可范围内开展活动。工程建设领域的各类资质(格)及级别涉及数百种,在工程招投标活动中,参与投标的企业只有符合资质(资格)要求,才能中标;另外,招标人也可以对投标人提出一定要求。故在工程招投标活动中,需要对潜在投标人进行资格审查。

2.1.1　资格审查的含义

(1)资格审查的概念

资格审查是指招标人对申请人或潜在投标人的经营资格、专业资质、财务状况、技术能力、管理能力、业绩、信誉等方面进行评估审查,以判定其是否具有投标、订立和履行合同的资格及能力。资格审查既是招标人的权利,也是大多数工程招标项目的必要程序,它对于保障招标人和投标人的利益具有重要作用。

在工程招投标活动中,招标人可以根据招标项目本身的要求,在招标公告或者投标邀请书中,要求潜在投标人提供有关资质证明文件和业绩情况,并对潜在投标人进行资格审查;国家对投标人的资格条件是有规定的,依照其规定,招标人不得以不合理的条件限制或者排斥潜在投标人,不得歧视潜在投标人。

(2)资格审查的原则

资格审查在坚持"公开、公平、公正和诚实信用"的基础上,应遵守科学、合法和择优原则。

1)科学原则

为了保证申请人或潜在投标人具有合法的投标资格和相应的履约能力,招标人应根据招标项目的规模、技术管理特性要求,结合国家企业资质等级标准和市场竞争及投标人状况,科学、合理地设立资格评审方法、条件和标准。招标人务必慎重对待投标资格的条件和标准,这将直接影响合格投标人的质量和数量,进而影响投标的竞争程度和项目招标的期望目标的实现。

2)合法原则

资格审查的标准、方法、程序应当符合法律法规的规定。

3）择优原则

通过资格审查,选择资格能力、业绩、信誉等各方面优秀的潜在投标人参加投标。

（3）资格审查的内容

资格审查主要审查潜在投标人或者投标人的能力,是否能够履行招标项目。对于工程施工项目,资格审查主要是审查5个方面的内容:

①主体资格方面:是否具有独立订立合同的权利;审查企业资质和营业执照是否符合招标工程要求,是否具有独立订立与履行合同的权利和能力。

②能力合格方面:是否具有全面履行合同的能力,包括专业、技术资格和能力,资金、设备和其他物质设施状况,管理能力、经验、信誉和相应的从业人员。如企业具有有效的安全生产许可证、拟派的项目经理资格等级达到资格审查文件规定的资格等级标准及以上、项目经理的注册建造师注册单位与投标单位一致,且没有在建工程或承担的在建工程符合有关规定;以联合体形式申请资格审查的,联合体各成员单位企业资质和人员资格条件符合要求,附有共同投标协议并明确了牵头人。

③正常状态方面:没有处于被责令停业,投标资格被取消,财产被接管、冻结或破产状态。

④信用合格方面:在最近三年内没有骗取中标和严重违约及重大质量问题。

⑤特别规定方面:法律、行政法规规定的其他资格条件。

2.1.2 资格审查的方式和标准

（1）资格审查的方式

资格审查分为资格预审和资格后审两种方式。

1）资格预审

这是指在投标申请人购买招标文件前对其资格送审文件进行审查的方式。

招标人通过发布资格预审公告,向不特定的潜在投标人发出投标邀请,由招标人或者由其组织的资格审查委员会按照资格预审文件确定的资格预审条件、标准和方法,对申请人的经营资格、专业资质、财务状况、类似项目业绩、履约信誉、企业认证体系等条件进行评审,确定合格的申请人。未通过资格预审的申请人,不具有参加投标的资格。

资格预审可以减少评标阶段的工作量、缩短评标时间、避免不合格的申请人进入投标阶段,从而节约投标成本,同时,可以提高投标人投标的针对性、竞争性,提高评标的科学性、可比性,但因设置了资格预审环节,延长了招标投标的过程,增加了招标人组织资格预审和潜在投标人进行资格预审申请的费用。

资格预审比较适合于具有单件性特点,且技术难度较大或投标文件编制费用较高,或潜在投标人数量较多的公开招标项目,以及需要公开选择潜在投标人的邀请招标项目。由于资格预审在开标前对投标人缺乏信息保密,防止围标串标现象带来难度,故在工程施工领域现已审慎选用。

2）资格后审

这是指在开标后对投标人进行资格审查的方式。

投标申请人递交投标文件后,在开启投标申请人技术标和商务标前,先开启投标申请人的资格标,由招标人组建的评标委员会对投标申请人的资格送审文件进行审查。

采用资格后审方式时,审查的内容与资格预审的内容是一致的,招标人应当在开标后由评标委员会按照招标文件规定的标准和方法对投标人的资格进行审查。资格后审是评标工作的一个重要内容。对资格后审不合格的投标人,评标委员会应否决其投标。

采用资格后审可以省去招标人组织资格预审和潜在投标人进行资格预审申请的工作环节,从而节约相关费用,缩短招标投标过程,有利于增加投标人数量,加大串标围标的难度,但会降低投标人投标的针对性和积极性,在投标人过多时会增加社会成本和评标工作量。

资格后审方法比较适合于潜在投标人数量不多的通用性、标准化招标项目。实行资格后审的,投标文件由资格标、技术标和商务标组成。

(2)资格审查标准

资格审查标准,也称为资格审查方法或资格审查办法,分为合格制法和有限数量制法。

1)合格制法

这是指设计一些资格条件,每个条件都是对投标人资格的一种限定,投标申请人符合资格审查文件中投标申请人全部条件的,资格审查为合格。资格审查合格的潜在投标人,下一阶段均可参加工程项目的投标工作,成为投标人。

凡具有通用技术、性能标准,或者招标人对技术、性能没有特殊要求、投资规模较小的公开招标项目和邀请招标项目,一般采用合格制法进行资格审查。

2)有限数量制法

这是指招标人对符合资格条件的申请人作出数量限制,属于合格制与打分法相结合的方法。采用有限数量制时,投标人必须通过资格审查,并通过打分排名或其他方式,进入到所允许的数量范围内,两个条件同时满足后,投标人才可以参加投标。

一般使用国有资金投资或国有资金占控股或主导地位的,有特殊要求或总投资在一定规模以上的工程建设项目,潜在投标人较多时,经批准的,可采用有限数量制;非国有资金投资的或非国有资金占控股或主导地位的投资项目,可采用有限数量制。

关于合格申请人数量选择问题。依法必须公开招标的工程项目的施工招标实行资格预审,并且采用经评审的最低投标价法评标的,招标人必须邀请所有合格申请人参加投标,不得对投标人的数量进行限制。依法必须公开招标的工程项目的施工招标实行资格预审,并且采用综合评估法评标的,当合格申请人数量过多时,可以采用打分的方法选择规定数量的合格申请人参加投标。一般工程投资额 1 000 万元以上的工程项目,邀请的合格申请人应当不少于 9个;工程投资额 1 000 万元以下的工程项目,邀请的合格申请人应当不少于 7 个。

2.1.3　资格审查的程序

招标人可以根据招标工程的需要,对投标申请人进行资格预审,也可以委托工程招标代理机构对投标申请人进行资格预审。资格后审,一般则由评标委员会来进行评审。

资格审查活动一般按以下 7 个步骤进行:

(1)审查准备工作

对于资格预审的招标项目,若委托工程招标代理机构对投标申请人进行资格预审,首先要按规定组建资格审查委员会,资格审查委员会成员到达现场后要签到,并进行分工,推荐一名审查委员会主任;接着,审查委员会成员熟悉文件资料;然后,审查委员会成员对申请文件进行基础性数据分析和整理工作。对于资格后审的招标项目,评标委员会就是资格审查委员会。

审查委员会主任与审查委员会的其他成员有同等的表决权。审查委员会成员的名单在审查结果确定前应当保密。

（2）初步审查

初步审查是指对投标资格申请人名称、申请函签字盖章、申请文件格式、联合体申请人等内容进行审查。必要时,审查申请人需提交有关证明和证件的原件。申请文件中不明确的内容,以书面形式要求申请人进行必要的澄清、说明或补正。

（3）详细审查

只有通过了初步审查的申请人才可进入详细审查。审查委员会根据规定的程序、标准和方法,对申请人的资格预审申请文件进行详细审查。如是联合体,还要对联合体申请人的资质进行认定,可量化审查因素的审查,进一步地澄清、说明或补正。

注意,申请人的澄清或说明必须采用书面形式,并不得改变资格审查文件的实质性内容;招标人和审查委员会不接受申请人主动提出的澄清或说明。

（4）评分

对于采用有限数量制作为资格审查标准的项目,通过详细审查的申请人超过规定的数量时,要按规定的评分标准进行评分,然后按最终得分高低进行排序,确定通过资格审查的申请人名单。

通过详细审查的申请人不少于3个且没有超过规定数量的,审查委员会不再进行评分,通过详细审查的申请人均通过资格预审。

（5）编制和提交审查报告

审查委员会确定通过资格审查的申请人名单后,根据规定向招标人提交书面审查报告。审查报告应当由全体审查委员会成员签字。

通过详细审查申请人的数量不足3个的,属于资格预审的,招标人应重新组织资格预审或不再组织资格预审而采用资格后审方式直接招标。属于资格后审的,不再进行下一步的开标,而需要重新组织招标。

（6）发出投标邀请书或组织开标活动

对于资格预审的项目,招标人应向通过资格预审的申请人发出投标邀请书,并向未通过资格预审的申请人发出资格预审结果的书面通知。

对于资格后审的项目,通过资格后审的申请人,可直接参加接下来的开标活动。

（7）特殊情况的处置程序

1）关于审查活动暂停

当发生不可抗力导致审查工作无法继续时,审查活动方可暂停。审查委员会应当封存全部申请文件和审查记录,待不可抗力的影响结束且具备继续审查的条件时,由原审查委员会继续审查。

2）关于中途更换审查委员会成员

除发生不可抗力的客观原因,或根据法律法规规定,审查委员会个别成员需要回避的,审查委员会成员不得在审查中途更换。

3)记名投票

在任何审查环节中,需审查委员会就某项定性的审查结论作出表决的,由审查委员会全体成员按照少数服从多数的原则,以记名投票方式表决。

［课堂互动］

微课:资格审查的方式、内容和标准
资格审查的方式、内容和标准有哪些?

［分组讨论］

谈谈你从投标人资格审查应遵守的相关原则中联想到什么。

任务 2.2 工程施工招标公告及资格审查文件的编制

2.2.1 招标公告的编制

(1)招标公告的含义

招标公告是招标人通过指定媒介发布公告,公开邀请符合条件的不特定潜在投标人,使感兴趣的潜在投标人了解招标项目的情况及资格条件,前来购买招标文件,参加投标竞争活动。

工程项目招标采用资格预审方式时,则必须在招标项目开始前,发布资格预审公告(内容同招标公告),进行资格预审。

(2)招标公告的内容

工程施工项目招标公告内容一般包括:

①招标项目的条件,包括项目审批、核准或备案机关名称、资金来源、项目出资比例、招标人的名称等。

②项目概况与招标范围,包括本次招标项目的建设地点、规模、计划工期、招标范围、标段划分等。

③对申请人的资格要求,包括资质等级与业绩,是否接受联合体申请、申请标段数量。

④评标方式。

⑤招标文件的获取,包括时间、地点(或网址)和售价。

⑥投标文件的递交和截止时间。

⑦同时发布公告的媒介名称。

⑧联系方式等。

(3)工程施工招标公告格式

为了规范施工招标资格预审文件、招标文件编制活动,促进招标投标活动的公开、公平和

公正,国家发展和改革委员会等九部委联合制定了《〈标准施工招标资格预审文件〉和〈标准施工招标文件〉试行规定》(2007 版)及相关附件。国家住房和建设部在此基础上制定了《房屋建筑和市政工程标准施工招标资格预审文件》(2010 版)和《房屋建筑和市政工程标准施工招标文件》(2010 版)。各行业和地方政府根据国家有关规定结合本行业或本地特点,也出台了相应的施工招标文件范本。现以《广西壮族自治区房屋建筑和市政工程施工招标文件范本(2019 年版)》为例,介绍工程施工招标公告格式,见表 2.1

表 2.1　工程施工招标公告

＿＿(项目名称)＿＿ 施工招标公告

1. 招标条件

本招标项目＿＿＿＿＿＿＿＿＿(项目名称)已由＿＿＿＿＿＿＿＿(项目审批、核准或备案机关名称)以＿＿＿＿＿＿(批文名称、文号、项目代码)批准建设,招标人(项目业主)为＿＿＿＿＿＿＿,建设资金来自＿＿＿＿＿＿(资金来源),项目出资比例为＿＿＿＿＿。项目已具备招标条件,现对该项目的施工进行公开招标。

2. 项目概况与招标范围

项目招标编号:＿＿＿＿＿＿＿＿＿＿＿＿＿

报建号(如有):＿＿＿＿＿＿＿＿＿＿＿＿＿

建设地点:＿＿＿＿＿＿＿＿＿＿＿＿＿＿

建设规模:＿＿＿＿＿＿＿＿＿＿＿＿＿＿

合同估算价:＿＿＿＿＿＿＿＿＿＿＿＿＿

要求工期:＿＿＿日历天,定额工期＿＿＿日历天【备注:建筑安装工程定额工期应按《建筑安装工程工期定额(TY01—89—2016)》确定,工期压缩时,宜组织专家论证,且在招标工程量清单中增设提前竣工(赶工补偿)费项目清单】

招标范围:＿＿＿＿＿＿＿＿＿＿＿＿＿＿

标段划分:＿＿＿＿＿＿＿＿＿＿＿＿＿＿

设计单位:＿＿＿＿＿＿＿＿＿＿＿＿＿＿

勘察单位:＿＿＿＿＿＿＿＿＿＿＿＿＿＿

3. 投标人资格要求

3.1　本次招标要求投标人须已办理诚信库入库手续并处于有效状态,具备＿＿＿＿＿＿资质【备注:招标人应当根据国家法律法规对企业资质等级许可的相关规定以及招标项目特点,合理设置企业资质等级,不得提高资质等级要求;资质设置为施工总承包已可满足项目建设要求的,不得额外同时设置专业承包资质】,并在人员、设备、资金等方面具备相应的施工能力。其中,投标人拟派项目经理须具备＿＿＿＿＿＿专业＿＿＿＿级以上(含本级)注册建造师执业资格【备注:招标人应当根据项目规模,按照注册建造师执业工程规模标准,合理设置注册建造师等级,不应提高资格要求】,已录入广西建筑业企业诚信信息库并处于有效状态,具备有效的安全生产考核合格证书(B 类)。本项目不接受有在建、已中标未开工或已列为其他项目中标候选人第一名的建造师作为项目经理(符合《广西壮族自治区建筑市场诚信卡管理暂行办法》第十六条第一款除外)。

3.2　业绩要求:□无要求　□有要求,要求＿＿＿年(应填写年份)以来□完成过质量合格的类似工程业绩　□承接过类似工程业绩,类似工程指:＿＿＿＿＿＿＿＿＿＿＿＿＿＿＿＿＿＿＿。

3.3　本次招标＿＿＿＿＿＿＿＿(接受或不接受)联合体投标。联合体投标的,应满足下列要求:＿＿＿＿＿＿＿＿＿＿＿＿＿＿＿＿＿＿＿＿＿＿＿＿。

3.4　各投标人可就本招标项目的所有标段进行投标,并允许中标所有标段。但投标人应就不同标段

派出不同的项目经理和项目专职安全员,否则同一项目经理或项目专职安全员所投其他标段将作否决投标处理(符合桂建管〔2013〕17 号和桂建管〔2014〕25 号文除外)。

3.5　根据最高人民法院等 9 部门《关于在招标投标活动中对失信被执行人实施联合惩戒的通知》(法〔2016〕285 号)规定,投标人不得为失信被执行人(以评标阶段通过"信用中国"网站(www.creditchina.gov.cn)查询的结果为准)。

根据《广西壮族自治区建筑市场主体"黑名单"管理办法(试行)》(桂建发【2018】5 号)规定,投标人、拟派项目经理不得为建筑市场主体"黑名单"(以评标阶段通过建筑市场监管与诚信信息一体化平台查询的结果为准)【备注:此款可由招标人自主选择,如不采用,还须向本项目招标的监督部门说明理由】。

3.6　投标人信息以广西建筑业企业诚信信息库为准。

4. 招标文件的获取

_____年___月___日_____时_____分至招标文件递交的截止时间(不少于 20 日),由潜在投标人的专职投标员凭本人的身份证证号及密码或企业 CA 锁登录_____(广西电子招标投标系统网站)免费下载招标文件。

5. 投标文件的递交

5.1　投标文件应通过广西电子招标投标系统提交,截止时间(投标截止时间,下同)为_____年___月___日_____时_____分。未加密的电子投标文件光盘提交地点为_____(当地交易中心)。

5.2　投标人须在投标截止前将加密的投标文件通过广西电子招标投标系统成功上传,并将与成功上传的投标文件同一时间生成的未加密投标文件电子文本刻录光盘包装密封后,于投标截止前由企业法定代表人或其授权的专职投标员提交到_____(当地交易中心),并持专职投标员本人身份证原件(如为法定代表人递交时可持本人身份证原件或本企业任一专职投标员的身份证复印件)、拟投入的项目经理和所有专职安全员的身份证复印件通过广西电子招标投标系统验证,否则投标无效。投标人拟投入项目经理被标注为注册状态异常的,拟投入的项目经理本人须持本人身份证原件出席开标会现场,否则招标人有权拒绝该投标人投标。

6. 评标方式

□经评审的合理低价法　　□综合评估法

7. 预付款和进度款支付方式【备注:该项为可选项】

预付款支付比例或金额:_____

进度款支付方式:合同内按工程计量周期内完成工程量的_____,合同外按工程计量周期完成工程量的_____。

8. 发布媒介

本次招标公告同时在广西壮族自治区招标投标公共服务平台 ztb.gxi.gov.cn、(当地交易中心网站及广西电子招标投标系统网站)(公告发布媒体包含但不限于上述媒体)发布。(备注:实行招标投标的政府采购工程项目还应当同时在中国政府采购网 www.ccgp.gov.cn、广西壮族自治区政府采购网 www.gxzfcg.gov.cn 上发布)。

9. 交易服务单位

_____

10. 监督部门及电话

_____

_____

续表

11. 注意事项
11.1 潜在投标人必须录入广西建筑业企业诚信信息库管理系统,广西建筑业企业诚信信息库管理系统登录地址:http://ztb.gxzjt.gov.cn:1121/zjthy/。由于广西建筑业企业诚信信息库与自治区招标投标系统的相关信息同步存在时间差(非实时同步,每天晚上同步一次),因此投标人应至少在开标时间 2 天前将所需投标材料在诚信库内审核通过。
11.2 投标人须办理企业 CA 锁后并确保在有效期内才能进行网上下载招标文件、制作投标文件及上传投标文件等业务。未办理企业 CA 锁的单位,请到　(数字认证中心名称)　办理,客服电话:_____。
12. 联系方式

招标人:_____名称(及盖章)_____　　招标代理机构:_____名称(及盖章)_____
地　　址:_____　　地　　址:_____
邮　　编:_____　　邮　　编:_____
联 系 人:_____　　联 系 人:_____
电　　话:_____　　电　　话:_____
传　　真:_____　　传　　真:_____
电子邮箱:_____　　电子邮箱:_____
网　　址:_____　　网　　址:_____

_____年____月____日

[**分组讨论**]

某工程项目信息如下,请按照《广西壮族自治区房屋建筑和市政工程施工招标文件范本(2019 年版)》的要求,编制一份招标公告。

2.2.2　资格审查文件的组成内容

资格后审文件是招标文件的重要组成内容,是招标人公开告诉潜在投标人参加招标项目投标竞争应具备资格条件的重要文件。《广西壮族自治区房屋建筑和市政工程施工招标文件范本(2019 年版)》,工程施工招标文件涉及资格审查的内容包括:招标公告(包括投标人资格要求),投标人须知(包括投标人资质条件、能力、诚信要求,构成投标文件的资格审查部分等),评标办法(包括资格审查标准),投标文件格式(包括资格审查文件格式)等四部分。

（1）招标公告

招标公告中有关资格审查的说明:

①投标人资质条件。招标人应当根据国家法律法规对企业资质等级许可的相关规定及招标项目特点,合理设置企业资质等级和类似工程业绩要求,招标项目特点与企业资质等级及业绩要求应相一致,不得提高资质等级要求。对投标人资质条件要求原则上遵循以下规定:资质设置为施工总承包已可满足项目建设要求的,不得额外同时设置专业承包资质等级;招标项目所需企业资质等级已是最低级别的,不应设置业绩要求。企业已竣工工程业绩取自广西建筑

业企业诚信信息库。原则上代表业绩的工程应为已竣工工程,如招标人选择接受在建工程作为业绩的,应约定在建工程业绩以投标文件中提供的"业绩(在建工程)"为准,并应按约定在投标文件组成的"业绩(在建工程)"节点上传相关证明材料的原件扫描件,时间的限定一般按近三年。

②建造师资格。招标人应当根据项目规模,按照注册建造师执业工程规模标准,合理设置注册建造师等级,不应提高资格要求。

③发布媒介。依法必须进行招标的工程项目的招标公告应在国务院发展改革部门依法指定的媒介发布。招标公告应注明发布的所有媒介名称。

(2)投标人须知

投标人须知前附表中包括投标人资质条件、能力、诚信要求和构成投标文件的资格审查部分等。

(3)资格审查办法

评标办法中规定了资格审查是采用合格制还是有限数量制,以及审查标准、审查程序等内容。

(4)资格审查申请文件格式

招标文件投标文件格式中给出了需要提交的资格审查申请文件,包括投标人基本情况表、联合体协议书、建设工程项目管理承诺书以及有关证明材料等等。

对于资格预审文件,《房屋建筑和市政基础设施工程施工招标投标管理办法》第16条规定,资格预审文件应包括资格预审申请文件格式、申请人须知、需要申请人提供的企业资质、业绩、技术装备、财务状况和拟派出的项目经理与主要技术人员简历、业绩等证明材料。

2.2.3 资格审查申请文件的构成

资格审查申请文件一般由以下内容构成:

(1)投标人基本情况表

提供给招标人的将投标人名称、地址、联系方式、统一社会信用代码等投标人的重要信息放入表格,一目了然地知道投标人的基本情况。所填资料内容应完整、真实和准确。并附已录入广西建筑业企业诚信信息库的有效的企业营业执照副本、企业资质证书副本和安全生产许可证副本等的原件扫描件。

(2)联合体投标协议书(如有)

如果资格预审公告或招标公告表明允许联合体投标,且资格审查申请人是联合体中的一方牵头人时,还应递交联合体各方签署联合的协议。不接受联合体资格审查申请的或申请人没有组成联合体的,资格审查申请文件不包括联合体协议书。

(3)投标保证金

可以采用转账的形式,必须从企业的基本户转出,放入转账(或电汇)底单(可提供底单原件或网上银行电子回执单);也可以采用银行保函的形式,放入银行保函(工程担保或工程保证保险)扫描件,同时,还应放入投标人的基本账户开户许可证的原件扫描件(现已取消)。

(4)建设工程项目管理承诺书

建设工程项目管理承诺书是投标方根据国家、自治区和各地市相关文件规定向招标人作出的一旦中标后的承诺,包括不拖欠农民工工资、确保建设工程各项安全防护、文明施工措施落实到位、确保建设工程按规定使用散装水泥和预拌混凝土及重大危险源的专项施工方案的编制、论证、审批、实施、检测的风险管理。

（5）项目经理简历表

列明项目经理的姓名、性别、年龄、毕业学校及时间、学历及专业、取得建造师专业证书及证号，专业职称，以及主要工程业绩等。并附已录入广西建筑业企业诚信信息库的项目经理注册建造师执业资格证书和安全生产考核合格证书（B 类）的扫描件。

（6）项目技术负责人简历表

表格内容基本同项目经理简历表，只是没有建造师的要求，更强调职称的重要性，并附已录入广西建筑业企业诚信信息库的职称证书的扫描件。

（7）已录入广西建筑业企业诚信信息库的安全员的安全生产考核合格证书（C 类）的扫描件

根据国家对建筑施工企业的安全三级管理，投标企业至少应有一名取得安全生产考核合格证书（C 类）的专职安全员。

（8）主要人员的社保证明

包括已录入广西建筑业企业诚信信息库的专职投标员、项目经理、技术负责人和主要管理人员近 3 个月在现任职单位依法缴纳社会保险证明材料的扫描件。

（9）资格审查需要的其他材料

包括：项目管理机构配备情况表、拟投入施工机械设备情况表、企业已完成类似项目一览表（如有）、企业诚信情况一览表（如有）、企业近年财务状况表、企业近年发生的诉讼和仲裁情况（如有）等。

类似项目一般指与拟投标项目结构类似、规模相当、超过一定的金额的项目。一般要求提供的类似项目为近 3 年来完成竣工验收的项目。

2.3.4 资格审查标准

（1）合格制的资格审查标准

合格制的资格审查标准，主要审查如下方面：

①投标文件签署，投标人应在招标文件规定的投标文件相关位置加盖投标人法人单位及法定代表人电子印章。

②营业执照，是否具备有效的营业执照，审查营业执照的有效期、单位名称、营业范围等。

说明：企业法人营业执照是企业经营的合法凭证，分正本和副本，具有同等法律效力，正本用于悬挂在营业场所明显处，副本用于办理业务使用。

③安全生产许可证，是否具备有效的安全生产许可证。

说明：根据国务院《安全生产许可证条例》，建筑施工企业等有关生产企业实行安全生产许可制度；原建设部《建筑施工企业安全生产许可证管理规定》规定，建筑施工企业未取得安全生产许可证的，不得从事建筑施工活动。建设主管部门对经审查符合安全生产条件的，颁发安全生产许可证；安全生产许可证的有效期为 3 年。

④资质等级。

说明：1.建筑业企业资质证书实际上就是指建筑企业有能力完成一项工程大小的证明书。原建设部《建筑业企业资质管理规定》规定：建筑业企业资质证书分为正本和副本，正本一份，副本若干份，由国务院建设主管部门统一印制，正、副本具备同等法律效力。资质证书有效期为5年。2.建筑业企业取得建筑业企业资质证书后,方可在资质许可的范围内从事建筑施工活动。建筑业企业资质分为施工总承包、专业承包和劳务分包三个序列。各序列又分若干资质类别,各资质类别又划分为若干资质等级。其中,施工总承包分为房屋建筑工程施工总承包企业等12个类别,房屋建筑工程施工总承包企业又分为特级、一级、二级、三级等四个资质等级。

⑤财务状况。

投标人一般应提交近3年来(至少一年)经审计过的企业财务报表(含资产负债表、利润及利润分配表、现金流量表),能够全面反映该投标人的财务状况,显示其近时期内的盈利和财务能力,以及其有良好的资信。

⑥类似工程业绩,招标项目所需企业资质等级已是最低级别的,不应设置业绩要求。

⑦诚信。

⑧根据最高人民法院等9部门《关于在招标投标活动中对失信被执行人实施联合惩戒的通知》(法〔2016〕285号)规定,投标人不得为失信被执行人(以评标阶段通过"信用中国"网站(www.creditchina.gov.cn)查询的结果为准)。

根据《广西壮族自治区建筑市场主体"黑名单"管理办法(试行)》(桂建发【2018】5号)规定,投标人不得为被列入建筑市场主体"黑名单"的主体(以评标阶段通过建筑市场监管与诚信信息一体化平台查询的结果为准)【备注:此款可由招标人自主选择,如不采用,须向本项目招标的监督部门说明理由】。

⑨项目经理。

拟投入的项目经理:应具有招标文件要求的某专业注册建造师资格,具有相应的安全生产考核合格证书,无在建工程,并且是投标人的在职人员。

说明:1.建筑施工企业项目经理(简称项目经理),是指受企业法定代表人委托对工程项目施工过程全面负责的项目管理者,是建筑施工企业法定代表人在工程项目上的代表人。《建设项目工程总承包管理规范》(GB/T 50358—2005)规定,建设项目工程总承包应实行项目经理责任制。2003年,国家有关规定:"取消建筑施工企业项目经理资质核准,由注册建造师代替,并设5年过渡期。2.取得建造师资格证书的人员应当受聘于一个具有建设类资质的单位,经注册后方可从事相应的执业活动。其中,担任施工单位项目负责人的,应当受聘并注册于一个具有施工资质的企业,且注册建造师不得同时在两个及两个以上的建设工程项目上担任施工单位项目负责人。3.建造师分为一级注册建造师和二级注册建造师。一级建造师设置10个专业:建筑工程、公路工程、铁路工程、民航机场工程、港口与航道工程、水利水电工程、矿业工程、市政公用工程、通信与广电工程、机电工程。二级建造师设置6个专业:建筑工程、公路工程、水利水电工程、矿业工程、市政公用工程、机电工程。

⑩专职安全员。

应具备有效的安全生产考核合格证书(C类),人数符合住房和城乡建设部《建筑施工企业安全生产管理机构设置及专职安全生产管理人员配备办法》(建质〔2008〕91号)的规定。

⑪联合体投标人。

指组织联合体投标时的联合体各方。

⑫投标保证金。

可以采取从基本户转账方式或采用投标保函形式

⑬其他要求。

资格审查采用合格制的,凡符合规定审查标准的申请人均通过资格审查。见表2.2。

表2.2 合格制的资格审查标准

条款号	评审因素			评审标准
2.1.1	资格评审标准	□合格制	合格标准:缺少任何一项或有任何一项不合格者,其资格审查视为不合格	
			投标文件签署	投标人在招标文件规定的投标文件相关位置加盖投标人法人单位及法定代表人电子印章
			营业执照	具备有效的营业执照
			安全生产许可证	具备有效的安全生产许可证
			资质等级	符合第二章"投标人须知"第1.4.1项规定
			财务状况	符合第二章"投标人须知"第1.4.1项规定
			类似工程业绩(如有)	符合第二章"投标人须知"第1.4.1项规定
			诚信	符合第二章"投标人须知"第1.4.1项规定
			项目经理	符合第二章"投标人须知"第1.4.1项规定,且和开标时身份证验证的项目经理一致
			专职安全员	符合第二章"投标人须知"第1.4.1项规定,且和开标时身份证验证的专职安全员一致
			联合体投标人(如有)	符合第二章"投标人须知"第1.4.2项规定
			投标保证金	符合第二章"投标人须知"第3.4.1项规定
			其他要求【备注:招标人可根据招标项目情况自主调整】	符合第二章"投标人须知"第1.4.1项规定且按规定提交了第二章"投标人须知前附表"3.1.1项资格审查部分( )~( )项内容的。 【如:项目经理/专职投标员/技术负责人/专职安全员/其他管理人员近3个月的在现任职单位的社会保险缴纳情况(已退休未满65岁的项目经理不用提供社保,但应附退休证明文件的扫描件,且建造师注册单位与投标单位一致)、建设工程项目管理承诺、企业近年诉讼及仲裁情况(同"投标人须知前附表"3.1.4要求)……】

(2)有限数量制的资格审查标准(见表2.3)

①企业基本情况

②企业诚信情况

③项目经理情况

④技术负责人情况

⑤拟投入本工程管理人员情况

⑥拟投入施工机械设备情况

⑦企业财务状况

表 2.3 有限数量制的资格审查标准

□ 有限数量制	1. 投标人符合第二章"投标人须知"第1.4项规定的,且按规定提交了第二章"投标人须知前附表"3.1.1项资格审查部分( )~( )项内容的,方可进行资格审查评分。 2. 资格后审总分满分为100分,总分60分及以上为合格,按得分由高到低的顺序选择(9~15)家投标单位作为合格投标人进入本工程的下一阶段评审,如前第＿＿名有得分相同的,则一并进入下一阶段评审,如参加投标的单位不足＿＿＿＿名(含＿＿＿＿名),则全部达到合格分数线的投标人进入下一阶段评审。 【备注:参照建市〔2005〕208号文,原则上工程投资额1 000万元以上的工程项目,合格投标人家数应当不少于9个】	
	(一)企业基本情况 (满分20~25分)	(1)资质条件: (2)考核期内完成过类似工程项目: (3)企业管理体系及诉讼等情况:
	(二)企业诚信情况 (满分10~15分)	(1)获奖情况【备注:招标人按照以下内容(不应少于三类)确定评审项目类别及评分标准。其中,同一工程项目以最高奖计分,不重复计分】 ①企业完成的工程获得"广西壮族自治区主席质量奖、中国建设工程鲁班奖、市政金杯示范工程奖、詹天佑土木工程奖",从获奖证书颁发之日起至投标截止之日止不超过三年的,每个得＿＿分。 ②企业承建或完成的工程获得"国家优质工程奖、中国建筑工程装饰奖、建设工程项目施工安全生产标准化建设工地、中国安装工程优质奖(中国安装之星)",从获奖证书颁发之日起至投标截止之日止不超过三年的,每个得＿＿分。 ③企业承建或完成的工程获得广西壮族自治区级工程质量或安全文明工地奖(建筑施工安全文明标准化工地)、广西壮族自治区级建筑装饰工程优质奖,从获奖证书颁发之日起至投标截止之日止不超过二年的,每个得＿＿分。 ④企业承建或完成的工程获得广西自治区区市级工程质量或安全文明工地奖(建筑施工安全文明标准化工地),从获奖证书颁发之日起至投标截止之日止不超过一年的,每个得＿＿分。 ⑤企业主编或主持完成国家或行业标准,从获奖证书颁发或标准发布之日起至投标截止之日止不超过三年的,每项得＿＿分;参编或参与单位,每项得＿＿分。 ⑥企业主编或主持完成广西壮族自治区级工程建设工法、广西壮族自治区级标准,从获奖证书颁发或标准发布之日起至投标截止之日止不超过二年的,每项得＿＿分;参编或参与单位,每项得＿＿分。
	(三)项目经理情况 (满分15~20分)	(1)项目经理注册资格: (2)项目经理职称: (3)项目经理业绩: ......
	(四)技术负责人情况 (满分10~15分)	(1)技术负责人专业: (2)技术负责人职称: (3)技术负责人业绩: ......

□ 有 限 数量制	(五)拟投入本工程管理人员情况(满分10~15分)	(注:设优、良、中、差,并对各评分等级设置一个具体分值,不设评分区间)
	(六)拟投入施工机械设备情况(满分10~15分)	(注:设优、良、中、差,并对各评分等级设置一个具体分值,不设评分区间)
	(七)企业财务状况(满分10~15分)	(1)_____年至_____年(同"投标人须知前附表"3.1.4要求)净资产(按总资产与总负债之差计算)情况【备注:一般应为正值】 (2)其他【备注:招标人根据招标项目具体情况确定其他财务能力指标要求,如流动比率、速动比率、授信额度、资金证明最低要求或近____年(同"投标人须知前附表"3.1.4要求)按在建工程或已完工程经核实的已收到的付款额计算的平均营业额情况(一般应不少于年应完成合同金额的2.5倍)等】

［课堂互动］

什么是招标公告?工程施工资格审查文件的内容包括哪几部分?

任务2.3 工程施工资格审查申请文件的编制

2.3.1 资格申请文件的编制步骤

工程施工资格申请文件是投标文件的重要组织部分,应包括下列内容:

(1)投标人基本情况表

提供给招标人的将投标人名称、地址、联系方式、统一社会信用代码等投标人的重要信息放入表格,一目了然地知道投标人的基本情况。所填资料内容应完整、真实和准确。并附已录入广西建筑业企业诚信信息库的有效的企业营业执照副本、企业资质证书副本和安全生产许可证副本等原件的扫描件)。

(2)法定代表人身份证明或附有法定代表人身份证明的授权委托书

资格预审申请人法人单位出具的证明该单位法定代表人身份的文件,并附上有效身份证明,如居民身份证。如法定代表人不能亲自递交资格预审申请,则必须出具法定代表人签署的表明授权权限并经委托代理人签字确认的授权委托书。在递交资格预审申请文件时,委托人还应向招标人单独递交一份授权委托书原件。

(3)联合体协议书

如果资格预审公告表明允许联合体投标,且资格预审申请人是联合体中的一方牵头人时,还应递交联合体各方签署联合的协议。不接受联合体资格预审申请的或申请人没有组成联合体的,资格预审申请文件不包括联合体协议书。

(4)申请人基本情况表

按资格预审文件要求递交的资格预审申请人的基本情况表。

（5）近年财务状况表

一般按要求出具近三年的经会计师事务所审计过的资产负债表、损益表、现金流量表等财务状况表。

（6）近年完成的类似项目情况表

类似项目一般指与拟投标项目结构类似、规模相当、超过一定数量的金额的项目。一般要求提供的类似项目为近三年来完成竣工验收的项目。

（7）正在施工和新承接的项目情况表

指尚未办理竣工验收的项目，不一定是拟投标项目的类似项目。

（8）近年发生的诉讼及仲裁情况

申请人说明本单位近年是否发生诉讼及仲裁情况的证明文件。

（9）其他材料

根据资格预审文件的具体要求提供的补充资料。

①联合体投标协议书（如有）；

②投标保证金的转帐（或电汇）底单（可提供底单原件或网上银行电子回执单）或银行保函（工程担保或工程保证保险）扫描件，投标人的基本账户开户许可证的原件扫描件；

③建设工程项目管理承诺书；

④项目经理简历表（附已录入广西建筑业企业诚信信息库的项目经理注册建造师执业资格证书和安全生产考核合格证书（B 类）的扫描件）；

⑤项目技术负责人简历表（附已录入广西建筑业企业诚信信息库的职称证书的扫描件）；

⑥已录入广西建筑业企业诚信信息库的安全员的安全生产考核合格证书（C 类）的扫描件；

⑦已录入广西建筑业企业诚信信息库的专职投标员、项目经理、技术负责人和主要管理人员近 3 个月（_____年____月至_____年____月）（从取得营业执照时间起到投标截止时间为止不足要求月数的只需提供从取得营业执照起的证明材料）在现任职单位依法缴纳社会保险证明材料的扫描件；

⑧资格审查需要的其他材料：项目管理机构配备情况表、拟投入施工机械设备情况表、企业____年____月至投标截止日期止已完成类似项目一览表（如有）、企业诚信情况一览表（如有）、企业_____年至_____年财务状况表、企业_____年____月至投标截止日期止发生的诉讼和仲裁情况（如有）等。

《广西壮族自治区房屋建筑和市政工程施工招标文件范本（2019 年版）》投标文件格式中的资格审查部分包括：

①封面（见表 2.4）

表 2.4　封面

```
          _____（项目名称）施工招标
              投  标  文  件

  项目招标编号：_____

  投标内容：_____资格审查部分_____

  投标人：_____（盖单位章）

  法定代表人：_____（签字或盖章）

                          _____年___月___日
```

②投标人基本情况表(见表2.5)。

表2.5　投标人基本情况表(包含联合体各方)

投标人名称					
注册地址			邮政编码		
联系方式	联系人		电　话		
	传　真		网　址		
统一社会信用代码					
法定代表人	姓名			电话	
技术负责人	姓名		技术职称	电话	
成立时间		员工总人数:			
资质等级		其中	项目经理		
安全生产许可证号			高级职称人员		
注册资金			中级职称人员		
开户银行			初级职称人员		
账号			技　工		
经营范围					
备注					

【备注:附已录入广西建筑业企业诚信信息库的有效的企业营业执照、企业资质证书副本和安全生产许可证副本等的扫描件。以上扫描件均为原件的扫描件】

③联合体协议书(见表2.6)

表2.6　联合体协议书(联合体投标人适用)

联合体协议书(联合体投标人适用)

牵头人名称:＿＿＿＿＿＿＿＿＿＿＿＿＿＿＿＿＿＿＿＿＿＿＿＿＿

法定代表人:＿＿＿＿＿＿＿＿＿＿＿＿＿＿＿＿＿＿＿＿＿＿＿＿＿

法定住所:＿＿＿＿＿＿＿＿＿＿＿＿＿＿＿＿＿＿＿＿＿＿＿＿＿＿

成员二名称:＿＿＿＿＿＿＿＿＿＿＿＿＿＿＿＿＿＿＿＿＿＿＿＿＿

法定代表人:＿＿＿＿＿＿＿＿＿＿＿＿＿＿＿＿＿＿＿＿＿＿＿＿＿

法定住所:＿＿＿＿＿＿＿＿＿＿＿＿＿＿＿＿＿＿＿＿＿＿＿＿＿＿

……

　　鉴于上述各成员单位经过友好协商,自愿组成＿＿＿＿＿＿＿＿＿＿＿＿(联合体名称)联合体,共同参加＿＿＿＿＿＿＿＿＿＿＿＿＿＿＿＿＿(招标人名称)(以下简称招标人)＿＿＿＿＿＿＿＿＿＿＿＿＿＿＿(项目名称)(以下简称本工程)的施工投标并争取赢得本工程施工承包合同(以下简称合同)。现就联合体投标事宜订立如下协议:

　　1.＿＿＿＿＿＿(某成员单位名称)为＿＿＿＿＿＿＿(联合体名称)牵头人。

　　2.在本工程投标阶段,联合体牵头人合法代表联合体各成员负责本工程投标文件编制活动,代表联合体提交和接收相关的资料、信息及指示,并处理与投标和中标有关的一切事务;联合体中标后,联合体牵头人负责合同订立和合同实施阶段的主办、组织和协调工作。

续表

3.联合体将严格按照招标文件的各项要求,递交投标文件,履行投标义务和中标后的合同,共同承担合同规定的一切义务和责任,联合体各成员单位按照内部职责的部分,承担各自所负的责任和风险,并向招标人承担连带责任。

4.联合体各成员单位内部的职责分工如下:_____。按照本条上述分工,联合体成员单位各自所承担的合同工作量比例如下:_____。

5.投标工作和联合体在中标后工程实施过程中的有关费用按各自承担的工作量分摊。

6.联合体中标后,本联合体协议是合同的附件,对联合体各成员单位有合同约束力。

7.本协议书自签署之日起生效,联合体未中标或者中标时合同履行完毕后自动失效。

8.本协议书一式_____份,联合体成员和招标人各执一份。

        牵头人名称:_____(盖单位章)

        法定代表人或其委托代理人:_____(签字)

        成员二名称:_____(盖单位章)

        法定代表人或其委托代理人:_____(签字)

        ……

                                   _____年___月___日

【备注:本协议书由委托代理人签字的,应附法定代表人签字的授权委托书】

④投标保证金的转账(或电汇)底单(可提供底单原件或网上银行电子回执单)或银行保函(工程担保或工程保证保险)扫描件,投标人的基本账户开户许可证的扫描件。见表2.7。

表2.7 建设工程项目管理承诺书

建设工程项目管理承诺书

致_____(招标人名称):

作为参与_____(工程名称)项目的投标方,根据国家、自治区相关文件规定,我方在此向招标人承诺:

1.一旦中标,我方保证按照政府相关部门的规定,在发出中标通知书之日起7个工作日内足额将农民工工资保障金转入农民工工资保障金专用账户。一旦我方所承包的该项目中出现拖欠农民工工资情况,由劳动保障、住房城乡建设行政主管部门按照《关于进一步完善建筑行业农民工工资保证金制度的通知》(桂劳社发〔2009〕50号)从我方农民工工资保障金中先予划支。

2.一旦中标,我方保证在施工过程中,严格执行《广西壮族自治区建筑工程安全文明施工费使用管理细则》(桂建质〔2015〕16号)的有关规定,确保建设工程各项安全防护、文明施工措施落实到位。如我方在该项目的承包中出现未按桂建质〔2015〕16号文附件一规定执行的情形,我方愿意按照相关规定接受建设单位及有关主管部门的处罚。

3.一旦中标,我方保证在施工过程中,严格执行散装水泥和预拌混凝土管理的有关规定,确保建设工程按规定使用散装水泥和预拌混凝土。如我方在该项目的承包中出现未按规定执行的情形,我方愿意按照相关规定接受建设单位及有关主管部门的处罚。

4.一旦中标,我方保证严格执行《危险性较大的分部分项工程安全管理办法》(建办质〔2018〕31号)的

续表

规定,强化对深基坑、高切坡、高大模板、人工挖孔桩、起重吊装、临时活动板房等重大危险源的专项施工方案的编制、论证、审批、实施、检测的风险管理。

投标人:＿＿＿＿＿＿＿＿＿＿(盖单位章)
法定代表人或授权代理人:＿＿＿＿＿＿＿(签字或盖章)
日期:＿＿＿＿年＿＿月＿＿日

广西壮族自治区建筑工程安全文明施工措施项目清单内容

(桂建质〔2015〕16号文附件一)

广西壮族自治区
建设工程安全文明施工措施项目清单内容

类别	项目名称		主要内容和要求
文明施工与环境保护	安全警示标志牌		在易发伤亡事故(或危险)处设置明显的、符合国家标准要求的安全警示标志牌。
	现场围挡		1.现场采用封闭围挡,高度不小于1.8m。 2.围挡材料可用彩色、定型钢板,砌块等墙体。
	七牌二图		在进门处悬挂工程概况、现场出入制度、管理人员名单及监督电话、安全生产规定、文明施工、消防保卫、节能公示等七牌以及施工现场总平面图、工程效果图。
	企业标志		现场出入的大门应设有本企业标志或企业标识。
	场容场貌		1.道路畅通。 2.排水设施齐全畅通。 3.工地地面硬化处理(办公区、生活区、现场道路、材料堆放、混凝土搅拌、砂浆搅拌、钢筋加工等场地和外脚手架基础等)。
	材料堆放		1.材料、构件、料具等堆放时,应有名称、品种、规格等标牌。 2.水泥和其他易飞扬细颗粒建筑材料应封闭存放或采取覆盖等措施。 3.易燃、易爆和有毒有害物品分类存放。
	现场防火		消防器材配置合理,符合消防要求。
	垃圾清运		1.施工现场应设置密闭式垃圾站,施工垃圾、生活垃圾应分类存放。 2.施工垃圾必须采用相应容器或管道运输。
	宣传栏、环保及不扰民措施		宣传栏、安全宣传标语等,洗车(防止污染市区道路)、粉尘、噪声控制和排污(污水、废气)措施等。
临时设施	现场办公生活设施		1.施工现场办公、生活区与作业区分开设置,保持安全距离。 2.工地办公室、现场宿舍、食堂、厕所、饮水、沐浴、休息场所等符合卫生、消防安全要求。
	施工现场临时用电	配电线路	1.按照TN-S系统要求配备五芯电缆、四芯电缆和三芯电缆。 2.按要求架设临时用电线路的电杆、横担、瓷夹、瓷瓶等,或电缆埋地的地沟。 3.对靠近施工现场的外电线路,设置木质、塑料等绝缘体的防护设施。

续表

类别	项目名称		主要内容和要求
临时设施	施工现场临时用电	配电箱开关箱	1. 按三级配电要求,配备总配电箱、分配电箱、开关箱三类(铁质)标准电箱,开关箱应符合"一机、一箱、一闸、一漏",三类电箱中的各类电器应是合格品。 2. 按两级保护的要求,选取符合容量要求和质量合格的总配电箱和开关箱中的漏电保护器。 3. 对大型、落地式分配电箱、开关箱设置防护棚和通透式围挡。
		接地装置	施工现场应设置不少于三处的重复接地装置。
		现场变配电装置	总配电房建筑材料必须达到消防防火要求,室内做硬地坪、电缆沟。
安全施工	高处作业防护	楼层、屋面、阳台等临边	设两道防护栏杆和18 cm高的踢脚板,用密目式安全立网全封闭。
		通道口	设防护棚,防护棚应为不小于5 cm厚的木板或两道相距50 cm的竹笆。两侧应沿栏杆架用密目式安全网封闭。
		预留洞口	用硬质材料全封闭,短边超过1.5 m长的洞口,除封闭外四周还应设有防护栏杆。
		电梯井口	设置定型化、工具化的防护门,在电梯井内每隔2层(不大于10 m)设置一道水平防护。
		楼梯边	设1.2 m高的定型化、工具化的防护栏,18 cm高的踢脚板。
		垂直方向交叉作业	设置防护隔离棚或其他设施。
		高处作业	有悬挂安全带的悬索或其他设施,有操作平台,有上下的梯子或其他形式的通道。
		基坑、物料平台	设1.2 m高标准化的防护栏,用密目式安全立网封闭,悬挂标识。
	安全防护用品		安全帽、安全带、特种作业人员(电工、焊工、架子工等)防护服装、用品等。
其他	机械设备防护	中小型机械	设防护棚(同通道口防护并有防雨措施)。
		垂直运输设备	1. 垂直运输设备检测、检验、日常维护、保养等。 2. 物料提升机、施工电梯等物料平台搭设、外侧用密目式安全立网全封闭,有安全通道、安全防护门、防护棚等。
	专家论证审查		超过一定规模的危险性较大分部分项工程专家论证审查。
	应急救援预案		救援器材准备及演练等。
	非正常情况施工		其他特殊情况下的防护费用,如:城市主干道、人流密集、河边等处施工及文物、古建筑、古树保护等。

注:本表所列建筑工程安全文明施工费,是依据现行法律法规及标准规范确定的。如法律法规和标准规范修订,本表所列项目应按照修订后的法律法规和标准规范进行调整。

⑤项目经理简历表(附已录入广西建筑业企业诚信信息库的项目经理注册建造师执业资格证书和安全生产考核合格证书(B 类)的扫描件)。

【备注:以上扫描件均为原件的扫描件】

⑥项目技术负责人简历表(附已录入广西建筑业企业诚信信息库的职称证书的扫描件。

【备注:以上扫描件均为原件的扫描件】

⑦已录入广西建筑业企业诚信信息库的安全员的安全生产考核合格证书(C 类)的扫描件。

【备注:以上扫描件均为原件的扫描件】

⑧已录入广西建筑业企业诚信信息库的专职投标员、项目经理、技术负责人和主要管理人员近 3 个月在现任职单位依法缴纳社会保险的证明材料的扫描件。

【备注:以上扫描件均为原件的扫描件】

⑨资格审查需要的其他材料:项目管理机构配备情况表、拟投入施工机械设备情况表、企业_____年____月至投标截止日期止(一般为近三年)已完成类似项目一览表(如有)、企业诚信情况一览表(如有)、企业_____年至_____年(一般为近三年)财务状况表、企业_____年____月至投标截止日期止(一般为近三年)发生的诉讼和仲裁情况(如有)等。

⑩附表。

a. 项目管理机构配备情况表(见表 2.8)。

表 2.8 项目管理机构配备情况表
_____(招标工程项目名称)_____工程

| 岗 位 | 姓 名 | 职 称 | 执业或职业资格证明 | | | | 承担完工工程情况 | |
			证书名称	级 别	证 号	专 业	项目数	主要项目名称
一旦我单位中标,将实行项目经理负责制,我方保证并配备上述项目管理机构。上述填报内容真实,若不真实,愿按有关规定接受处理。项目管理班子机构设置、职责分工等情况另附资料说明。相关证明材料未通过广西建筑业企业诚信信息库审核的,在评审时不予承认。								

备注:附已录入广西建筑业企业诚信信息库的各岗位人员资格证件(如有)扫描件。以上扫描件均为原件的扫描件。

b. 拟投入施工机械设备情况表(格式自拟)

c. 企业_____年____月至投标截止日期止(一般为近三年)已完成类似工程一览表。见表 2.9。

表 2.9 已完成工程一览表

序 号	发包人名称	工程名称及建设地点	结构类型	建设规模	合同金额/万元	竣工达到质量标准	开竣工日期

备注:

1. 投标人应附上已录入广西建筑业企业诚信信息库的中标通知书(如有)、工程合同协议书有关页面、工程竣工验收证明材料的扫描件。以上扫描件均为原件的扫描件。

2. 相关证明材料未通过广西建筑业企业诚信信息库审核的,在评审时不予承认。

或企业_____年___月至投标截止日期止(一般为近三年)以来在建类似工程一览表,见表 2.10。

表 2.10　在建工程一览表

序　号	发包人名称	工程名称及建设地点	结构类型	建设规模	合同金额/万元	开工日期	计划竣工日期

备注:

　附:如招标人选择接受在建工程作为业绩的,投标人应在投标文件组成的"业绩(在建工程)"节点上传相关证明材料的原件扫描件,内容包括:中标(发包)通知书、工程合同协议书有关页面等。

d. 企业诚信情况一览表(如有)。见表 2.11。

表 2.11　企业诚信情况一览表

序号	项目类别

备注:

　1.项目类别由招标人自行确定,但应与"评标办法前附表"第 2.1.1 条一致。

　2.考核期为:_____年___月___日至_____年___月___日。

　3.所有奖项、业绩均以广西建筑企业诚信信息库为准,附上已录入广西建筑业企业诚信信息库的证明材料扫描件。以上扫描件均为原件的扫描件。

e. 企业_____年至_____年(一般为近三年)财务状况表。

【备注:附已录入广西建筑业企业诚信信息库的、经会计师事务所或审计机构审计的财务会计报表,包括资产负债表、现金流量表、利润表的扫描件。具体年份要求见第二章"投标人须知"的规定。以上扫描件均为原件的扫描件】

f. 企业_____年___月至投标截止日期止(一般为近三年)发生的诉讼和仲裁情况,见表 2.12。

表 2.12　发生的诉讼和仲裁情况表

诉讼情况			
序　号	判决或裁定时间	诉讼相对人	诉讼原因	证明材料
…	…			
仲裁情况			
序　号	裁决时间	仲裁相对人	仲裁原因	证明材料
…	…			

【备注:近___年发生的诉讼和仲裁情况仅限于投标人败诉的,且与履行施工承包合同有关的案件,不包括调解结案以及未裁决的仲裁或未终审判决的诉讼。附裁决书、裁定书、仲裁裁决书及有关文件的扫描件。以上扫描件均为原件的扫描件,由投标人单独上传。】

[课堂互动]

　工程施工资格审查申请文件格式一般包括哪些? 资格审查的有限数量制法的审查标准有哪些?

2.3.2 资格审查申请文件的编制、装订及递交

(1)按格式要求编写

资格预审申请文件应按"资格预审申请文件格式"进行编写,如有必要,可以增加附页,并作为资格预审申请文件的组成部分。如规定接受联合体资格预审申请的,还应包括联合体各方相关情况。

(2)资格预审申请文件的内容的编写

①法定代表人授权委托书

法定代表人授权委托书必须由法定代表人签署。同时,还应附上法定代表人和委托代理人的身份证明复印件。

②"申请人基本情况表"

应附申请人营业执照副本及其年检合格的证明材料、资质证书副本和安全生产许可证等材料的复印件。

③"近年财务状况表"

应附经会计师事务所或审计机构审计过的财务会计报表,包括资产负债表、现金流量表、利润表和财务情况说明书的复印件,具体年份要求见申请人须知前附表。

④"近年完成的类似项目情况表"

应附中标通知书和(或)合同协议书、工程接收证书(工程竣工验收证书)的复印件,具体年份要求见申请人须知前附表。每张表格只填写一个项目,并标明序号。

⑤"正在施工和新承接的项目情况表"

应附中标通知书和(或)合同协议书复印件。每张表格只填写一个项目,并标明序号。

⑥"近年发生的诉讼及仲裁情况"

应说明相关情况,并附法院或仲裁机构作出的判决、裁决等有关法律文书复印件,具体年份要求见申请人须知前附表。

(3)资格预审申请文件的装订、签字

①申请人应按规定的要求,编制完整的资格预审申请文件,要用不褪色的材料书写或打印,并由申请人的法定代表人或其委托代理人签字或盖单位章。资格预审申请文件中的任何改动之处应加盖单位章或由申请人的法定代表人或其委托代理人签字确认。签字或盖章的具体要求见申请人须知前附表。

②资格预审申请文件正本一份,副本份数见申请人须知前附表要求。正本和副本的封面上应清楚地标记"正本"或"副本"字样。当正本和副本不一致时,以正本为准。

③资格预审申请文件正本与副本应分别装订成册,并编制目录,具体装订要求见申请人须知前附表。

(4)资格预审申请文件的递交

①资格预审申请文件的密封和标识

资格预审申请文件的正本与副本应分开包装,加贴封条,并在封套的封口处加盖申请人单位章。在资格预审申请文件的封套上应清楚地标记"正本"或"副本"字样,封套还应写明的招标人的地址、招标人全称、项目名称及文件开启时间规定等。

未按要求密封和加写标记的资格预审申请文件,招标人将不予受理。

②资格预审申请文件的递交

资格预审申请人应根据资格预审文件规定的申请截止时间、地点递交资格预审申请文件。申请人所递交的资格预审申请文件一般不予退还。逾期送达或者未送达指定地点的资格预审申请文件,招标人不予受理。

2.3.3 资格申请文件编制注意事项

(1)高度重视资格申请,深刻领会资格申请文件精神

当潜在投标人获得招标信息后,根据自身实力,决定参加投标工作,争取中标,是潜在投标人的根本目的。而能否参加投标,决定于资格申请能否通过。资格申请,除了法律规定的资格要件外,招标人提出的要求不能忽视。而资格申请文件是根据招标文件中资格审查部分编制的。因此,必须高度重视资格审查,深刻领会资格审查文件精神,根据文件的要求编制资格申请文件,就会通过资格审查。否则,由于小小的疏忽,资格审查不能通过,被挡在该项目的招标大门之外,所编制的投标文件也就无用,从而为失去竞标的机会而遗憾。

(2)平时注意整理资料,编制内容要完整、齐全、有效

资格审查所需要提交的资格材料是多方面的,反映的是企业的整体素质和履约能力。而这些是企业经营多年的积累,体现在企业和企业人员取得的各种证书和证明文件上,分散在企业的各个部门和个人手中。企业投标部门平时应注意收集整理这些资料,方便参加投标时的审查工作。

有些证书是有时效性的,企业应及时更换。更换后的新证要及时将扫描件交投标部门留存。否则,可能会由于资格审查申请文件提交了过期的旧证复印件,而导致资格审查不能通过的被动局面。如资格审查要求资格审查申请人提交有效的资质证书。而资格审查申请人确提交了往年的作废旧证书。评标委员会在评审时,可能会因扫描件无效而判断企业资质不满足要求,从而否决其资格审查。

保证文件是原件。另外,还要注意是否有小签的规定,页码的编制是否连续,不要出现漏装和错装现象。

(3)业绩材料,满足资格审查需要就可,不要贪多求全

资格审查申请文件所提交的资料并非越多越好。要针对资格审查文件的要求提供,否则会适得其反,做了大量无用功。如要求提供三个以上类似工程就可满足类似工程条款要求,企业却提供了十个或几十个类似工程,就没有必要了。花费了大量的功夫,其效果与提供了三个类似工程一样。若是采用有限数量的打分制评审,三个类似工程,该项就可得满分,提供再多类似工程,得分也是一样的。

(4)遵纪守法,诚信编制资格审查申请文件

诚实守信是每个企业经营的基础,也是发展的根本。参加招投标活动,也必须坚持诚实信用的原则。在资格审查阶段,诚实守信体现在资格审查申请文件的编制上。在编制资格审查申请文件时,文件的真实性是最基本的要求。由于资格审查文件所提交的材料均为扫描件,这就给有些企业和个人钻了空子,在提交的文件做手脚。如将非企业专职技术人员改成企业专职技术人员,殊不知,这会造成资格审查的不公平,损害了其他当事人的利益。一经查出,也会给自己企业戴上不诚信的帽子,影响企业发展,如果受到处罚,将会影响下一步的投标。

[**项目实训** 1]

全班同学按 5~7 人为一组进行分组,各组按工程总承包二级以上企业的要求,模拟成立一支施工企业,根据提供的资格预审文件,编写一份资格预审申请文件。编写完成后,再编制一份 PPT 文件,将编制资格预审申请文件的过程与同学们一起分享,巩固同学们对建筑施工企业和编制工程资格预审的技能。

任务 2.4 工程施工资格审查申请文件案例分析

2.4.1 案例 1 广西××区Ⅰ期(地块三)主体施工工程招标资格审查申请文件

招标公告

西××区Ⅰ期(地块三)主体施 施工招标公告

1. 招标条件

本招标项目广西××区Ⅰ期(地块三)主体施工已由广西壮族自治区发展和改革委员会以××批准建设,招标人为广西××有限公司,建设资金来自自筹,项目出资比例为 100%。项目已具备招标条件,现对该项目的施工进行公开招标。

2. 项目概况与招标范围

项目招标编号:××

报建号(如有):××

建设地点:××市××

建设规模:建筑总面积:103 557.22 平方米,最高 19 层,高度 94.34 米;1#楼建筑面积:16 862.73 平方米,高度 31.15 米,地上 6 层;2#楼建筑面积:17 607.39 平方米,高度 36 米,地上 7 层;3#楼建筑面积:36 376.13 平方米,高度 94.34 m,地上 19 层,地下 2 层,其中:商业建筑面积:27 542.39 平方米,商务(质检中心)建筑面积 8 695.47 平方米,消防控制室建筑面积:138.27 平方米。地下室人防出口建筑面积:61.08 平方米;地下室建筑面积:32 649.89 平方米。

合同估算价:25 000.000 000 万元

要求工期: 1 200 日 历天,定额工期 1 200 日历天【备注:建筑安装工程定额工期应按《建筑安装工程工期定额(TY01—89—2016)》确定,工期压缩时,宜组织专家论证,且在招标工程量清单中增设提前竣工(赶工补偿)费项目清单。】

招标范围:包括土建工程、结构工程、电气工程、给排水工程、通风工程、消防工程、土方工程、室外给排水工程、室外电气工程、景观绿化、智能安防系统工程等,具体以经审查备案施工图纸及工程量清单为准

标段划分:1 个标段

设计单位:××市××设计院

勘察单位:广西××设计研究院

3. 投标人资格要求

3.1 本次招标要求投标人须已办理诚信库入库手续并处于有效状态,具备[建筑工程施工总承包二级](含)以上资质【备注:招标人应当根据国家法律法规对企业资质等级许可的相关规定以及招标项目特点,合理设置企业资质等级,不得提高资质等级要求;资质设置为施工总承包已可满足项目建设要求的,不得额外同时设置专业承包资质】,并在人员、设备、资金等方面具备相应的施工能力。其中,投标人拟派项

目经理须具备[建筑工程一级]注册建造师执业资格,具备有效的安全生产考核合格证书(B类)。本项目不接受有在建、已中标未开工或已列为其他项目中标候选人第一名的建造师作为项目经理(符合《广西壮族自治区建筑市场诚信卡管理暂行办法》第十六条第一款除外)。

3.2　业绩要求:无要求。

3.3　本次招标接受联合体投标。联合体投标应满足下列要求,联合体应按项目情况采取以下两种模式之一,(1)1+1+N模式:第一个1为联合体主办单位,第二个1为联合体主办单位控股且在××市注册具备法人资格的下属公司,N为联合体主办单位控股的具备法人资格的下属施工企业或注册地在××市的施工企业。(2)1+N模式:①1为联合体主办单位,N为联合体主办单位控股且在××市注册具备法人资格的下属施工企业或者注册地在××市的施工企业;②1为注册地在××市的联合体主办单位,N为施工企业。

3.4　各投标人可就本招标项目的所有标段进行投标,并允许中标所有标段。但投标人应就不同标段派出不同的项目经理和项目专职安全员,否则同一项目经理或项目专职安全员所投其他标段作否决投标处理(符合桂建管〔2013〕17号和桂建管〔2014〕25号文除外)。

3.5　根据最高人民法院等9部门《关于在招标投标活动中对失信被执行人实施联合惩戒的通知》(法〔2016〕285号)规定,投标人不得为失信被执行人(以评标阶段通过"信用中国"网站(www.creditchina.gov.cn)查询的结果为准)。

根据《广西壮族自治区建筑市场主体"黑名单"管理办法(试行)》(桂建发〔2018〕5号)规定,投标人、拟派项目经理不得为建筑市场主体"黑名单"(以评标阶段通过建筑市场监管与诚信信息一体化平台查询的结果为准)【备注:此款可由招标人自主选择,如不采用,还须向本项目招标的监督部门说明理由】。

3.6　投标人信息以广西建筑业企业诚信信息库为准。

4. 招标文件的获取

4.1　请于2020年×月×日0时00分至2020年×月×日9时30分(不少于20日),由潜在投标人的专职投标员凭本人的身份证证号及密码或企业CA锁登陆××市公共资源交易平台(https://www.nnggzy.org.cn/gxnnhy)免费下载招标文件。

5. 投标文件的递交

5.1　投标文件应通过××市公共资源交易平台提交,截止时间(投标截止时间,下同)为2020年7月21日9时30分。未加密的电子投标文件光盘提交地点为××市××区××大道33号××市民中心××市公共资源交易中心开标厅(具体详见9楼电子显示屏安排)(当地交易中心)。

5.2　投标人须在投标截止前将加密的投标文件通过××市公共资源交易平台成功上传,并将与成功上传的投标文件同一时间生成的未加密投标文件电子文本刻录光盘包装密封后,于投标截止前由企业法定代表人或其授权的专职投标员提交到××市××区××大道33号××市民中心××市公共资源交易中心开标厅(具体详见9楼电子显示屏安排)并持专职投标员本人身份证原件(如为法定代表人递交时可持本人身份证原件及本企业任一专职投标员的身份证复印件)、拟投入的项目经理和所有专职安全员的身份证复印件通过广西电子招标投标系统验证,否则投标无效。投标人拟投入项目经理被标注为注册状态异常的,拟投入的项目经理本人须持本人身份证原件出席开标会现场,否则招标人有权拒绝该投标人投标。

6. 评标方式

综合评估法

7. 预付款和进度款支付方式【备注:该项为可选项】

预付款支付比例或金额及无预付款进度款支付方式:工程款原则上按月支付,合同内进度款按工程计量周期内完成工程量的80%支付,合同外进度款按工程计量周期完成工程量的70%支付;工程完工验收达到质量要求,结算经审计部门审定后,工程款支付至结算总价的97%(含已支付的);发包人按工程价款结算总额的3%预留工程质量保修金,待工程质量保修期满后无息返还。

8. 发布媒介

本次招标公告同时在中国采购与招标网 www. chinabidding. com. cn、中国招标投标公共服务平台 http://www.cebpubservice.com、广西壮族自治区招标投标公共服务平台 ztb. gxi. gov. cn、××市公共资源招标网 https://www. nnggzy. org. cn 上发布。(公告发布媒体包含但不限于上述媒体)

9. 交易服务单位

××市公共资源交易中心

10. 监督部门及电话

××市住房和城乡建设局招标科(监督电话:××)

11. 注意事项

11.1　潜在投标人必须录入广西建筑业企业诚信信息库管理系统,广西建筑业企业诚信信息库管理系统登录地址(http://ztb.gxzjt.gov.cn:1121/zjthy/)。由于广西建筑企业诚信信息库与自治区招标投标系统的相关信息同步存在时间差(非实时同步,每天晚上同步一次),因此投标人应至少提前2天将所需投标材料在诚信库内审核通过。

11.2　投标人须办理企业 CA 锁后并确保在有效期内才能进行制作投标文件及上传投标文件等业务。未办理企业 CA 锁的单位,请到广西壮族自治区数字证书认证中心有限公司办理,客服电话:××。

12. 联系方式

招标人:	广西××有限公司	招标代理机构:	广西××有限公司
地　　址:	××市××	地　　址:	××市××
邮　　编:	530022	邮　　编:	530000
联 系 人:	××	联 系 人:	××
电　　话:	××	电　　话:	××
传　　真:		传　　真:	
电子邮箱:		电子邮箱:	
网　　址:		网　　址:	

2020 年×月×日

广西某建筑工程有限公司,在某招标网站上获得广西××区Ⅰ期(地块三)主体施工工程招标公告(如上),经研究,认为本公司满足招标公告的资质条件的要求,具有一定的竞争能力,于是获取了招标文件(详见模块3),组织编制了投标文件参加该项目投标,投标文件中的资格审查文件如下:

封面

西××区Ⅰ期(地块三)主体施(项目名称)施工招标

投标文件

项目招标编号: 略

投标内容: 资格审查部分

投标人: 广西××建筑工程有限公司(盖单位章)

法定代表人或其委托代理人: ＿＿＿＿＿＿＿(签字或盖章)

＿＿2020＿＿年＿＿×＿＿月＿＿×＿＿日

目录

投标文件签署授权委托书

本授权委托书声明:我×× (姓名)系广西××建筑工程有限公司(投标人名称)的法定代表人,现授权委托广西××建筑工程有限公司(单位名称)的李××(姓名)为我公司签署广西××区Ⅰ期(地块三)主体施工招标(编号略)(项目名称及项目招标编号)的投标文件的法定代表人授权委托代理人,我承认代理人全权代表我所签署的本工程投标文件的内容。

代理人无转委托权,特此委托。

代理人:＿＿＿李××＿＿＿　性别:＿男＿　年龄:＿30＿

身份证号码:45×××××××××××××××××　职务:职投标员

投标人:西××建筑工程有限公司(盖单位章)

法定代表人:＿＿＿＿＿略＿＿＿＿＿　(签字或盖章)

授权委托日期:＿2020＿年＿×＿月＿×＿日

【备注:附法定代表人身份证明及其身份证、专职投标员身份证等材料的复印件。以上复印件均须加盖投标人单位公章】

法定代表人身份证明

投　标　人:西××建筑工程有限公司

单位性质:有限责任公司(自然人投资或控股)

地　　　址:

成立时间:＿2000＿年＿×＿月＿×＿日

经营期限:2000 年×月×日至 20××年×月×

姓　　　名:＿黄××＿　性别:＿男＿

续表

年　　龄：　47		职　　务：　总经理		

系　　西××建筑工程有限公　　　（投标人名称）的法定代表人。

特此证明。

投标人:广西××建筑工程有限公司（盖单位章）

2020 年 × 月 × 日

法定代表人身份证复印件、营业执照副本复印件、专职投标员身份证复印件（略）

投标人基本情况表（包含联合体各方）

投标人名称	广西××建筑工程有限公司					
注册地址	略		邮政编码	536000		
联系方式	联系人	张××	电　话	××		
	传　真	××	网　址	/		
统一社会信用代码	91450500××××××12N					
法定代表人	姓名	黄××	技术职称	高级工程师	电话	××
技术负责人	姓名	李××	技术职称	高级工程师	电话	××
成立时间	2000 年×月×日		员工总人数:700 人			
资质等级	建筑工程施工总承包壹级	其中	项目经理	84 人		
安全生产许可证号	（桂）JZ 安许证字〔2006〕×××××		高级职称人员	21 人		
注册资金	206 800 000.00 元		中级职称人员	64 人		
开户银行	中国建设银行股×××× ××××支行		初级职称人员	150 人		
账号	4500×××××××××××		技　工	150 人		
经营范围	建筑工程施工总承包壹级,市政公用工程施工总承包壹级,城市及道路照明工程专业承包壹级,建筑机电安装工程专业承包壹级,地基基础工程专业承包壹级,起重设备安装工程专业承包壹级,电子与智能化工程专业承包壹级,消防设施工程专业承包壹级,建筑装修装饰工程专业承包壹级,钢结构工程专业承包贰级,环保工程专业承包贰级,城市园林绿化贰级,公路工程施工总承包叁级,水利水电工程施工总承包叁级,模板脚手架专业承包不分等级,电力工程施工总承包叁级,桥梁工程专业承包叁级,公路路面工程专业承包叁级,公路路基工程专业承包叁级,河湖整治工程专业承包,输变电工程专业承包叁级,防水防腐保温工程专业承包,建筑幕墙工程专业承包,公路交通工程专业承包;企业投资管理,土石方工程,金属门窗工程,预应力工程,拆除工程,体育场地设施工程。(依法须经批准的项目,经相关部门批准后方可开展经营活动。)					
备注	/					

【备注:附已录入广西建筑业企业诚信信息库的有效企业营业执照副本、企业资质证书副本和安全生产许可证副本等的诚信库页面打印文件。以上诚信库页面打印文件均须加盖投标人单位公章】

企业营业执照副本、企业资质证书副本和安全生产许可证副本诚信库页面打印页（略）

联合体协议书(联合体投标人适用)
(无联合体)

牵头人名称:＿＿＿＿＿＿＿＿＿＿＿＿＿＿＿＿＿＿＿＿＿＿＿

法定代表人:＿＿＿＿＿＿＿＿＿＿＿＿＿＿＿＿＿＿＿＿＿＿＿

法定住所:＿＿＿＿＿＿＿＿＿＿＿＿＿＿＿＿＿＿＿＿＿＿＿＿

成员二名称:＿＿＿＿＿＿＿＿＿＿＿＿＿＿＿＿＿＿＿＿＿＿＿

法定代表人:＿＿＿＿＿＿＿＿＿＿＿＿＿＿＿＿＿＿＿＿＿＿＿

法定住所:＿＿＿＿＿＿＿＿＿＿＿＿＿＿＿＿＿＿＿＿＿＿＿＿

……

鉴于上述各成员单位经过友好协商,自愿组成＿＿＿＿＿＿＿＿＿＿(联合体名称)联合体,共同参加＿＿＿＿＿＿＿＿＿＿＿＿＿＿(招标人名称)(以下简称招标人)＿＿＿＿＿＿＿＿＿＿＿＿＿＿(项目名称)(以下简称本工程)的施工投标并争取赢得本工程施工承包合同(以下简称合同)。现就联合体投标事宜订立如下协议:

1.＿＿＿＿＿＿＿(某成员单位名称)为＿＿＿＿＿＿＿＿(联合体名称)牵头人。

2.在本工程投标阶段,联合体牵头人合法代表联合体各成员负责本工程投标文件编制活动,代表联合体提交和接收相关的资料、信息及指示,并处理与投标和中标有关的一切事务;联合体中标后,联合体牵头人负责合同订立和合同实施阶段的主办、组织和协调工作。

3.联合体将严格按照招标文件的各项要求,递交投标文件,履行投标义务和中标后的合同,共同承担合同规定的一切义务和责任,联合体各成员单位按照内部职责的部分,承担各自所负的责任和风险,并向招标人承担连带责任。

4.联合体各成员单位内部的职责分工如下:＿＿＿＿＿＿＿＿＿＿。按照本条上述分工,联合体成员单位各自所承担的合同工作量比例如下:＿＿＿＿＿＿＿。

5.投标工作和联合体在中标后工程实施过程中的有关费用按各自承担的工作量分摊。

6.联合体中标后,本联合体协议是合同的附件,对联合体各成员单位有合同约束力。

7.本协议书自签署之日起生效,联合体未中标或者中标时合同履行完毕后自动失效。

8.本协议书一式＿＿＿＿＿＿份,联合体成员和招标人各执一份。

牵头人名称:＿＿＿＿＿＿＿＿＿＿＿＿＿＿(盖单位章)
法定代表人或其委托代理人:＿＿＿＿＿＿＿(签字或盖章)

成员二名称:＿＿＿＿＿＿＿＿＿＿＿＿＿＿(盖单位章)
法定代表人或其委托代理人:＿＿＿＿＿＿＿(签字或盖章)
……

＿＿＿＿＿年＿＿月＿＿日

【备注:本协议书由委托代理人签字的,应附法定代表人签字的授权委托书】

银行转账(或电汇)底单复印件(原件核查)、已录入广西建筑业企业诚信信息库中的基本账户开户许可证的诚信库页面打印文件(采用银行转账或电汇方式提交投标保证金时提供)。(略)
【备注:投标保证金收据(如有)、银行转帐(或电汇)的底单以上复印件、诚信库页面打印文件均须加盖投标人单位公章】

建设工程项目管理承诺书

致　<u>广西××有限公</u>　（招标人名称）：

作为参与<u>广西××区Ⅰ期(地块三)主体施工</u>(工程名称)项目的投标方，根据国家、自治区相关文件规定，我方在此向招标人承诺：

1. 一旦中标，我方保证按照政府相关部门的规定，在发出中标通知书之日起7个工作日内足额将农民工工资保障金转入农民工工资保障金专用账户。一旦我方所承包的该项目中出现拖欠农民工工资情况，由劳动保障、住房城乡建设行政主管部门按照《关于进一步完善建筑行业农民工工资保证金制度的通知》(桂劳社发〔2009〕50号)从我方农民工工资保障金中先予划支。我方将认真贯彻落实保障农民工工资支付各项要求，保证不出现拖欠农民工工资行为、不出现因工程款纠纷引发农民工集聚讨薪行为，做到按照规定签订劳动合同、推行农民工实名制、足额交纳农民工工资保障金、开设农民工工资专户、实行农民工工资支付分账制度和银行代发制度、确保按月足额发放农民工工资，保证按照规定做好广西建筑农民工实名制管理公共服务平台工人信息的采集、运用和数据的上传，保证落实劳资专员按照《××市城乡建委员会关于印发〈××市房屋建筑和市政工程领域农民工工资支付管理资料样板〉的通知》(南建〔2018〕66号)的要求做好农民工工资支付管理资料的整理、归档。

2. 一旦中标，我方保证在施工过程中，严格执行《广西壮族自治区建筑工程安全文明施工费使用管理细则》(桂建质〔2015〕16号)的有关规定，确保建设工程各项安全防护、文明施工措施落实到位。如我方在该项目的承包中出现未按规建质〔2015〕16号文附件一规定执行的情形，我方愿意按照相关规定接受建设单位及有关主管部门的处罚。

3. 一旦中标，我方保证在施工过程中，严格执行《××市人民政府关于修改〈××市散装水泥和预拌混凝土管理规定〉的决定》(××市人民政府令　第32号)、《××市人民政府关于推广使用预拌砂浆的实施意见》(南府规〔2016〕12号)等关于散装水泥和预拌混凝土管理的规定，确保建设工程按规定使用相应质量等级的散装水泥、预拌砂浆和预拌混凝土。如我方在该项目的承包中出现未按规定执行的情形，我方愿意按照相关规定接受建设单位及有关主管部门的处罚。

4. 一旦中标，我方保证严格执行《危险性较大的分部分项工程安全管理规定》(中华人民共和国住房和城乡建设部令　第37号)、《广西壮族自治区建筑工程安全生产管理办法》(广西壮族自治区人民政府令　第124号)的规定，按照××市安委办及市住房城乡建设行政主管部门的要求，强化对深基坑、高切坡、高大模板、人工挖孔桩、起重吊装、临时活动板房等重大危险源的专项施工方案的编制、论证、审批、实施、检测的风险管理，做好施工现场安全风险分级管控和隐患排查治理"双预防"工作，并按照《××市房屋建筑及市政工程领域安全生产风险分级管控资料汇编》的要求建立管控台账，按时录入市安委办隐患排查治理信息平台。

5. 一旦中标，我方保证由法人签署授权书确认项目负责人，项目负责人签署建设工程质量终身责任制承诺书，自觉承担建设工程终身责任，按程序履行设计变更手续，严格按照审查合格并经备案的施工图施工(包括：全装修工程、主体工程、基础工程、排水工程等)。

6. 一旦中标，我方保证项目负责人和管理人员按招标文件和合同约定持证上岗并履职到位，做好相关履约评价工作，绝不在项目承包中进行违法转包、违法分包及挂靠等违法行为，接受有关部门、专家对我方的诚信考评。

7. 一旦中标，我方保证按现行建筑市场专业分包的实际状况，将本工程非主体部分的专业承包工程分包给有信誉、实力强、有资质、在××市注册的企业负责施工。

8. 一旦中标，我方保证在施工过程中，严格执行《大气污染防治法》(主席令第三十一号)、《××市建设工程质量和安全生产管理办法》(××市人民政府令　第46号)、《××市建设工程质量安全标准化图集》、《××市建设工程施工现场管理若干规定》(××市人民政府令　第8号)的有关规定，与辖区卫生防疫、环卫管理部门或有合法资质资格的企业签订病媒生物消杀协议、生活垃圾清运协议、渣土密闭运输协议、在线远程监控扬尘监测协议,遵守"一口两池三包四协议"的有关规定,施工前办理排水许可证,严格执行排水许可,做好工地泥浆水、临时生活污水的排放管理,现场设置三级沉淀池及化粪池,避免生活污水及施工废水直排市政排水管网及内河。采取道路硬化、裸土必盖(种草、绿网)、洗车出门、保洁路口、在线监测、抑尘喷淋等有效措施。

9.一旦中标,我方保证在施工过程中,不使用不合格建材(如地条钢、海砂等)作为建筑用材,按照《广西壮族自治区新型墙体材料促进条例》规定使用新型墙体材料,不使用黏土砖(制品)及无证无照企业生产、质量达不到标准的墙体材料。项目实施装配式建筑的,按照装配式建筑技术标准、规程采取相应安全措施,做好预制构件部品保护、施工安装,按质按量完成装配式施工。

10.一旦中标,我方保证根据相关法律法规要求,做好供水、排水、供电、通讯、燃气、油气管道等地下管线设施的保护工作,在开工建设前,与设施维护运营单位、管理责任单位等共同制定设施保护方案,并采取相应的安全防护措施。

投标人:广西××建筑工程有限公司(盖单位章)
法定代表人或授权代理人: _____略_____ (签字或盖章)
日期: 2020 年 × 月 × 日

广西壮族自治区建筑工程安全文明施工措施项目清单内容

(桂建质〔2015〕16号文附件一)

广西壮族自治区
建设工程安全文明施工措施项目清单内容

类别	项目名称	主要内容和要求
文明施工与环境保护	安全警示标志牌	在易发伤亡事故(或危险)处设置明显的、符合国家标准要求的安全警示标志牌。
	现场围挡	1.现场采用封闭围挡,高度不小于1.8 m。 2.围挡材料可用彩色、定型钢板,砌块等墙体。
	七牌二图	在进门处悬挂工程概况、现场出入制度、管理人员名单及监督电话、安全生产规定、文明施工、消防保卫、节能公示等七牌以及施工现场总平面图、工程效果图。
	企业标志	现场出入的大门应设有本企业标志或企业标识。
	场容场貌	1.道路畅通。 2.排水设施齐全畅通。 3.工地地面硬化处理(办公区、生活区、现场道路、材料堆放、混凝土搅拌、砂浆搅拌、钢筋加工等场地和外脚手架基础等)。
	材料堆放	1.材料、构件、料具等堆放时,应有名称、品种、规格等标牌。 2.水泥和其他易飞扬细颗粒建筑材料应封闭存放或采取覆盖等措施。 3.易燃、易爆和有毒有害物品分类存放。
	现场防火	消防器材配置合理,符合消防要求。
	垃圾清运	1.施工现场应设置密闭式垃圾站,施工垃圾、生活垃圾应分类存放。 2.施工垃圾必须采用相应容器或管道运输。
	宣传栏、环保及不扰民措施	宣传栏、安全宣传标语等,洗车(防止污染市区道路)、粉尘、噪声控制和排污(污水、废气)措施等。

续表

类别	项目名称		主要内容和要求
临时设施	施工现场临时用电	现场办公生活设施	1.施工现场办公、生活区与作业区分开设置,保持安全距离。 2.工地办公室、现场宿舍、食堂、厕所、饮水、沐浴、休息场所等符合卫生、消防安全要求。
		配电线路	1.按照TN-S系统要求配备五芯电缆、四芯电缆和三芯电缆。 2.按要求架设临时用电线路的电杆、横担、瓷夹、瓷瓶等,或电缆埋地的地沟。 3.对靠近施工现场的外电线路,设置木质、塑料等绝缘体的防护设施。
		配电箱开关箱	1.按三级配电要求,配备总配电箱、分配电箱、开关箱三类(铁质)标准电箱,开关箱应符合"一机、一箱、一闸、一漏",三类电箱中的各类电器应是合格品。 2.按两级保护的要求,选取符合容量要求和质量合格的总配电箱和开关箱中的漏电保护器。 3.对大型、落地式分配电箱、开关箱设置防护棚和通透式围挡。
		接地装置	施工现场应设置不少于三处的重复接地装置。
		现场变配电装置	总配电房建筑材料必须达到消防防火要求,室内做硬地坪、电缆沟。
安全施工	高处作业防护	楼层、屋面、阳台等临边	设两道防护栏杆和18 cm高的踢脚板,用密目式安全立网全封闭。
		通道口	设防护棚,防护棚应为不小于5 cm厚的木板或两道相距50 cm的竹笆。两侧应沿栏杆架用密目式安全网封闭。
		预留洞口	用硬质材料全封闭,短边超过1.5 m长的洞口,除封闭外四周还应设有防护栏杆。
		电梯井口	设置定型化、工具化的防护门,在电梯井内每隔2层(不大于10 m)设置一道水平防护。
		楼梯边	设1.2 m高的定型化、工具化的防护栏,18 cm高的踢脚板。
		垂直方向交叉作业	设置防护隔离棚或其他设施。
		高处作业	有悬挂安全带的悬索或其他设施,有操作平台,有上下的梯子或其他形式的通道。
		基坑、物料平台	设1.2 m高标准化的防护栏,用密目式安全立网封闭,悬挂标识。
	安全防护用品		安全帽、安全带、特种作业人员(电工、焊工、架子工等)防护服装、用品等。

续表

类别	项目名称		主要内容和要求
其他	机械设备防护	中小型机械	设防护棚（同通道口防护并有防雨措施）。
		垂直运输设备	1. 垂直运输设备检测、检验、日常维护、保养等。 2. 物料提升机、施工电梯等物料平台搭设、外侧用密目式安全立网全封闭，有安全通道、安全防护门、防护棚等。
	专家论证审查		超过一定规模的危险性较大分部分项工程专家论证审查。
	应急救援预案		救援器材准备及演练等。
	非正常情况施工		其他特殊情况下的防护费用，如：城市主干道、人流密集、河边等处施工及文物、古建筑、古树保护等。

注：本表所列建筑工程安全文明施工费，是依据现行法律法规及标准规范确定的。如法律法规和标准规范修订，本表所列项目应按照修订后的法律法规和标准规范进行调整。

项目经理简历表（附已录入广西建筑业企业诚信信息库的项目经理注册建造师注册证书和安全生产考核合格证书（B 类）的诚信库页面打印文件）广西××区Ⅰ期（地块三）主体施工（招标工程项目名称）

姓　名	黄×	性　别	男	年　龄	50 岁
职　务	项目经理	职　称	高级工程师	学　历	本科
参加工作时间	19××年		担任项目经理年限		15 年
建造师注册编号	桂 145××××××××				
身份证号	45××××××××××××				
在建和已完工程项目情况					
建设单位	项目名称	建设规模	开、竣工日期	在建或已完	工程质量
／	／	／	／	／	／

（证书略）

项目技术负责人简历表（附已录入广西建筑业企业诚信信息库的职称证书的扫描件）
　　　　　　　　　　西××区Ⅰ期（地块三）主体施工　工程

姓　名	刘××	性　别	男	年　龄	48
职　务	技术负责人	职　称	高级工程师	学　历	本科
参加工作时间			担任技术负责人年限		
在建和已完工程项目情况					
建设单位	项目名称	建设规模	开、竣工日期	在建或已完	工程质量
／	／	／	／	／	／

（证书略）

专职安全员简历表（附已录入广西建筑业企业诚信信息库的专职安全员安全生产考核合格证书（C 类）的诚信库页面打印文件）

广西××区Ⅰ期（地块三）主体施工　工程

姓　名	邱××	年　龄	38 岁	执业资格证书（或上岗证书）名称		安全员证
职　称	/	学　历	大专	拟在本项目任职		安全员
工作年限		16 年		从事建筑工作年限		16 年
主要工作经历						
时间		参加过的类似项目		担任职务		发包人及联系电话
/		/		/		/

（证书略）

专职投标员、项目经理、技术负责人和主要管理人员 2020 年 4 月—2020 年 6 月在现任职单位依法缴纳社会保险的证明材料及相关材料的诚信库页面打印文件

岗　位	姓　名	缴纳月份
专职投标员	李××	2020.04—2020.06
项目经理	黄××	2020.04—2020.06
技术负责人	闫××	2020.04—2020.06
施工员	洪××	2020.04—2020.06
	黄××	2020.04—2020.06
质量员	黄××	2020.04—2020.06
	黄××	2020.04—2020.06
安全员	邱××	2020.04—2020.06
材料员	彭××	2020.04—2020.06
	邱××	2020.04—2020.06
资料员	林××	2020.04—2020.06
造价师	陈××	2020.04—2020.06
机械员	唐××	2020.04—2020.06
取样员	李××	2020.04—2020.06
测量员	刘××	2020.04—2020.06
劳务员	罗××	2020.04—2020.06

（证明材料略）

资格审查需要的其他材料:项目管理机构配备情况表、拟投入施工机械设备情况表、企业 2017 年 1 月至投标截止日期止(一般为近三年)已完成类似项目一览表(如有)、企业诚信情况一览表(如有)、企业 2017 年至 2019 年(一般为近三年)财务状况表、企业 2017 年 1 月至投标截止日期止(一般为近三年)发生的诉讼和仲裁情况(如有)等。

(略)

2.4.2 案例 2 工程施工招标项目资格审查

[背景]某地政府投资工程采用委托招标方式组织施工招标。依据相关规定,资格预审文件采用《中华人民共和国标准资格预审文件》(2007 版)编制。招标人共收到了 16 份资格预审申请文件,其中 2 份资格申请文件系在资格预审申请截止时间后 2 分钟收到。招标人按照以下程序组织了资格审查。

1.组建资格审查委员会,由审查委员会对资格预审申请文件进行评审和比较。审查委员会由 5 人组成,其中招标人代表 1 人,招标代理机构代表 1 人,从政府相关部门组建的专家库中抽取技术、经济专家 3 人。

2.对资格预审申请文件外封装进行检查,发现 2 份申请文件的封装、1 份申请文件封套盖章不符合资格预审文件的要求,这 3 份资格预审申请文件为无效申请文件。审查委员会认为只要在资格审查会议开始前送达的申请文件均为有效。这样,2 份在资格预审申请截止时间后送达的申请文件,由于其外封装和标识符合资格预审文件要求,为有效资格预审申请文件。

3.对资格预审申请文件进行初步审查。

发现有 1 家申请人使用的施工资质为其子公司资质,还有 1 家申请人是联合体申请人,其中 1 个成员又单独提交了 1 份资格预审申请文件。

审查委员会认为这 3 家申请人不符合相关规定,不能通过初步审查;

4.对通过初步审查的资格预审申请文件进行详细审查。审查委员会依照资格预审文件中确定的初步审查事项,发现有一家申请人的营业执照副本(复印件)已经超出了有效期,于是要求这家申请人提交营业执照的原件进行核查。在规定的时间内,该申请人将其重新申办的营业执照原件交给了审查委员会核查,确认合格。

5.审查委员会经过上述审查程序,确认了通过以上第(2)(3)两步的 10 份资格预审申请文件通过了审查,并向招标人提交了资格预审书面审查报告,确定了通过资格审查的申请人名单。

[问题]

(1)招标人组织的上述资格审查程序是否正确? 为什么? 如果不正确,给出一个正确的资格审查程序。

(2)审查过程中,审查委员会的做法是否正确? 为什么?

(3)如果资格预审文件中规定确定 7 名资格审查合格的申请人参加投标,招标人是否可以在上述通过资格预审的 10 人中直接确定,或者采用抽签方式确定 7 人参加投标? 为什么?正确的做法应该怎样做?

[考查要点]

(1)资格预审申请文件的受理责任(招标人的责任)。

67

(2)《标准资格预审文件》对审查委员会组建的规定。

(3)资格审查的依据(审查文件)。

(4)审查程序与内容。

[分析]

依据《工程建设项目施工招标投标办法》(30号令)对资格审查的规定和《中华人民共和国标准施工招标资格预审文件》(2007版)中的精神,对资格预审申请文件封装和标识的检查,是招标人决定是否受理该份申请的前提条件。审查委员会的职责是依据资格预审文件中的审查标准和方法,对招标人受理的资格预审申请文件进行审查(考察对标准文件的运用)。

[参考答案]

(1)本案中,招标人组织资格审查的程序不正确。

依据《工程建设项目施工招标投标办法》(30号令),同时参照《中华人民共和国标准施工招标资格预审文件》(2007版),审查委员会的职责是依据资格预审文件中的审查标准和方法,对招标人受理的资格预审申请文件进行审查。本案中,资格审查委员会对资格预审申请文件封装和标识进行检查,并据此判定申请文件是否有效的做法属于审查委员会越权。

正确的资格审查程序为:

①招标人组建资格审查委员会。

②对资格预审申请文件进行初步审查。

③对资格预审申请文件进行详细审查。

④确定通过资格预审的申请人名单。

⑤完成书面资格审查报告。

(2)审查过程中,审查委员会第1、2和4步的做法不正确。

第1步资格审查委员会的构成比例不符合招标人代表不能超过1/3,政府相关部门组建的专家库专家不能少于2/3的规定,因为招标代理机构的代表参加评审,视同招标人代表。

第2步中对2份在资格预审申请截止时间后送达的申请文件评审为有效申请文件的结论不正确,不符合市场交易中的诚信原则,也不符合《中华人民共和国标准施工招标资格预审文件》(2007版)的精神。

第4步中查对原件的目的仅在于审查委员会进一步判定原申请文件中营业执照副本(复印件)的有效与否,而不是判断营业执照副本原件是否有效。

(3)招标人不可以在上述通过资格预审的10人中直接确定,或者采用抽签方式确定7人参加投标,因为这些做法不符合评审活动中的择优原则,限制了申请人之间平等竞争,违反了公平竞争的招标原则。

[分组讨论]

【背景】某工程建设项目位于某城市,为依法必须招标的项目。在规定的资格资审申请截止时间前,共收到了15份资格预审申请文件。招标人参照《招标投标法》第三十七条的规定,组建了资格审查委员会。审查中发现申请人A是该招标项目的设计单位,为该项目提供了招标设计图纸;申请人B于1个月前在其他城市因发生重大伤亡事故,受到安全生产许可证被暂扣半年、投标资格暂停1年的处罚;申请人C提供的安全生产许可证书复印件已经过了有效期；申请人 D 的营业执照副本复印件上加盖了"本复印件仅供 X 项目投标使用"，这里的 X 项目为另外一个工程项目。以上 A、B、C、D 四个申请人的其他条件均符合资格预审文件的规定。审查委员会在对上述四个申请人评判时意见不一，有下面三种意见。

意见一：申请人 A 和 C 的资格不合格，B 和 D 可以通过。因为 A 提供了本项目招标设计图纸，如参加投标对其他投标人在投标信息上造成不公平；C 的安全生产许可证过了有效期，不具备安全生产资质，以上两家不能通过资格审查。申请人 B 是在其他城市受到暂停投标 1 年的处罚，不影响其在本市参加本项目投标；申请人 D 的营业执照副本复印件上虽然加盖了"本复印件仅供 X 项目投标使用"，但其营业执照肯定有效，所以以上两个申请人可以通过资格审查。

意见二：申请人 A 可以通过资格审查，因为其提供了本项目招标设计图纸，对项目的了解程度比其他申请人深入，如中标对招标人有利；申请人 B 可以通过资格审查，因为其在其他城市受到暂停投标 1 年的处罚不影响其参加本市投标活动；申请人 C 不能通过资格审查，因为安全生产许可证过了有效期，不具备安全生产的条件。申请人 D 不能通过资格审查，因为其营业执照副本复印件上加盖了"本复印件仅供 X 项目投标使用"，不能为本项目投标使用。

意见三：申请人 A、C、D 不能通过资格审查，但申请人 B 可以通过资格审查。因为申请人 A 的资格不满足《工程建设项目施工招标投标办法》(30 号令)第三十五条的规定；申请人 C 的安全生产证书过了有效期；申请人 D 提供的营业执照副本复印件不是为本项目投标使用的所以不能通过资格审查。而申请人 B 可以通过资格审查，因为在其他城市受到的处罚不影响其参加本市投标活动。

【问题】

1. 工程施工招标资格审查方法有哪两种？合格制的资格审查办法的优缺点是什么？
2. 如果你是评委，你认为哪个意见对？试说明理由。

[分组练习]

根据招标工作计划时间要求明细表(表 2.13)提供的资料和要求编制一份招标工作时间计划表，确保时间安排在合法的前提下招标工作时间最短且最合理。结合这个明细表的内容，联系学习和生活，你学到了什么？

表 2.13　招标工作计划时间要求明细表

序号	项目	时间要求	备注
1	发布资格预审公告	上网公布次日起 5 日	标办负责上传到网上，上传当日不算
2	报名、领取资格预审文件	与公告同步进行，公告发布日期截止，即截止报名	
3	提交资格预审申请文件	报名截止 5 天后(最少 5 天)，且限在 1 天内全部递交	
4	资格审查会	1 天或更长	一般在资格预审申请文件递交后第二天进行

续表

序号	项　目	时间要求	备　注
5	发布资格预审结果通知	资格审查会结束后(限1天时间)	
6	发售招标文件	发布资格审查结果通知书后(限1天时间)	
7	现场考察	发售招标文件截止3天后	间隔最少3天
8	投标预备会	与现场考察间隔1~2天	
9	如发布招标文件澄清函或补遗书	与投标预备会间隔至少1天	
10	提交投标文件	自招标文件发售之日起不得少于20天(两者中间间隔20天,如发布招标文件澄清或补遗书,则发布时间与提交时间之间不得少于15天)	本工程假设发布招标文件澄清函或补遗书
11	开标	提交投标文件时间截止的同一时间	一般习惯在上午10点或者下午14点开标,那么在上午10点或者下午14点之前必须提交投标书,过点拒收
12	评标	开标后即进行	一般与开标安排在同一天进行,1天或者更长
13	中标公示	评标结束后次日上网,从次日起算3日	上网当天不算
14	中标通知	中标公示结束后次日	
15	签订合同	自中标通知书发出之日起30日内	
说明	1.一般情况,原则上周末不安排工作(除非工期要求紧迫),招标计划应以合理安排为准,编制计划当中请注意周末及节假日。 2.本计划从项目实训日开始编制。 3.据此编制本项目的最短最合理招标工作时间计划表。		

小　结

在工程招投标活动中,参与投标的企业只有符合资质(资格)要求,才能中标。招标人需要对潜在投标人进行资格审查。

资格审查是指招标人对申请人或潜在投标人的经营资格、专业资质、财务状况、技术能力、管理能力、业绩、信誉等方面评估审查,以判定其是否具有投标、订立和履行合同的资格及能力。资格审查应遵守科学、合法和择优原则。资格审查分为资格预审和资格后审两种方式。资格审查标准分为合格制法和有限数量制法。

招标公告是招标人通过指定媒介发布公告,公开邀请符合条件的不特定潜在投标人,使感兴趣的潜在投标人了解招标项目的情况及资格条件,前来购买招标文件,参加投标竞争活动。

工程项目招标采用资格预审方式时,则必须在招标项目开始前,发布资格预审公告(内容同招标公告),进行资格预审。

资格审查文件是招标文件的重要组成内容,是招标人公开告诉潜在投标人参加招标项目投标竞争时应具备资格条件的重要文件。《广西壮族自治区房屋建筑和市政工程施工招标文件范本(2019年版)》,工程施工招标文件涉及资格审查的内容包括:招标公告(包括投标人资格要求),投标人须知(包括投标人资质条件、能力、诚信要求,构成投标文件的资格审查部分等),评标办法(包括资格审查标准),投标文件格式(包括资格审查文件格式)等四部分。

工程施工资格审查申请文件一般包括:投标人基本情况表;联合体投标协议书(如有);投标保证金的转帐(或电汇)底单;建设工程项目管理承诺书;项目经理简历表;项目技术负责人简历表;安全员的安全生产考核合格证书(C类)的扫描件;专职投标员、项目经理、技术负责人和主要管理人员依法缴纳社会保险证明材料的扫描件。资格审查需要的其他材料:项目管理机构配备情况表、拟投入施工机械设备情况表、已完成类似项目一览表(如有)、企业诚信情况一览表(如有)、企业财务状况表、企业发生的诉讼和仲裁情况(如有)等。

[项目实训2]

根据以下招标公告,请根据《广西壮族自治区房屋建筑和市政工程施工招标文件范本(2019年版)》的要求,模拟建立一个投标企业,并编制投标文件中的资格审查申请文件。

招标公告

××县××小学教学、食堂综合楼工程　施工招标公告

1. 招标条件

本招标项目××县××小学教学、食堂综合楼工程已由××县发展改革和科学技术局以×发改综合〔2021〕3号批准建设,招标人为××县教育局,建设资金来自财政,项目出资比例为100%。项目已具备招标条件,现对该项目的施工进行公开招标。

2. 项目概况与招标范围

项目招标编号:MSZC 2021-G2-86-GXSYH

报建号(如有):/

建设地点:××县

建设规模:××县××小学教学、食堂综合楼工程,建筑面积为4 147.46平方米,独立、筏板基础,框架结构,食堂地上4层,教学楼地上6楼。

合同估算价:1 000.000 000万元

要求工期:280日历天,定额工期280日历天【备注:建筑安装工程定额工期应按《建筑安装工程工期定额(TY01—89—2016)》确定,工期压缩时,宜组织专家论证,且在招标工程量清单中增设提前竣工(赶工补偿)费项目清单。】

招标范围:经备案的施工设计图纸及招标工程量清单包含的所有内容

标段划分:1个标段

设计单位:广西××建筑设计有限公司

勘察单位:广西××岩土工程有限公司

3. 投标人资格要求

3.1　本次招标要求投标人须已办理诚信库入库手续并处于有效状态,具备[建筑工程施工总承包三级](含)以上资质【备注:招标人应当根据国家法律法规对企业资质等级许可的相关规定以及招标项目特点,合理设置企业资质等级,不得提高资质等级要求;资质设置为施工总承包已可满足项目建设要求的,不得额外同时设置专业承包资质】,并在人员、设备、资金等方面具备相应的施工能力。其中,投标人拟派项

目经理须具备［建筑工程二级］（含）以上注册建造师执业资格，具备有效的安全生产考核合格证书（B类）。本项目不接受有在建、已中标未开工或已列为其他项目中标候选人第一名的建造师作为项目经理（符合《广西壮族自治区建筑市场诚信卡管理暂行办法》第十六条第一款除外）。

3.2 业绩要求：无要求。

3.3 本次招标不接受联合体投标。

3.4 各投标人可就本招标项目的所有标段进行投标，并允许中标所有标段。但投标人应就不同标段派出不同的项目经理和项目专职安全员，否则同一项目经理或项目专职安全员所投其他标段作否决投标处理（符合桂建管〔2013〕17 号和桂建管〔2014〕25 号文除外）。

3.5 根据最高人民法院等 9 部门《关于在招标投标活动中对失信被执行人实施联合惩戒的通知》（法〔2016〕285 号）规定，投标人不得为失信被执行人（以评标阶段通过"信用中国"网站（www.creditchina.gov.cn）查询的结果为准）。根据《广西壮族自治区建筑市场主体"黑名单"管理办法（试行）》（桂建发【2018】5号）规定，投标人、拟派项目经理不得为建筑市场主体"黑名单"（以评标阶段通过建筑市场监管与诚信信息一体化平台查询的结果为准）【备注：此款可由招标人自主选择，如不采用，还须向本项目招标的监督部门说明理由】。

3.6 投标人信息以广西建筑业企业诚信信息库为准。

4. 招标文件的获取

4.1 请于 2021 年 3 月 23 日 0 时 00 分至 2021 年 4 月 14 日 9 时 30 分（不少于 20 日），由潜在投标人的专职投标员凭本人的身份证证号及密码或企业 CA 锁登陆××市公共资源交易平台（https://www.nnggzy.org.cn/gxnnhy）免费下载招标文件。

5. 投标文件的递交

5.1 投标文件应通过××市公共资源交易平台提交，截止时间（投标截止时间，下同）为 2021 年 4 月 14 日 9 时 30 分。未加密的电子投标文件光盘提交地点为××市××区××大道 33 号××市民中心××市公共资源交易中心开标厅（具体详见 9 楼电子显示屏安排）（当地交易中心）。

5.2 投标人须在投标截止前将加密的投标文件通过××市公共资源交易平台成功上传，并将与成功上传的投标文件同一时间生成的未加密投标文件电子文本刻录光盘包装密封后，于投标截止前由企业法定代表人或其授权的专职投标员提交到××市××区××大道 33 号××市民中心××市公共资源交易中心开标厅（具体详见 9 楼电子显示屏安排）并持专职投标员本人身份证原件（如为法定代表人递交时可持本人身份证原件及本企业任一专职投标员的身份证复印件）、拟投入的项目经理和所有专职安全员的身份证复印件通过广西电子招标投标系统验证，否则投标无效。投标人拟投入项目经理被标注为注册状态异常的，拟投入的项目经理本人须持本人身份证原件出席开标会现场，否则招标人有权拒绝该投标人投标。

6. 评标方式

综合评估法

7. 预付款和进度款支付方式【备注：该项为可选项】详见招标文件专用合同条款

8. 发布媒介

本次招标公告同时在（中国采购与招标网）www.chinabidding.com.cn、（广西壮族自治区招标投标公共服务平台）ztb.gxi.gov.cn、（中国政府采购网）www.ccgp.gov.cn、（广西政府采购网/广西政府购买服务信息平台）http://zfcg.gxzf.gov.cn、（××市公共资源交易平台网）http://www.nnggzy.org.cn/gxnnhy/网上发布。（公告发布媒体包含但不限于上述媒体）

9. 交易服务单位

××市公共资源交易中心

10. 监督部门及电话

××县住房和城乡建设局，联系电话：××××××

11. 注意事项

11.1 潜在投标人必须录入广西建筑业企业诚信信息库管理系统,广西建筑业企业诚信信息库管理系统登录地址(http://ztb.gxzjt.gov.cn:1121/zjthy/)。由于广西建筑企业诚信信息库与自治区招标投标系统的相关信息同步存在时间差(非实时同步,每天晚上同步一次),因此投标人应至少提前2天将所需投标材料在诚信库内审核通过。

11.2 投标人须办理企业CA锁后并确保在有效期内才能进行制作投标文件及上传投标文件等业务。未办理企业CA锁的单位,请到广西壮族自治区数字证书认证中心有限公司办理,客服电话:×××××。

12. 联系方式

招 标 人:××县教育局	招标代理机构:广西××工程造价咨询有限公司
地　　址:××县××大道196号	地　　　　址:××市××路18号28楼2809
邮　　编:	邮　　　　编:
联 系 人:××	联 系 人:×××
电　　话:××××××	电　　　　话:××××××
传　　真:	传　　　　真:
电子邮箱:	电子邮箱:
网　　址:	网　　　　址:

2021年×月×日

知识扩展链接

1.《标准施工招标资格预审文件》和《标准施工招标文件》试行规定(2007年版)

https://www.ndrc.gov.cn/xxgk/zcfb/fzggwl/200712/t20071221_960708.html?code=&state=123

2.关于印发《房屋建筑和市政工程标准施工招标资格预审文件》和《房屋建筑和市政工程标准施工招标文件》的通知

https:// www.mohurd.gov.cn/gongkai/fdzdgknr/tzgg/201007/20100716_201569.html

复习思考与练习

一、填空题

1.通过资格审查,选择资格能力、业绩、信誉等各方面优秀的潜在投标人参加投标,这是资格审查应遵守的_____原则。

2.资格审查分为_____和_____两种方式。

3.投标申请人递交投标文件后,在开启投标申请人技术标和商务标前,先开启投标申请人的_____,由招标人组建的评标委员会对投标申请人的资格送审文件进行审查。

4.资格审查标准分为_____和_____。

5.资格审查采用_____,凡符合规定审查标准的申请人均通过资格审查。

6. _____是招标人通过指定媒介发布公告,公开邀请符合条件的不特定潜在投标人,使感兴趣的潜在投标人了解招标项目的情况及资格条件,前来购买招标文件,参加投标竞争活动。

二、单选题

1. 下列关于资格审查标准不正确的是( )。
    A. 资格审查标准分为合格制法和有限数量制法
    B. 资格审查合格的潜在投标人,下一阶段均可参加工程项目的投标工作,成为投标人
    C. 资格预审采用有限数量制,通过资格预审的申请人不超过资格审查办法前附表规定的数量
    D. 通过详细审查的申请人不少于 5 个且没有超过规定数量的,均通过资格预审,不再进行评分

2. 下列说法不正确的是( )。
    A. 应申请人书面要求,招标人应对资格预审结果作出让申请人满意的解释
    B. 通过资格预审的申请人收到投标邀请书后,应在申请人须知前附表规定的时间内以书面形式明确表示是否参加投标
    C. 在申请人须知前附表规定时间内未表示是否参加投标或明确表示不参加投标的,不得再参加投标
    D. 潜在投标人数量不足 3 个的,招标人重新组织资格预审或不再组织资格预审而直接招标

3. 下列资格预审中违反纪律与监督有关规定的有( )。
    A. 在资格预审期间,可以邀请招标人、审查委员会成员到申请人单位参观考察
    B. 招标人、审查委员会成员不得在资格预审结果公布前透露资格预审结果,不得向他人透露可能影响公平竞争的有关情况
    C. 申请人不得向招标人、审查委员会成员和与审查活动有关的其他工作人员行贿
    D. 申请人认为本次资格预审活动违反法律、法规和规章规定的,有权向有关行政监督部门投诉

4. 下列说法不正确的是( )。
    A. 在初步审查中,资格预审申请文件中有一项因素不符合初步审查标准的,不能通过资格预审
    B. 在详细审查中,资格预审申请文件中有一项因素不符合详细审查标准的,不能通过资格预审
    C. 只要满足规定的审查标准就能通过资格预审,申请人可以不按审查委员会要求澄清或说明
    D. 在资格预审过程中弄虚作假、行贿或有其他违法违规行为的,不能通过资格预审

5. 以下说法错误的是( )。
    A. 资格预审文件的发售期不得少于 5 日
    B. 申请人对资格预审文件有异议的,应当在递交资格预审申请文件截止时间 2 日前向招标人提出

  C. 潜在投标人应严格依据资格预审文件要求的格式和内容,编制、签署、装订、密封、标识资格预审申请文件,按照规定的时间、地点、方式递交

  D. 招标人不用向未通过资格预审的申请人发出资格预审结果的书面通知

6. 资格预审申请文件编制注意事项,下列说法错误的是(　　)。

  A. 资格预审,除了法律规定的资格要件外,招标人提出的要求不能忽视

  B. 平时注意整理资料,编制内容要完整、齐全、有效,有些证书是有时效性的,企业应及时更换

  C. 资格预审申请文件所提交的资料越多越好

  D. 内容完整、齐全、有效的资格预审申请文件,如果不注重细节,也可能不能通过资格预审

7. 资格审查委员会由招标人)熟悉相关业务的代表和有关技术、经济等方面的专家组成,成员人数为(　　)人以上单数。

  A. 3   B. 5   C. 7   D. 11

8. 资格审查委员会由招标人熟悉相关业务的代表和有关技术、经济等方面的专家组成,其中技术经济等方面的专家不得少于成员总数的(　　)。

  A. 1/2   B. 1/3   C. 2/3   D. 3/5

三、多选题

1. 评审资格预审文件时,评审内容主要有(　　)。

  A. 法人资格   B. 商业信誉   C. 财务能力   D. 技术力量和施工经验

2. 工程施工资格预审文件的内容包括(　　)。

  A. 资格预审公告和申请人须知   B. 资格审查办法

  C. 资格预审申请文件格式   D. 项目建设概况

3. 下列说法正确的是(　　)。

  A. 工程项目招标采用资格预审方式时,必须在招标项目开始前,发布资格预审公告,进行资格预审

  B. 实行资格后审的,投标文件由资格标、技术标和商务标组成

  C. 投标申请人递交投标文件后,在开启投标申请人技术标和商务标前,先开启投标申请人的资格标,由招标人组建的评标委员会对投标申请人的资格送审文件进行审查

  D. 在不同媒介发布的同一招标项目的资格预审公告或者招标公告的内容可以不一致

4. 下列关于资格预审文件正确的是(　　)。

  A. 资格预审文件包括澄清与修改的内容规定

  B. 招标人应以书面形式将澄清内容发给所有购买资格预审文件的申请人,并指明澄清问题的来源

  C. 在申请人须知前附表规定的时间前,招标人可以书面形式通知申请人修改资格预审文件

  D. 当资格预审文件、资格预审文件的澄清或修改等在同一内容的表述上不一致时,以最后发出的书面文件为准

5. 影响资格预审申请文件通过审查的因素包括(　　)。

    A. 未按规定的格式填写

    B. 申请函没有法定代表人或其委托代理人签字或加盖单位公章

    C. 资格预审文件要求正、副本具有同等法律效力,副本的盖章和签字却不是原件

    D. 未按要求密封和加写标记的资格预审申请文件

模块 **3**

工程招标

[模块概述]

　　工程招标是工程招投标活动中最重要的环节,对于整个招标投标过程是否合法、科学,能否实现招标目的,具有基础性影响。本模块首先对工程招标进行概述,包括工程建设项目招标的项目范围和规模、条件、工程招投标的方式及工程招标的程序;接着,对工程招标文件作了详细介绍,包括工程招标标准文件的种类及使用、工程招标文件的构成;然后,介绍了工程招标控制价的编制及编制注意事项;最后,以实际案例,对工程施工招标文件进行了全面分析。

[学习目标]

掌握 工程招标的方式;工程招标文件的构成;招标控制价的编制内容、编制步骤和方法。

熟悉 工程建设项目招标的条件、工程招标的程序;招标控制价的编制依据和原则。

了解 工程建设项目招标的项目范围和规模;工程招标标准文件的种类及使用;编制招标控制价的注意事项。

[能力目标]

　　具有独立编制招标公告或投标邀请书的能力;能够协助主要招标编制人员编制一般工程招标文件的能力;具有能够识别招标文件存在明显问题的能力。

[素质目标]

　　1.从招投标的制度,联系到国家法律法规对人民的保护,家国情怀和人文关怀,引导学生对国家政策的正确理解,进而培养同学们的爱国情怀。

　　2.培养学生养成公正、严谨、规范的职业习惯,让学生懂得职业不分贵贱,愿意付出劳动才能获得快乐。

[案例导入]

模块3 案例辨析

　　某建设项目实行公开招标,招标过程出现了下列事件,请指出不正确的处理方法。

任务 3.1 工程招标概述

3.1.1 工程建设项目招标的项目范围和规模

（1）必须进行工程招标的项目范围

我国工程招投标活动实行的是强制招投标制度，并规定了强制招标的项目范围和规模。

我国《招标投标法》规定下列 3 类工程建设项目包括项目的勘察、设计、施工、监理以及与工程建设有关的重要设备、材料等的采购无论资金来源如何，必须进行招标：

①大型基础设施、公用事业等关系社会公共利益、公众安全的项目；

②全部或者部分使用国有资金投资或者国家融资的项目；

③使用国际组织或者外国政府贷款、援助资金的项目。

《工程建设项目招标范围和规模化规定》（原国家计委令第 3 号）对必须进行工程建设项目的具体范围作了细化，详见表 3.1。

表 3.1　工程建设项目招投标范围

序号	项目类别	项目范围
1	关系社会公共利益、公众安全的基础设施项目	①煤炭、石油、天然气、电力、新能源等能源项目； ②铁路、公路、管道、水运、航空以及其他交通运输业等交通运输项目； ③邮政、电信枢纽、通信、信息网络等邮电通信项目； ④防洪、灌溉、排涝、引（供）水、滩涂治理、水土保持、水利枢纽等水利项目； ⑤道路、桥梁、地铁和轻轨交通、污水排放及处理、垃圾处理、地下管道、公共停车场等城市设施项目； ⑥生态环境保护项目； ⑦其他基础设施项目。
2	关系社会公共利益、公众安全的公用事业项目	①供水、供电、供气、供热等市政工程项目； ②科技、教育、文化等项目； ③体育、旅游等项目； ④卫生、社会福利等项目； ⑤商品住宅，包括经济适用住房； ⑥其他公用事业项目。
3	使用国有资金投资项目	①使用各级财政预算资金的项目； ②使用纳入财政管理的各种政府性专项建设基金的项目； ③使用国有企业事业单位自有资金，并且国有资产投资者实际拥有控制权的项目。

续表

序号	项目类别	项目范围
4	国家融资项目	①使用国家发行债券所筹资金的项目； ②使用国家对外借款或者担保所筹资金的项目； ③使用国家政策性贷款的项目； ④国家授权投资主体融资的项目； ⑤国家特许的融资项目。
5	使用国际组织或者外国政府资金的项目	①使用世界银行、亚洲开发银行等国际组织贷款资金的项目； ②使用外国政府及其机构贷款资金的项目； ③使用国际组织或者外国政府援助资金的项目。

由上可知,所谓基础设施,是指为国民经济生产过程提供基本条件的设施,一般包括能源、交通运输、邮电通信、水利、城市设施、生态环境保护设施等;所谓公用事业,是指为适应生产和生活需要而提供的具有公共用途的服务,包括供水、供电、供气、供热等市政工程,科技、教育、文化、体育、旅游、卫生、社会福利等项目,以及商品住宅。由于大型基础设施和公用事业项目投资大、建设周期长,基本上以国家投资为主,特别是公用事业项目,国家投资占了绝对比重。根据《招标投标法》的相关规定,只要是大型基础设施、公用事业等关系社会公共利益、公共安全的项目,无论资金来源如何,即使是私人投资,也必须进行招标。

[课堂互动]

为什么国家要规定大型机场设施和公用事业等关系社会公共利益公共安全的项目,必须采用招标的形式?

(2)必须进行工程招标的项目规模

国家发改委 2018 年 6 月施行的《必须招标的工程项目规定》(16 号令)规定了各类工程建设项目,包括项目的勘察、设计、施工、监理以及与工程建设有关的重要设备、材料等的采购,达到下列标准之一的,必须进行招标:

①施工单项合同估算价在 400 万元人民币以上。

②重要设备、材料等货物的采购,单项合同估算价在 200 万元人民币以上。

③勘察、设计、监理等服务的采购,单项合同估算价在 100 万元人民币以上。

同一项目中可以合并进行的勘察、设计、施工、监理以及与工程建设有关的重要设备、材料等的采购,合同估算价合计达到前款规定标准的,必须招标。

建设项目的勘察、设计,采用特定专利或者专有技术的,或者其建筑艺术造型有特殊要求的,经项目主管部门批准,可以不进行招标。

(3)可不进行招标的项目

对于不进行招标的特殊情况,法律也作了明确的界定。根据《招标投标法》和《招标投标法实施条例》,依法必须招标的项目具有下列情形之一的,可以不进行招标:

①涉及国家安全、国家秘密的项目。招投标活动要求公开进行,而涉及国家安全、国家秘密的项目,如某些国防建设工程,由于项目本身的保密性,不允许将项目情况对外公开。不适

于采用招标方式。

②抢险救灾项目。招投标项目必须严格按照规定的程序进行,不允许随意缩短时间。而抢险救灾项目的时间要求非常急,故不适宜采用招标方式。

③利用扶贫资金实行以工代赈、需要使用农民工的项目。以工代赈,是指政府投资建设基础设施工程,受赈济的贫困地区农民群众参加工程建设获得劳务报酬,以此取代直接救济的一种扶持政策。由于此类项目不具备竞争性特征,所以不适用招标方式。

④因其他特殊原因不适宜进行招标的项目。包括:

a.需要采用不可替代的专利或者专有技术。

b.采购人依法能够自行建设、生产或者提供。

c.已通过招标方式选定的特许经营项目投资人依法能够自行建设、生产或者提供。

d.需要向原中标人采购工程、货物或者服务,否则将影响施工或者功能配套要求。

e.国家规定的其他特殊情形。

3.1.2 工程建设项目招标的条件

(1)工程项目招标应具备的条件

工程建设项目必须具备一定的条件才能进行招标,这是为了规范招标行为,确保招标工作有条不紊地进行,维护招投标正常市场秩序。

《招标投标法实施条例》规定,按照国家有关规定需要履行项目审批、核准手续的依法必须进行招标的项目,其招标范围、招标方式、招标组织形式应当报项目审批、核准部门审批、核准。对于工程施工项目,《工程建设项目施工招标投标办法》对招标的条件作了明确规定。依法必须招标的工程建设项目,应当具备下列条件才能进行施工招标:

①招标人已经依法成立。

②初步设计及概算应当履行审批手续的,已经批准。

③有相应资金或资金来源已经落实。

④有招标所需的设计图纸及技术资料。

(2)建设单位开展招标活动应具备的条件

招标人应当具有编制招标文件和组织评标的能力。一般来说,建设单位作为招标人开展招标活动需要具备以下条件:

①招标人为法人或依法成立的其他组织。也就是说,招标人必须是依法成立的组织机构,个人不能作为招标人开展招标活动。

②有与招标工程相适应的经济、技术人员。对于开展招标活动的相应的经济技术人员,国家人力资源部门专门建立了招标采购专业技术人员职业水平评价制度,纳入全国专业技术人员职业资格证书制度统一规划,设有招标师和高级招标师两个级别。对于建设工程招投标,建设主管部门根据工程招投标的特点与工程造价咨询活动的密切关系,明确注册造价工程师具有与招标活动相应的能力。

③有编制招标文件,审查投标单位资质的能力。即招标人具有与招标项目规模和复杂程度相适应的技术、经济等方面的专业人员。

④有组织开标、评标、定标的能力。

如果建设单位不具备编制招标文件和组织评标能力,应委托相应的招标代理机构组织招标。

3.1.3　工程招投标的方式

招投标制度在国际上已有两百多年的历史,也产生了许多招标方式,其中包括我国过去采用的"议标"方式,即招标人与投标人之间通过一对一的谈判达成中标的招标方式。各种招标方式决定着招投标的竞争和公开程度。由于"议标"不具有公开性和竞争性,在我国已被淘汰。

我国《招标投标法》明确规定,招投标方式有两种,即公开招标和邀请招标。

（1）公开招标

公开招标又称无限竞争招标,是指招标人以招标公告的方式邀请不特定的法人或者其他组织投标。采用这种方式,需要符合两个要求:

①招标人需向不特定的法人或者其他组织发出投标邀请。招标人应当通过报纸、广播、网络等公共媒体公布其招标公告,采用资格预审方式的,还应公布资格预审公告,向不特定的人提出邀请。任何认为自己符合招标人要求的法人或其他组织、个人都有权向招标人索取招标文件或资格预审文件,并届时参加投标或资格预审。采用资格预审方式的,预审合格者都可以参加投标。

②公开招标须采取公告的方式。招标人应通过招标监督管理部门指定的公共媒体发布招标公告,向社会公众明示其招标要求,使尽量多的潜在投标人获取招标信息,前来投标,从而保证公开招标的公开性。实际生活中,人们经常在报纸上看到"×××招标通告",此种方式即为公告招标方式。

公开招标的优点在于能够在最大限度内选择投标人,竞争性更强,择优率更高,同时也可以在较大程度上避免招标活动中的贿标行为,因此,国际上普遍采用这种招标方式。

（2）邀请招标

邀请招标又称有限竞争招标,是指招标人以投标邀请书的方式邀请特定的法人或者其他组织投标。此种招标方式的招标人可不通过发布招标公告的方式告知潜在投标人,而是根据自己了解的信息和掌握的经验,选择邀请有实力、经验丰富、信誉好的法人或者其他组织参加投标。其特征有二:一是招标人向 3 个以上具备承担招标项目的能力、资信良好的特定的法人或者其他组织发出投标邀请;二是邀请投标的对象是特定的法人或者其他组织。

公开招标与邀请招标相比较,前者更有利于充分竞争的开展,后者由于投标人数量少,且为特定,竞争不充分,因而在使用上受到国家限制性规定。根据相关规定,可以采取邀请招标方式的情况有以下三类:

①国有资金占控股或者主导地位的依法必须进行招标的项目,应当公开招标。但有下列情形之一的,可以邀请招标:

a. 技术复杂、有特殊要求或者受自然环境限制,只有少量潜在投标人可供选择;

b. 采用公开招标方式的费用占项目合同金额的比例过大。

有前述所列情形,属于需要履行审批、核准手续的项目,由项目审批、核准部门在审批、核准项目时作出认定;其他项目由招标人申请有关行政监督部门作出认定。

②国家重点项目和省、自治区、直辖市人民政府确定的地方重点项目不适宜公开招标的,经相关部门批准,可以进行邀请招标。

③其他项目。招标人可以根据项目的实际情况决定是否采用邀请招标的方式。

需要说明的是,我国政府采购法对政府采购的方式除了公开招标和邀请招标外,还增加了四种采购方式。但政府采购法规定,属于政府采购的工程项目的招投标适用于《招标投标法》。因此,工程招投标的方式只有两种。

3.1.4 工程建设项目招标的程序

工程建设项目招标一般包括3个阶段,即招标准备阶段、招标阶段和定标签约阶段。各阶段均应按照规定的程序开展工作。

(1)招标准备阶段

该阶段的主要工作有:办理工程项目报建、自行招标或委托招标、选择招标方式、办理招标备案手续、编制招标文件等。该阶段的工作由招标人单独完成,投标人不参与。

1)办理工程项目报建

建设项目的立项文件获得批准后,招标人需向建设行政主管部门履行建设项目报建手续。只有报建申请批准后,才可以开展项目的建设。工程项目报建时,一般应提供的资料有:工程建设项目报建的书面申请(建设单位出具)、工程建设项目报建表、建设项目的年度计划批文或批示、基本建设投资项目登记备案证、国有土地使用证、建筑设计红线图等。

2)自行招标或委托招标

应当招标的工程建设项目办理报建登记手续后,凡已满足招标条件的,均可组织招标,办理招标事宜。招标人组织招标应具有相应的组织招标的资质。根据招标人是否具有招标资质,可以将组织招标分为两种情况:一是招标人自己组织招标;二是招标人委托招标代理人代理组织招标、代为办理招标事宜。招标人委托招标代理人代理招标,必须与之签订招标代理合同。

3)选择招标方式

招标人应当选择公开招标或邀请招标方式。

4)办理招标备案手续

招标人自己组织招标、自行办理招标事宜或者委托招标代理人代理组织招标、代为办理招标事宜的,应当向有关建设行政监督部门备案。备案内容包括:招标人资格备案、招标信息发布备案、招标文件备案等。

5)编制招标有关文件

招标准备阶段应编制好招标过程中可能涉及的有关文件,保证招标活动的正常进行。这些文件大致包括:招标公告、资格预审文件、招标文件、招标标底或控制价文件、合同协议书以及资格预审和评标的方法。经招标投标管理机构对有关文件进行审查认定后,就可发布招标公告或发出投标邀请书。

(2)招标阶段

一般来讲,公开招标时,从发布招标公告开始,若为邀请招标,则从发出投标邀请函开始,到投标截止日期为止的期间称为招标阶段。在此阶段,招标人应做好招标的组织工作,投标人则按招标有关文件的规定程序进行投标报价竞争。招标人应当合理确定投标人编制投标文件所需要的时间,自招标文件开始发出之日起到投标截止日期,最短不得少于20天。

1)发布招标公告或者发出投标邀请书

招标人要在报刊、杂志、广播、电视等大众传媒或工程交易中心公告栏上发布招标公告。招标公告的目的是让潜在投标人获得招标信息,确定是否参与竞争。招标公告或者投标邀请函的具体格式可由招标人自定,内容包括:招标单位名称;建设项目资金来源;工程项目概况和本次招标工作范围的简要介绍;购买资格预审文件的地点、时间和价格等有关事项。

2)资格审查

资格审查包括资格预审和资格后审,是对潜在投标人进行的资信调查,以确定其是否有能力承担并完成该工程项目。资格审查是招标阶段的重要工作,由于资格预审往往是在招标开始前完成的,所以资格审查的具体内容已在上一模块作了详细讲解。

3)发放招标文件

招标人根据项目特点和需要编制的招标文件,是投标人编制投标文件和报价的依据,因此招标文件应当包括招标项目的技术要求、对投标人资格审查的标准、投标报价的要求和评标标准等所有实质性要求和条件,以及拟签订合同的主要条款。

招标文件发出后,招标人不得擅自变更其内容。确实需要进行必要的澄清、修改或补充的,应当在招标文件要求提交投标文件截止时间至少15天前,书面通知所有购买招标文件的投标人,以便于他们修改投标书。该澄清、修改或补充的内容是招标文件的组成部分,对招标人和投标人都有约束力。

4)组织现场踏勘

招标人可以组织投标人进行现场踏勘,也可以由投标人自行进行现场踏勘。现场踏勘的目的是让投标人了解招标工程现场和周围环境情况,获取必要的信息。招标人组织投标人进行现场踏勘时,必须通知所有的投标人一起到现场,而不能单独通知一些投标人进行踏勘。

5)标前会议

标前会议,又称交底会、投标预备会。投标人研究招标文件和现场考察后会以书面形式提出某些质疑问题,招标人可以及时给予书面解答,也可以通过投标预备会进行解答,同时将解答内容送达所有购买招标文件的投标人。回答问题的函件作为招标文件的组成部分。如果书面解答的问题与招标文件中的规定不一样,以函件的解答为准。经过现场踏勘和标前会议后,投标人可以着手编制投标文件。

6)接收招标文件

接收招标文件。

(3)定标签约阶段

1)开标

公开招标和邀请招标均应举行开标会议,体现招标的公平、公正和公开原则。开标应当在招标文件确定的提交投标文件截止的时间后统一时间公开进行,开标地点应当为招标文件中预先确定的地点。所有投标人均应参加开标会议。开标时,由投标人或其推选的代表检验投标文件的密封情况。确认无误后,如果有标底应首先公布,然后由工作人员当众拆封,宣读投标人名称、投标价格和投标文件的其他主要内容。所有在投标致函中提出的附加条件、补充声明、优惠条件、替代方案等均应宣读。开标过程应当记录,并存档备查。开标后,任何投标人都不允许更改投标书的内容和报价,也不允许再增加优惠条件。投标书经启封后不得再更改评标和定标的办法。

2)评标

评标是对各投标书优劣进行评审,以便确定合格中标候选人。评标委员会负责评标工作。

评标应当按照招标文件确定的评标标准和方法,按照平等竞争、公正合理的原则,对投标人的报价、施工方案或组织设计、工期、质量等方面进行综合评比和比较。

3)定标

中标人确定后,招标人向中标人发出中标通知书,同时将中标结果通知所有未中标的投标人并退还未中标的投标人的投标保证金或保函。经审查后,招标人与中标人应当自中标通知书发出之日起 30 天内,按照招标文件和中标人的投标文件正式签订书面合同。依法必须进行招标的项目,招标人应当自确定中标人之日起 15 天内,向有关行政监督部门提交招标投标情况的书面报告。

4)签订合同

中标通知书发出后,招标人和中标人应当自中标通知书发出之日起 30 日内,按照招标文件和中标人的投标文件订立书面合同。中标人应当按照合同约定履行义务,完成中标项目。

[课堂互动]

微课:必须招标的工程建设项目
1. 依法必须招标的工程建设项目包括哪几类? 其规模是如何规定的?
2. 招标人可以选择哪些方式进行招标? 工程建设项目招标可以划分为几个阶段?

任务 3.2　工程招标文件的编制

3.2.1　工程招标标准文件

招标文件是招标人向投标人发出的旨在向其提供为编写投标文件所需的资料,并向其通报招标投标将依据的规则、标准、方法和程序等内容的书面文件。采用标准招标文件已成为国际招投标活动的惯例和要求。如世界银行就强制要求其贷款项目采用世界银行编制的标准招标文件和评标报告格式。由于工程建设的复杂性,世行现行的标准文件版本多达 24 种。

为了规范国内工程招标文件编制活动,促进招标投标活动的公开、公平和公正,国家发改委和有关主管部门联合或单独订和发布了有关工程标准招标文件。各地方政府结合当地实际,也出台了各类工程招标标准文件。在工程建设领域,采用标准招标文件编制招标文件是招标工作的必然。国内房屋建筑工程所使用的主要标准招标文件有以下几种:

(1)标准施工招标文件(2007 年版)

1)编制、发布的主体和时间

《中华人民共和国标准施工招标文件》(2007 年版),是国家发改委等九部委联合编制,2007 年 7 月 1 日以第 56 号令发布的,自 2008 年 5 月 1 日起施行的标准施工招标文件。标准施工招标文件在政府投资项目中试行,国务院有关部门和地方人民政府有关部门可选择若干政府投资项目作为试点。

2)使用要求

国务院有关行业主管部门可根据《标准施工招标文件》,并结合本行业施工招标特点和管理需要,编制行业标准施工招标文件。行业标准施工招标文件和试点项目招标人编制的施工招标资格预审文件、施工招标文件,应不加修改地引用《标准施工招标资格预审文件》中的"申请人须知"(申请人须知前附表除外)、"资格审查办法"(资格审查办法前附表除外)以及《标准施工招标文件》中的"投标人须知"(投标人须知前附表和其他附表除外)、"评标办法"(评标办法前附表除外)、"通用合同条款"。

3)适用范围

《标准施工招标文件》适用于一定规模以上,且设计和施工不是由同一承包商承担的工程施工招标。

(2)房屋建筑和市政工程标准施工招标文件(2010年版)

1)编制、发布主体和时间

《中华人民共和国房屋建筑和市政工程标准施工招标文件》(2010年版简称"行业标准施工招标文件"),是国家住房和城乡建设部编制,2010年6月9日以建市〔2010〕88号文发布并于发布之日起施行的标准招标文件。

2)使用要求

"行业标准施工招标文件"是《标准施工招标文件》(国家发展和改革委员会、财政部、原建设部等九部委56号令发布)的配套文件。《标准施工招标文件》第二章"投标人须知"和第三章"评标办法"正文部分以及第四章第一节"通用合同条款"是《行业标准施工招标文件》的组成部分。《行业标准施工招标文件》的第二章"投标人须知"、第三章"评标办法"正文部分以及第四章第一节"通用合同条款"均直接引用《标准施工招标文件》相同序号的章节。

3)适用范围

它适用于一定规模以上,且设计和施工不是由同一承包人承担的房屋建筑和市政工程施工招标。

(3)标准招标文件(2012年版)

1)编制、发布主体和时间

《中华人民共和国简明标准施工招标文件》(2012年版)和《中华人民共和国标准设计施工总承包招标文件》(2012年版)(以下简称"标准招标文件"),是国家发改委等九部委为落实中央关于建立工程建设领域突出问题专项治理长效机制的要求,进一步完善招标文件编制规则,提高招标文件编制质量,促进招标投标活动的公开、公平和公正联合编制,2011年12月20日以发改法规〔2011〕3018号发布,自2012年5月1日起实施。

2)使用要求

国务院有关行业主管部门可根据本行业招标特点和管理需要作出的补充规定并细化、修改有关内容,但《标准招标文件》中的"投标人须知"(投标人须知前附表和其他附表除外)、"评标办法"(评标办法前附表除外)、"通用合同条款",应当不加修改地引用。

3)适用范围

依法必须进行招标的工程建设项目,工期不超过12个月、技术相对简单,且设计和施工不是由同一承包人承担的小型项目,其施工招标文件应当根据《简明标准施工招标文件》编制;

设计施工一体化的总承包项目，其招标文件应当根据《标准设计施工总承包招标文件》编制。

特别指出，工程建设项目是指工程以及与工程建设有关的货物和服务。

（4）地方标准招标文件（2019年版）

以广西壮族自治区房屋建筑和市政工程所使用的标准文件为例。

1）文件出台的必要性。

①电子化招投标发展的需要。从2013年开始，广西壮族自治区住建厅发布第一本施工招标文件范本，并一直在致力于推动招标投标的标准化、规范化、信息化工作。2019年5月1日，广西壮族自治区全区14个市已经全面推行房屋建筑和市政工程施工电子化招投标。因此，有必要出台新版的施工招标文件范本，全部按照电子化的模式实施招标投标，不再区分纸质标和电子标。

②扶持中小型建筑业企业发展的需要。近年来，因在施工招标文件范本启用了诚信分，对鼓励自治区内大型建筑业企业创先争优起到良好的效果，广西壮族自治区建筑业企业获得国家级奖项的数量屡创新高，大企业的规模也快速扩张，但是也使得大量中小型建筑业企业在市场竞争中处于劣势，不利于广西壮族自治区建筑业的持续健康发展，因此很有必要在范本中对中小型项目设置针对性的评标办法，既扶强扶优，也支持中小型建筑业企业承揽工程。

③规范招标投标活动的需要。一是适应新的法律法规。上一版施工招标文件范本于2017年发布。近3年，大量涉及招投标的法律法规进行了修订，包括《招标公告和公示信息发布管理办法》（国家发展改革委第10号令）、《必须招标的工程项目规定》（国家发展改革委第16号令）和《房屋建筑和市政基础设施工程施工招标投标管理办法》（根据2018年9月28日住房和城乡建设部令第43号修正）等，广西壮族自治区区住建厅也出台了《广西壮族自治区建筑业企业诚信综合评价办法（试行）》（桂建发〔2017〕17号）、《关于简化优化自治区本级房屋建筑和市政基础设施工程招标投标流程有关工作的通知》（桂建发〔2018〕17号）等文件，并计划对诚信卡的使用进行调整，所以很有必要配合出台新的施工招标文件范本。二是防范围标串标。虽然电子化招标投标有效地遏制了围标串标，但是围标串标现象仍然时有发生，因此要采取更多的措施防范围标串标现象。

2）适用范围

《广西壮族自治区房屋建筑和市政工程施工招标文件范本（2019年版）》（以下简称《施工招标文件范本（2019年版）》），适用于广西壮族自治区行政区域内设计和施工不是由同一承包商承担的依法必须进行招标的房屋建筑和市政基础设施工程的施工招标。文中所述"投标文件"即指"电子投标文件"。电子投标文件是投标人应用广西电子招标投标系统兼容的投标文件制作软件，根据招标文件要求编制完成的投标文件。

3）使用要求

《施工招标文件范本（2019年版）》用相同序号标示的章、节、条、款、项、目，供招标人和投标人选择使用；以空格标示的位置，由招标人根据国家和地方有关法律法规的规定以及招标项目具体特点和实际需要填写具体内容，空格后以括号标示的选择性内容，也由招标人根据提示内容填写，确实没有需要填写的，在空格中用"／"标示；在选择项中，招标人可结合实际情况在选择的"□"里打"√"；其余内容应不加修改直接引用。

[课堂互动]

微课:工程施工招标标准文件

1. 什么是工程施工招标标准文件?

2. 国内房屋建筑工程所使用的主要标准招标文件有哪些?

3. 国家招标文件及有关规范为什么要不断更新?

3.2.2　工程招标文件的构成

工程招标文件既是投标人编制投标文件的依据,也是评标委员会对投标文件进行评审的依据,还是招标人与中标人签订合同的基础。因此,工程招标文件是工程招投标活动中重要的法律文件,招标人必须依法并应当根据招标项目的特点和需要编制招标文件。

(1)工程招标文件的组成

工程招标文件应当包括招标项目的技术要求、对投标人资格审查的标准、投标报价要求和评标标准等所有实质性要求和条件以及拟签订合同的主要条款。对于不同类型项目的招标文件的内容构成,有关部委又结合行业的具体特点进行了一些特殊规定。对于工程施工项目的招标文件,《工程建设项目施工招标投标办法》规定,招标文件一般包括下列内容:

①招标公告或投标邀请书。

②投标人须知。

③合同主要条款。

④投标文件格式。

⑤采用工程量清单招标的,应当提供工程量清单。

⑥技术条款。

⑦设计图纸。

⑧评标标准和方法。

⑨投标辅助材料。

招标人应当在招标文件中规定实质性要求和条件,并用醒目的方式标明。

(2)工程施工招标文件的主要内容

1)招标公告或投标邀请书

招标公告是公开招标未进行资格预审时使用,投标邀请书是公开招标通过资格预审后使用或邀请招标时使用。一般应载明如下内容:

①招标人的名称、地址,委托代理机构进行招标的,还应注明该机构的名称和地址。

②招标项目的内容、规模、资金来源。

③招标项目的实施地点和工期。

④获取招标文件或者资格预审文件的地点和时间。

⑤对招标文件或者资格预审文件收取的费用。

⑥对投标人的资质等级的要求。投标人须具备规定的资质和一定的业绩,并在人员、设备、资金等方面具有相应的施工能力。

招标公告或邀请招标投标邀请书的格式参见模块二的资格预审公告。已通过资格预审的投标邀请书格式见表3.2。

表 3.2　投标邀请书（代资格预审通过通知书）格式

```
　　　　　　　　　　　　（项目名称）　　　　　　　标段施工投标邀请书
　　　　　　　　（被邀请单位名称）：
　　你单位已通过资格预审,现邀请你单位按招标文件规定的内容,参加　　　　　（项目名称）　　　　　
标段施工投标。
　　请你单位于　　　年　　月　　日至　　　　年　　月　　日(法定公休日、法定节假日除外),每日
上午　　时至　　时,下午　　时至　　时(北京时间,下同),在　　　　　　(详细地址)持本投标邀请
书购买招标文件。
　　招标文件每套售价为　　　元,售后不退。图纸押金　　　元,在退还图纸时退还(不计利息)。邮购
招标文件的,需另加手续费(含邮费)　　　元。招标人在收到邮购款(含手续费)后　　　日内寄送。
　　递交投标文件的截止时间(投标截止时间,下同)为　　　年　　月　　日　　时　　分,地
点为　　　　　　。
　　逾期送达或者未送达指定地点的投标文件,招标人不予受理。
　　你单位收到本投标邀请书后,请于　　　　(具体时间)前以传真或快递方式予以确认。
　　招 标 人:　　　　　　　　　　　　招标代理机构:　　　　　　　
　　地　　址:　　　　　　　　　　　　地　　址:　　　　　　　
　　邮　　编:　　　　　　　　　　　　邮　　编:　　　　　　　
　　联 系 人:　　　　　　　　　　　　联 系 人:　　　　　　　
　　电　　话:　　　　　　　　　　　　电　　话:　　　　　　　
　　传　　真:　　　　　　　　　　　　传　　真:　　　　　　　
　　电子邮件:　　　　　　　　　　　　电子邮件:　　　　　　　
　　网　　址:　　　　　　　　　　　　网　　址:　　　　　　　
　　开户银行:　　　　　　　　　　　　开户银行:　　　　　　　
　　账　　号:　　　　　　　　　　　　账　　号:　　　　　　　

　　　　　　　　　　　　　　　　　　　　　　　　　　　年　　月　　日
```

2）投标人须知

投标人须知包括投标人须知前附表、投标人须知正文部分和投标人须知附件（表）三部分。它是针对招投标活动的程序性、时限性,以及与招标投标有关的事项进行界定,是招标投标活动应遵循的程序规则,并作为整部招标文件各组成部分的基础性文件,相当于整部招标文件的"总则"。

投标人须知前附表是通过表格的形式,列出正文部分的主要条款和要求,是对招投标活动中的重要事项起到强调和提醒作用。参考格式见表 3.3。

表 3.3　投标人须知前附表（广西房屋建筑和市政工程施工招标文件范本（2019 年版）参考格式

条款号	条款名称	编列内容
1.1.2	招标人	名称:　　地址:　　联系人:　　电话:　　电子邮箱:
1.1.3	招标代理机构	名称:　　地址:　　联系人:　　电话:　　电子邮箱:
1.1.4	项目名称及项目招标编号	
1.1.5	建设地点	

条款号	条款名称	编列内容
1.2.1	资金来源	
1.2.2	出资比例	
1.2.3	资金落实情况	
1.2.4	本工程增值税计税方法	□一般计税法　□简易计税法 【备注:根据《关于全面推开营业税改征增值税试点的通知》(财税〔2016〕36号)、《关于建筑服务等营改增试点政策的通知》(财税〔2017〕58号)文件规定选择】
1.3.1	招标范围	
1.3.2	要求工期	要求工期:_____日历天 定额工期:_____日历天【备注:建筑安装工程定额工期应按《建筑安装工程工期定额(TY01—89—2016)》确定,工期压缩时,宜组织专家论证,且在招标工程量清单中增设提前竣工(赶工补偿)费项目清单】 计划开工日期:_____年___月___日 计划竣工日期:_____年___月___日 除上述总工期外,发包人还要求以下区段工期: _____(此项可选)。 有关工期的详细要求见第七章"技术标准和要求"
1.3.3	质量要求	质量标准:
1.4.1	投标人资质条件、能力、诚信要求	(1)资质条件: (2)财务要求:_____年至_____年经审计的财务报表(以广西建筑业企业诚信信息库为准)【备注:对于从取得营业执照时间起到投标截止时间为止不足要求年数的企业,只需提交企业取得营业执照年份至所要求最近年份经审计的财务报表】 (3)业绩要求:_____年___月至投标截止日期止企业: □完成过质量合格的类似工程项目(已竣工工程业绩以广西建筑业企业诚信信息库为准) □承接过类似工程项目(在投标文件组成的"业绩(在建工程)"节点上传相关证明材料的原件扫描件)。(此项可选) (4)诚信要求:根据最高人民法院等9部门《关于在招标投标活动中对失信被执行人实施联合惩戒的通知》(法〔2016〕285号)规定,投标人不得为失信被执行人(以评标阶段通过"信用中国"网站(www.creditchina.gov.cn)查询的结果为准); 根据《广西壮族自治区建筑市场主体"黑名单"管理办法(试行)》(桂建发【2018】5号)规定,投标人不得为建筑市场主体"黑名单"(以评标阶段通过建筑市场监管与诚信信息一体化平台查询的结果为准)【备注:此款可由招标人自主选择,如不采用,须向本项目招标的监督部门说明理由】。

续表

条款号	条款名称	编列内容
1.4.1	投标人资质条件、能力、诚信要求	投标人企业和拟投入项目经理及专职安全员的广西建筑市场诚信信息未被锁定。 (5)项目经理资格：＿＿＿＿＿专业＿＿＿级以上(含本级)注册建造师执业资格,已录入广西建筑业企业诚信信息库并处于有效状态,具备有效的安全生产考核合格证书(B类)。本项目不接受有在建、已中标未开工或已列为其他项目中标候选人第一名的建造师作为项目经理(符合《广西壮族自治区建筑市场诚信卡管理暂行办法》第十六条第一款除外)。 (6)专职安全员要求:专职安全员须已录入广西建筑业企业诚信信息库并处于有效状态,具备有效的安全生产考核合格证书(C类),人数符合住房和城乡建设部《建筑施工企业安全生产管理机构设置及专职安全生产管理人员配备办法》(建质〔2008〕91号)的规定不少于＿＿＿人。 *【备注:以上条件要求的投标人信息,如无特别出处要求的,一律以广西建筑业企业诚信信息库通过审核的信息为准】 (7)其他要求:
1.4.2	是否接受联合体投标	□不接受　□接受
1.9.1	踏勘现场	不组织
1.10	投标预备会	不召开
1.11	分　包	□不允许 □允许,分包内容要求: 　　　分包金额要求: 　　　接受分包的第三人资质要求:
1.12	偏　离	不允许
2.1.1(10)	构成招标文件的其他材料	招标文件的澄清、修改、补充通知等内容
2.2.1	投标人对招标文件提出异议的截止时间	投标截止时间10日前。投标人不在规定期限内提出,招标人有权不予答复,或答复后投标截止时间由招标人确定是否顺延。 澄清和答复须通过广西电子招标投标系统进行。
2.2.2	投标截止时间	＿＿＿＿年＿＿＿月＿＿＿日＿＿＿时＿＿＿分
2.2.2	招标文件澄清发布方式	在发布媒介上发布
2.2.3	投标人确认收到澄清的方式	澄清文件在本章第2.2.2款规定的网站上发布之日起,视为投标人已收到该澄清。投标人未及时关注招标人在网站上发布的澄清文件造成的损失,由投标人自行负责。

条款号	条款名称	编列内容
3.1.1	构成投标文件的材料 【备注:右栏招标人可根据需要进行增减】	投标文件的组成部分:资格审查部分、商务标部分、技术标部分组成 资格审查部分【备注:以下扫描件均为原件的扫描件】: (1)投标人基本情况表(附已录入广西建筑业企业诚信信息库的有效的企业营业执照副本、企业资质证书副本和安全生产许可证副本等的原件扫描件); (2)联合体投标协议书(如有); (3)投标保证金的转帐(或电汇)底单(可提供底单原件或网上银行电子回执单)或银行保函(工程担保或工程保证保险)扫描件,投标人的基本账户开户许可证的原件扫描件; (4)建设工程项目管理承诺书; (5)项目经理简历表(附已录入广西建筑业企业诚信信息库的项目经理注册建造师执业资格证书和安全生产考核合格证书(B类)的扫描件); (6)项目技术负责人简历表(附已录入广西建筑业企业诚信信息库的职称证书的扫描件); (7)已录入广西建筑业企业诚信信息库的安全员的安全生产考核合格证书(C类)的扫描件; (8)已录入广西建筑业企业诚信信息库的专职投标员、项目经理、技术负责人和主要管理人员近3个月(____年____月至_____年____月)(从取得营业执照时间起到投标截止时间为止不足要求月数的只需提供从取得营业执照起的证明材料)在现任职单位依法缴纳社会保险证明材料的扫描件; (9)资格审查需要的其他材料:项目管理机构配备情况表、拟投入施工机械设备情况表、企业_____年____月至投标截止日期止已完成类似项目一览表(如有)、企业诚信情况一览表(如有)、企业_____年至_____年财务状况表、企业_____年____月至投标截止日期止发生的诉讼和仲裁情况(如有)等。 商务标部分: (1)投标函; (2)投标函附录; (3)投标报价表; (4)已标价工程量清单。 技术标部分: (1)施工组织设计; (2)拟分包计划表; (3)项目管理机构。

续表

条款号	条款名称	编列内容
3.1.4	近年财务状况的年份要求	指_____年度、_____年度和_____年度,(对于从取得营业执照时间起到投标截止时间为止不足要求年数的企业,只需提交企业取得营业执照年份至所要求最近年份经审计的财务报表)。
	近年完成的类似项目的年份要求	_____年___月至投标截止日期止,指项目竣工时间至投标截止时间止不超过___年
	近年发生的诉讼及仲裁情况的年份要求	_____年___月至投标截止日期止,指诉讼及仲裁判决时间至投标截止时间止不超过___年
3.3.1	投标有效期	□45 天　□60 天　□90 天
3.4.1	投标保证金	投标保证金的形式:银行转账、电汇或网上支付、银行保函、工程担保、工程保证保险。禁止采用现钞交纳方式。 【备注:严禁要求投标人只能以现金方式提交保证金的行为。采用银行保函、工程担保或工程保证保险方式的,必须为无条件保函,保函有效期不得低于投标有效期。】 投标保证金的金额:_____万元【备注:不得超过项目估算价的 2% ,且最多不超过 50 万元】 递交方式: (1)使用银行转账时投标保证金必须从投标人的基本账户汇到以下指定的投标保证金专用账户,否则投标无效。 (2)投标人使用银行保函(工程担保保函或工程保证保险)时,投标人将保函(或保险)原件电子扫描件作为投标文件的组成部分同步上传至广西电子招标投标系统,否则投标无效。在投标时间截止时间前,投标人在开标现场递交保函(或保险)原件,由招标人核验保函信息,确认保函(或保险)是否有效后交由招标人或当地交易中心管理,保函(或保险)原件无效的或未能在投标截止时间前现场提交的,其投标无效。 (3)投标保证金不足额缴纳的,或银行保函(工程担保保函或工程保证保险)额度不足的,其投标无效。 账户名称: 开户银行: 银行账号:
3.5	是否允许提交备选投标方案	不允许
3.6.3	签字和(或)盖章要求	电子投标文件由投标人在招标文件规定的投标文件相关位置加盖投标人法人单位及法定代表人电子印章。投标文件未经投标人单位或法定代表人加盖电子印章的,均作否决投标处理。

条款号	条款名称	编列内容
3.6.4	投标文件副本份数	无
3.6.5	投标文件装订要求	无
3.6.6	投标文件编制的其他要求	
4.2.1	未加密的电子投标文件光盘包装、密封【备注:右栏内容招标人可根据项目实际情况需要增减】	未加密的电子投标文件光盘密封方式:单独放入一个密封袋中,加贴封条,并在封套封口处加盖投标人单位章,在封套上标记"电子投标文件"字样,在投标截止前提交。
4.2.2	未加密的电子投标文件光盘密封封套上写明【备注:右栏内容招标人可根据项目实际情况需要增减】	项目招标编号: 招标人的地址: 招标人名称: 标段(如有多个标段时): _____(项目名称)投标文件 投标人地址: 投标人名称: 在____年___月___日___时___分前不得开启
4.3.2	递交投标文件地点	电子投标文件由各投标人在投标时间截止前自行在广西电子招标投标系统上传; 未加密的电子投标文件光盘现场提交地点: ____当地交易中心____。
4.3.3	是否退还投标文件	否
5.1	开标时间和地点	开标时间:同投标截止时间 开标地点:当地交易中心
5.2	开标程序	见正文5.2条
6.1.1	评标委员会的组建	评标委员会构成:_____人,其中招标人代表_____人【要求详见本表后的备注】,专家_____人。 评标专家分工:不分技术、经济类(经济类评委人数不能多于2人)。 评标专家确定方式:___随机抽取。___
6.3	评标方式	□经评审的合理低价法 □综合评估法
6.5	评标资料封存方式【备注:由当地招投标监督管理部门确定】	□在交易中心封存 □当地招投标监督管理部门封存
6.5.1(3)	封存的其他材料	
6.6.1	中标候选人公示的媒介	在发布媒介上公示

续表

条款号	条款名称	编列内容
6.7	履约能力审查的标准和方法	在中标通知书发出前,中标候选人不得有以下情形: (1)被吊销营业执照 (2)进入破产程序 (3)其他:_____
7.1	是否授权评标委员会确定中标人	□是 □否,推荐的中标候选人数:_____
7.3.1	履约保证金	□是 履约保证金的形式:可以采用现金、银行保函、工程担保或保证保险等形式【备注:严禁要求中标人只能以现金方式提交保证金的行为,严禁现金形式缴纳的额度与其他形式不一致】 履约保证金的金额:_____万元【备注:上限为合同价款扣除发包人材料价款、暂估专业工程、暂列金额后的10%】 投标人在收到中标通知书后,须在 日内向招标人足额提交履约保证金,否则招标人可以取消其中标资格【备注:此处约定应与合同专用条款第3.7条一致】。 □否
10. 需要补充的其他内容		
10.1 词语定义		
10.1.1	类似项目	类似项目是指:
10.1.2	不良行为记录	不良行为记录是指:
10.1.3	发布媒介	发布媒介是指招标公告规定的发布招标公告、招标文件澄清、评标结果公示、中标公告等信息的媒(体)介。按照招标公告规定还需在其他媒介上公示的,发布内容、发布期限应以法规指定媒介发布的为准。【备注:对于依法必须招标的项目和公共资源配置领域工程建设项目招标投标领域的中标候选人公示的指定媒介即优先公开载体均为广西壮族自治区招标投标公共服务平台,属于政府采购项目的还应按政府采购法信息发布的要求执行】
10.2 招标控制价		
	招标控制价	□设招标控制价【备注:政府及国有资金投资的工程建设项目招标,招标人必须勾选】 □不设招标控制价
10.3 技术标评审方式		
	施工组织设计采用"暗标"评审方式 拟分包计划表、项目管理机构采用"明标"评审方式	投标人应严格按照第八章"投标文件格式"中"施工组织设计(暗标)编制要求"编制施工组织设计。

续表

条款号	条款名称	编列内容
10.4	电子投标文件	
	投标人提交电子投标文件的要求【备注:右栏内容可由招标人根据招投标监督管理部门的要求修改,并应与4.1.2条内容一致】	电子投标文件格式: 加密格式(＊.GXTF)、未加密格式(＊.NGXTF) 投标人登录广西电子招标投标系统上传加密的电子投标文件,并在开标时提交刻录成光盘的未加密电子投标文件(与加密的电子投标文件为同时生成的版本)。投标人专职投标员必须携带生成投标文件时所使用的企业CA锁参加开标,现场对电子投标文件进行解密,否则,由此造成投标文件不能解密评审的后果由投标人自行承担。 未加密的电子投标文件光盘密封方式:单独放入一个密封袋中,加贴封条,并在封套封口处加盖投标人单位章,在封套上标记"电子投标文件"字样,在投标截止前提交。
10.5	知识产权	
		构成本招标文件各个组成部分的文件,未经招标人书面同意,投标人不得擅自复印和用于非本招标项目所需的其他目的。招标人全部或者部分使用未中标人投标文件中的技术成果或技术方案时,需征得其书面同意,并不得擅自复印或提供给第三人。
10.6	重新招标的其他情形	
		除投标人须知正文第8条规定的情形外,除非已经产生中标候选人,在投标有效期内同意延长投标有效期的投标人少于三个的,招标人在分析招标失败的原因并采取相应措施后,应当依法重新招标。
10.7	同义词语	
		构成招标文件组成部分的"通用合同条款""专用合同条款""技术标准和要求"和"工程量清单"等章节中出现的措辞"发包人"和"承包人",在招标投标阶段应当分别按"招标人"和"投标人"进行理解。
10.8	监督	
		本项目的招标投标活动及其相关当事人应当接受有管辖权的建设工程招标投标行政监督部门依法实施的监督,如项目属于公共资源范围,应同时接受本级公共资源交易监督机构的监管。
10.9	解释权	
		构成本招标文件的各个组成文件应互为解释,互为说明;如有不明确或不一致,构成合同文件组成内容的,以合同文件约定内容为准,且以专用合同条款约定的合同文件优先顺序解释;除招标文件中有特别规定外,仅适用于招标投标阶段的规定,按招标补遗或澄清文件、招标公告(投标邀请书)、投标人须知、评标办法、投标文件格式的先后顺序解释;同一组成文件中就同一事项的规定或约定不一致的,以编排顺序在后者为准;同一组成文件不同版本之间有不一致的,以形成时间在后者为准;补遗或澄清文件与同步更新的招标文件不一致时以补遗或澄清文件为准。按本款前述规定仍不能形成结论的,由招标人负责解释。

续表

条款号	条款名称	编列内容
10.10	招标人补充的其他内容	
10.10.1	招标代理服务费的计算与收取	□招标人支付【备注:国有投资和使用国有资金的项目在建设项目费用组成中已包含招标代理服务费的,应选择由招标人支付】 □中标人支付。具体为:根据招标人与代理人签订的《建设工程招标代理合同》,本项目委托招标代理服务费按____计取,由中标人在领取中标通知书时,一次性向招标代理机构支付。
10.10.2	勘察单位:	设计单位:

投标人须知正文通常包括总则、招标文件、投标文件、投标、开标、评标、合同授予和其他。

①总则:说明项目概况、资金来源和落实情况、招标范围、标段划分、工期和质量要求、投标人资格要求、费用承担、保密、语言文字、计量单位、踏勘现场、投标答疑等。

②招标文件:对招标文件的组成、澄清和修改进行说明。

③投标文件:说明投标文件的组成、投标报价的规定、明确投标有效期、投标保证金、资格审查需提交资料、投标文件的编制要求。

④投标:对投标文件的密封和编制、递交、修改与撤回所作的规定。

⑤开标:明确开标时间和地点、开标程序以及对开标异议处理的规定。

⑥评标:说明评标委员会的组成、评标原则以及评标依据。

⑦合同授予:明确定标方式、中标候选人公示媒介、中标通知的发出时间和方式、履约保证金的规定以及签订合同的程序。

⑧其他:包括对参与招投标活动的有关单位和人员作出的纪律要求、投诉的渠道,以及采用电子招标投标,对投标文件的具体要求等。

投标人须知附件(表),是对招投标活动过程文件的格式约定,包括开标记录表、问题澄清通知、问题的澄清、中标通知书、中标结果通知书、确认通知,以及电子投标文件编制及报送要求等。详见模块5。

(3)编制招标文件应注意的事项

招标文件的编制,不是套用标准文件直接生成这么简单。招标文件编制不妥,轻则使投标人产生错误理解,提出质疑,或者投标文件在唱标阶段就被废标了;重则使评标委员会确定不了中标人,出现流标现象,甚至招标文件违法遭投诉而中(终)止招标活动。因此,招标人必须认真编制招标文件。

招标文件应该由具有精通法规、经济和工程管理的专业管理人员和熟悉所要进行的招标工程的专业技术人员共同编制,并且最好由具有恰当资格的评标专家进行审查。实践中,编制招标文件应注意以下事项:

①慎重确定资格条件。如企业注册资本,不应在资格条件中明确提出,否则,如与企业资质等级规定不一致,就会造成被动,甚至成为歧视条款。严重的,可能违反《中小企业促进法》

的有关扶持中小企业发展的规定。

②用醒目的方式加黑标明招标文件的实质性要求和条件。实质性要求就是要求投标文件必须与招标文件的要求相符，无显著差异或保留。

③招标文件不得含有倾向性或排斥潜在投标人的内容。如不能在招标文件的各项技术标准中标明某一特定的专利、商标、名称、设计、原产地或生产供应者等。

④招标人不能以不合理的工期限制、质量标准排斥投标人或潜在投标人。招标计划工期具有合同约束力，应按国家规定的工期定额计算，且与定额工期基本一致，一般不低于定额工期的85%。质量要求同样具有合同约束力，是承包合同的实质性内容。按照《建筑工程施工质量验收统一标准》(GB 50300—2001)的约定，建设工程质量标准只有"合格"，没有"优良"。

⑤招标文件必须明确地阐明评标的标准和方法，同时，一份具体的评标办法还要界定评审内容、评审程序、评审条件等诸多内容。招标文件未载明评标的具体标准和方法的，或者评标委员会使用与招标文件规定不一致的评标标准和方法的，评标结果无效，应当依法重新评标或者重新招标。

⑥废标条款设立要明确、清晰。废标条件的界定应当做到内容清楚、准确、完整，避免出现理解上的偏差；应符合现行法律、法规的规定，严禁针对某一投标人的特点采取"量体裁衣"等手法确定评标的标准和方法，要求过于苛刻会背离招投标活动的主旨。

⑦招标文件各项条款应做到前后一致。招标文件应尽量避免出现失误甚至重大失误，否则，会致使无法评标或带着瑕疵去评标，以及为中标人今后履行合同时带来潜在的纠纷风险。

[课程育人]

简单说明投标人须知前附表的作用。为什么招标文件需要按表格认真填写？同学们应该养成怎样的学习和工作态度？

任务 3.3　工程招标控制价的编制

3.3.1　招标控制价的编制依据和原则

(1)招标控制价的概念

招标控制价是招标人根据国家或省级、行业建设主管部门颁发的有关计价依据和办法，按设计施工图纸计算的对招标工程限定的最高工程造价。有的地方亦称拦标价、预算控制价或最高报价等。

(2)招标控制价的编制依据和计价特点

1)招标控制价的编制依据

①《建设工程工程量清单计价规范》。

②国家或省级、行业建设主管部门颁发的计价定额和计价办法。

③建设工程设计文件及相关资料。

④拟定的招标文件及招标工程量清单。

⑤与建设项目相关的标准、规范、技术资料。

⑥施工现场情况、工程特点及常规施工方案。

⑦工程造价管理机构发布的工程造价信息,工程造价信息没有发布的,参照市场价。

⑧其他的相关资料。

2)招标控制价的计价特点

编制招标控制价时,既要遵守计价规定,又要体现招标控制价的计价特点:

①使用的计价标准、计价政策应是国家或省级、行业建设主管部门颁布的计价定额和相关政策规定。

②采用的材料价格应是工程造价管理机构通过工程造价信息发布材料单价,工程造价信息未发布材料单价的材料,其材料价格应通过市场调查确定。

③国家或省级、行业建设主管部门对工程造价计价中费用或费用标准有政策规定的,应按政策规定执行。费用或费用标准的政策规定有幅度的,应按幅度的上限执行。

(3)招标控制价的编制原则

1)实行审批制度原则

我国对国有资金投资项目的投资控制实行的是投标概算审批控制制度,国有资金投资的工程其投资原则上不能超过批准的投资概算。当招标人编制的招标控制价超过批准的概算时,招标人应将超过概算的招标控制价报原概算审批部门进行审批。

2)国有投资必须编制原则

国有资金投资的工程在进行招标时,根据《招标投标法》的规定,招标人可以设标底。当招标人不设标底时,为有利于客观、合理地评审投标标价和避免哄抬标价,造成国有资产流失,招标人必须编制招标控制价。

3)不能超过预算的原则

国有资金投资的工程,招标人编制并公开的招标控制价相当于招标人的采购预算,同时要求其不能超过批准的概算,因此,招标控制价是招标人在工程招标时能接受投标人报价的最高限价。国有资金中的财政性资金投资的工程在招投标时还应符合《政府采购法》相关条款的规定,其第36条规定:"在招标采购中,出现下列情形之一的,应予废标……(三)投标人的报价均超过了采购预算,采购人不能支付的。"

4)公开原则

招标控制价的作用决定了招标控制价不同于标底,无须保密。为体现招标的公平、公正,防止招标人有意抬高或压低工程造价,招标人应在招标文件中如实公布招标控制价,不得对所编制的招标控制价进行上浮或下调。同时,招标人应将招标控制价报工程所在地的工程造价管理机构备查。

(4)招标控制价的编制人

招标控制价由具有编制能力的招标人负责编制,当招标人不具备编制招标控制价的能力时,应委托具有相应资质的工程造价咨询人编制招标控制价。根据《工程造价咨询企业管理办法》(建设部令第149号)的规定,工程造价咨询人应在其资质许可的范围内接受招标人的委托,编制招标控制价。工程造价咨询人不得同时接受招标人和投标人对同一工程的招标控制价和投标报价的编制。

3.3.2　招标控制价的编制内容

招标控制价由分部分项工程费、措施项目费、其他项目费、税前项目费(广西特有)、规费和税金组成。

(1)分部分项工程费

分部分项工程费是根据招标文件中的分部分项工程量清单项目的特征描述及有关要求,按规定确定综合单价计算的费用。构成一个分部分项工程量清单的 5 个要件——项目编码、项目名称、计量单位、工程量和项目特征,这 5 个要件在分部分项工程量清单的组成中缺一不可,俗称"五统一"。

综合单价,是对完成一个规定计量单位的分部分项清单项目、措施清单项目所需的人工费、材料费、施工机械使用费、企业管理费、利润以及包含一定范围的风险因素的价格表示。

分部分项工程费应根据招标文件中分部分项工程量清单项目的特征描述及有关要求按规定确定综合单价和规定的工程量计算。综合单价中应包括招标文件要求投标人承担的风险费用。招标文件提供了暂估单价的材料,按暂估的单价计入综合单价。

采用的工程量,应是依据分部分项工程量清单中的提供的工程量。综合单价的组成内容是完成一个规定计量单位的分部分项工程量清单项目所需的人工费、材料费、施工机械使用费和企业管理与利润,以及招标文件确定范围内的风险因素费用;招标人提供了有暂估单价的材料,应按暂定的单价计入综合单价;综合单价中应包括招标文件中招标人要求投标人所承担的风险内容及其范围(幅度)产生的风险费用。

(2)措施项目费

"措施项目"是实行工程量清单计价时相对于工程实体的分部分项工程项目而言,对实际施工中为完成工程项目施工所必须发生的施工准备和施工过程中技术、生活、安全、环境保护等方面的非工程实体项目的总称。

广西的措施项目清单包括技术措施项目和其他措施项目。技术措施项目清单如:脚手架费、高层建筑增加费、混凝土、钢筋混凝土模板及支架费等;其他措施费如:环境保护费、文明施工费、安全施工费、临时设施费、雨季施工增加费、夜间施工增加费等。

(3)其他项目费

其他项目费包括:暂列金额、暂估价、计日工、总承包服务费。

①暂列金额:招标人在工程量清单中暂定并包括在合同价款中的一笔款项。用于施工合同签订时尚未确定或者不可预见的所需材料、设备、服务的采购,施工中可能发生的工程变更、合同约定调整因素出现时的工程价款调整及发生的索赔、现场签证确认等的费用。

②暂估价:为招标人在工程量清单中提供的用于支付必然发生但暂时不能确定价格的材料、工程设备的单价以及专业工程的金额。

③计日工:它是在施工过程中,承包人完成发包人提出的工程合同范围以外的零星项目或工作,按合同中约定的单价计价的一种方式。计日工是为了解决现场发生的对零星工作的计价而设立的。计日工对完成零星工作所消耗的人工工时、材料数量、机械台班进行计量,并按照计日工表中填报的适用项目的单价进行计价支付。

④总承包服务费:总承包人为配合协调发包人进行的工程分包自行采购的设备、材料等进

行管理、服务以及施工现场管理、竣工资料汇总整理等服务所需的费用。

（4）税前项目费

税前项目费，一般指补充定额中的项目或定额没有的项目，如铝合金门窗工程、玻璃幕墙工程等。招标人根据工程特点，对税前项目清单列项，遵循分部分项工程量清单的有关规定。

（5）规费

规费是指政府和有关权力部门规定必须缴纳的费用（简称"规费"），包括：工程排污费、社会保障费（养老保险费、失业保险费和医疗保险费等）、住房公积金、危险作业意外伤害保险费、工伤保险费。

（6）税金

税金指国家税法规定的应计入建筑安装工程造价内的营业税、城市维护建设税及教育附加费等。广西壮族自治区的税金是指五项税费，即营业税、城市维护建设税、教育费附加和地方教育费附加及广西防洪保安费等。

3.3.3 招标控制价的编制步骤和方法

（1）分部分项工程量清单与计价表的编制

分部分项工程综合单价＝人工费+材料费+机械使用费+管理费+利润。

1）确定计算基础

计算基础主要包括消耗量的指标和生产要素的单价。应根据拟定的施工方案确定完成清单项目需要消耗的各种人工、材料、机械台班的数量。计算时应采用国家、地区、行业定额，并通过调整来确定清单项目的人、材、机单位用量。各种人工、材料、机械台班的单价，则应根据询价的结果和市场行情综合确定。

2）计算工程内容的工程数量与清单单位的含量

每一项工程内容都应根据所选定额的工程量计算规则计算其工程数量，当定额的工程量计算规则与清单的工程量计算规则相一致时，可直接以工程量清单中的工程量作为工程内容的工程数量。

当采用清单单位含量计算人工费、材料费、机械使用费时，还需要计算每一计量单位的清单项目所分摊的工程内容的工程数量，即清单单位含量。

$$清单单位含量＝\frac{某工程内容的定额工程量}{清单工程量}$$

3）分部分项工程人工、材料、机械费用的计算

它是以完成每一计量单位的清单项目所需的人工、材料、机械用量为基础计算，即：

$$\genfrac{}{}{0pt}{}{每一计量单位清单项目}{某种资源的使用量}＝\genfrac{}{}{0pt}{}{该种资源的}{定额单位用量}\times\genfrac{}{}{0pt}{}{相应定额条目的}{清单单位含量}$$

再根据预先确定的各种生产要素的单位价格可计算出每一计量单位清单项目的分部分项工程的人工费、材料费与机械使用费。

$$人工费＝\genfrac{}{}{0pt}{}{完成单位清单项目}{所需工人的工日数量}\times 每工日的人工日工资单价$$

$$材料费 = \sum \begin{array}{c}完成单位清单项目所需\\各种材料、半成品的数量\end{array} \times 各种材料、半成品单价$$

$$机械使用费 = \sum \begin{array}{c}完成单位清单项目所需\\各种机械的台班数量\end{array} \times 各种机械的台班单价$$

4）计算综合单价

管理费和利润的计算可按照人工费、材料费、机械费之和按照一定的费率取费计算。

$$管理费 = (人工费 + 材料费 + 机械使用费) \times 管理费费率$$

$$利润 = (人工费 + 材料费 + 机械使用费 + 管理费) \times 利润率$$

将5项费用汇总之后，并考虑合理的风险后，即可得到分部分项工程量清单综合单价。

根据计算出的综合单价，可编制分部分项工程量清单与计价分析表，见表3.4。

表3.4　分部分项工程量清单与计价表

工程名称：××中学教师住宅工程　　　　　　　标段：　　　　　　　　　　第　页、共　页

序号	项目编码	项目名称	项目特征描述	计量单位	工程量	金额/元		
						综合单价	合价	其中：暂估价
			...					
			A.4 混凝土及钢筋混凝土工程					
6	010403001001	基础梁	C30 混凝土基础梁，梁底标高 -1.55 m，梁截面 300 mm×600 mm，250 mm×500 mm	m³	208	356.14	74 077	
7	010416001001	现浇混凝土钢筋	螺纹钢 Q235，Φ14	t	98	5 857.16	574 002	490 000
			...					
		分部小计					2 532 419	490 000
		合计					3 758 977	1 000 000

（2）措施项目费的编制

措施项目费应根据招标文件中的措施项目清单按规定计价。措施项目清单计价应根据拟建工程的施工组织设计，可以计算工程量的措施项目，应按分部分项工程量清单的方式采用综合单价计价；其余的措施可以"项"为单位的方式计价，应包括除规费、税金外的全部费用。措施项目清单中的安全文明施工费应按照国家或省级、行业建设主管部门的规定计价，不得作为竞争性费用。

凡可精确计量的措施清单项目宜采用综合单价方式计价，其余的措施清单项目采用以"项"为计量单位的方式计价。

1）按综合单价法计价

根据特征描述找到定额中与之相对应的项，单价汇总，计算管理费、风险费、利润，并进行单位换算。管理费、风险费、利润等费率参照地方政府推荐的费率。

2)以"项"为单位计价

根据《建筑安装工程费用项目组成》(建标〔2013〕44号)的措施项目费的计算方法编制措施项目费,如:安全文明施工费、夜间施工费、二次搬运费、冬雨季施工费、已完工程及设备保护费等根据计费基数乘以相应费率计算。计费基数应为定额人工费或(定额人工费+定额机械费),措施费费率参照地方政府推荐费率,也可由工程造价管理机构根据各专业工程特点和调查资料综合分析后确定。

(3)其他项目费的编制

①暂列金额应根据工程特点,按有关计价规定估算。在招标控制价中需估算一笔暂列金额。暂列金额可根据工程的复杂程度、设计深度、工程环境条件(包括地质、水文、气候条件等)进行估算,一般可按分部分项工程费的10%～15%作为参考。

②暂估价中的材料单价应根据工程造价信息或参照市场价格估算;暂估价中的专业工程金额应分不同专业,按有关计价规定估算;暂估价中的检验试验费应根据分部分项工程费和措施项目费合计数乘以规定的费率估算。

③计日工应根据工程特点和有关计价依据计算。计日工包括计日工人工、材料和施工机械费用。计日工综合单价应含管理费、利润,但不含规费、税金。在编制招标控制价时,对计日工中的人工单价和施工机械台班单价按自治区建设主管部门或其授权的工程造价管理机构公布的单价计算;材料价格按当地工程造价管理机构《造价信息》上发布的市场信息计算,《造价信息》未发布市场价格信息的材料,其价格应按市场调查确定的价格计算。

④总承包服务费。编制招标控制价时,总承包服务费按照省级建设主管部门的规定计算,或参考如下标准估算:

a.招标人仅要求对分包的专业工程进行总承包管理和协调时,按分包的专业工程估算造价的1.5%计算;

b.招标人要求对分包的专业工程进行总承包管理和协调,并同时要求提供配合服务时,根据招标文件列出的配合服务内容和提出的要求,按分包的专业工程估算造价的3%～5%计算;

c.招标人自行供应材料的,按招标人供应材料价值的1%计算。

⑤检验试验配合费:应根据分部分项工程费和措施项目费合计数乘以规定的费率计算。

⑥优良工程增加费:应根据分部分项工程费和措施项目费合计数乘以规定的费率计算。

(4)税前项目费的编制

税前项目费在计价时,可直接通过当地的工程造价管理机构《工程造价信息》上发布的税前项目市场报价或自行确定报价,该项目报价已含除税金以外的全部费用。

(5)规费和税金的编制

应按国家、省级或行业建设主管部门的规定计算,不得作为竞争性费用。即规费和税金必须按国家或省级、行业建设主管部门的有关规定计算。

(6)汇总编制资料

汇总各专业造价文件,形成初步成果,完善"编制说明";征询有关各方的意见并汇总,根据意见对成果文件进行修正。

（7）成果形式

1）分部分项工程量清单（表3.5）

表3.5 分部分项工程量清单与计价表

工程名称：　　　　　标段：　　　　　　　　　　　　　　　　　　　　第　页、共　页

序号	项目编码	项目名称	项目特征描述	计量单位	工程量	金　额		
						综合单价	合价	其中：暂估价

2）措施项目清单（表3.6、表3.7）

表3.6 措施项目清单与计价表（一）

工程名称：　　　　　标段：　　　　　　　　　　　　　　　　　　　　第　页、共　页

序　号	项目编码	项目名称	项目特征描述	计量单位	工程量	金　额	
						综合单价	合　价

注：本表适用于以综合单价形式计价的措施项目。

表3.7 措施项目清单与计价表（二）

工程名称：　　　　　标段：　　　　　　　　　　　　　　　　　　　　第　页、共　页

序　号	项目名称	计算基础	费率/%	金额/元
1				
2				

注：本表适用于以"项"计价的措施项目；计算基础可以为"直接费""人工费"或"人工费+机械费"。

3）其他项目清单（表3.8）

表3.8 其他项目清单与计价汇总表

序号	项目名称	计量单位	金额/元	备　注
1	暂列金额			
2	暂估价			
3	计日工			
4	总承包服务费			
5	检验试验费			
6	优良工程增加费			
合　计				

4）规费、税金项目清单（表3.9）

表3.9 规费、税金项目清单与计价表

工程名称：　　　　　　　　标段：　　　　　　　　　　第　页、共　页

序号	项目名称	计算基础	费率/%	金额/元
1	规费			
1.1	工程排污费			
1.2	社会保障费			
（1）	养老保险费			
（2）	失业保险费			
（3）	医疗保险费			
1.3	住房公积金			
1.4	危险作业意外伤害保险			
1.5	工伤保险费			
2	税金	分部分项工程费+措施项目费+ 其他项目费+规费		
合计				

注：根据住建部、财政部发布的《建筑安装工程费用组成》（建标〔2013〕44号）的规定，"计算基础"可为"直接费""人工费"或"人工费+机械费"。

3.3.4 编制招标控制价的注意事项

（1）严格依据有关规定编制招标控制价

客观、合理、合法的招标控制价编制，是工程招标公平、公正的前提。招标控制价不仅要依据招标文件和发布的工程量清单编制，还要全面正确使用行业和地方的计价定额和价格信息，准确计算不可竞争的税费。对于竞争性措施费用，要采用专家论证的方案合理确定。

（2）一个招标工程只能设立一个招标控制价，招标控制价格式尽量简化

一个建设项目由一个或多个单项工程组成，一个单项工程由一个或多个单位工程组成。如一般的民用建筑工程通常包括：建筑装饰装修工程、给排水工程、电气工程、消防工程、通风空调工程、智能化工程6个单位工程。在编制招标控制价时，为了减少篇幅，建议如无特殊情况，不需按照每个单位工程分别各自设置一套工程量清单，可以根据需要将某栋楼的给排水、电气、通风空调、消防、智能等单位工程合并成一个单位工程，再与建筑装饰单位工程合并成一个单项工程编制一套招标控制价。同理，某一道路工程包含土方工程、道路工程、排水工程，可将其合并成一个单位工程编制；某一园林绿化工程包含绿化和园林铺装、小品等，可将其合并成一个单位工程编制。

（3）封面签字不得遗漏

招标控制价封面须按要求签字、盖章，不得有任何遗漏。其中，工程造价咨询人需盖单位资质专用章；编制人和复核人需要同时签字和盖专用章，且两者不能为同一人，复核人必须是造价工程师。一套招标控制价涉及多个专业的造价人员编制时，每个专业要有一名编制人在封面相应处签字盖章。

（4）编制说明内容尽可能详尽

编制说明内容应包括：工程概况、招标和分包范围、具体的计价依据（如施工图号、清单规

范及实施细则、具体的定额名称及参考的信息价等)及其他有关问题说明,不能过于简化。装饰工程及安装工程部分材料价格品牌差异大,因此对于这两个专业的材料总说明中(项目少的可在清单名称描述中注明),应分别写明各种主要材料相当于什么品牌的哪一个档次,未注明的则按普通档次产品定价。

(5)招标控制价应当反映招标控制价编制期的市场价格水平

招标控制价编制单位和编制人员不得在编制过程中有意抬高、压低价格或者提供虚假造价控制价报告。

(6)招标控制价的投诉处理

有关人员对招标控制价进行投诉,行政监督部门认为必要的,可以责成招标人和投诉人共同委托具有相应工程造价咨询资质的中介机构对招标控制价进行鉴定。

[课堂互动]

什么是招标控制价? 其编制原则有哪些? 在编制招标控制价时,如果出现错误,会有怎样的后果?

任务 3.4   工程招标文件案例

3.4.1 案例 广西××住宅楼工程公开招标文件的编制

广西××住宅楼工程公开招标文件
招标文件编号:(略)
招　标　人:(略)
招标代理机构:(略)

目　录

9.纪律和监督

9.1　对招标人或招标代理机构的纪律要求

9.2　对投标人的纪律要求

9.3　对评标委员会成员的纪律要求

9.4　对与评标活动有关的工作人员的纪律要求

9.5　投诉

10.需要补充的其他内容

10.1　词语定义

10.2　招标控制价

10.3　技术标评审方式

10.4　电子投标文件

10.5　知识产权

10.6　重新招标的其他情形

10.7　同义词语

10.8　监督

10.9　解释权

10.10　招标人补充的其他内容

10.11　投标人递交投标文件、参加开标会须提交的授权委托书等文件格式

第3章　评标办法(综合评估法)

评标办法前附表

评标办法(综合评估法)正文部分

1.评标方法

2.评审标准

2.1　初步评审标准

2.2　详细评审标准

3.评标程序

3.1　初步评审

3.2　详细评审

3.3　投标文件的澄清和补正

3.4　评标结果

附件 A　评标详细程序

A0　总　则

A1　基本程序

A2　评标准备

A3　初步评审

A4　详细评审

A5　推荐中标候选人或者直接确定中标人

A6　特殊情况的处置程序

A7　补充条款

附件 B　否决投标条件

B0　总　则

B1　否决投标条件

第4章　合同条款及格式

1.合同协议书

2.通用合同条款

3.专用合同条款

补充条款

第5章　工程量清单

1.工程量清单编制说明

2.招标控制价编制说明

3.投标报价(已标价工程量清单)编制说明

第6章　图　纸

第7章　危险性较大的分部分项工程清单(如有)

第8章　技术标准和要求

第9章　投标文件格式

1.投标人基本情况表(包含联合体各方)

2.联合体协议书(联合体投标人适用)

3.建设工程项目管理承诺书

3.1　投标函

3.2　投标函附录

3.3　投标报价表

3.4　已标价工程量清单

一、施工组织设计

二、拟分包计划表

三、项目管理机构

第2章　投标人须知

投标人须知前附表

条款号	条款名称	编列内容
1.1.2	招标人	名　　称:广西××有限公司 地　　址:南宁市×××× 联 系 人:×× 电　　话:0771—××××××× 电子邮箱:×××××
1.1.3	招标代理机构	名　　称:广西××有限公司 地　　址:南宁市×× 联 系 人:×× 电　　话:0771—×× 电子邮箱:×××

续表

条款号	条款名称	编列内容
1.1.4	项目名称及项目招标编号	广西××区Ⅰ期(地块三)主体施工 ××
1.1.5	建设地点	南宁市××
1.2.1	资金来源	自筹
1.2.2	出资比例	100%
1.2.3	资金落实情况	已落实
1.2.4	本工程增值税计税方法	☑一般计税法　□简易计税法 【备注:根据《关于全面推开营业税改征增值税试点的通知》(财税〔2016〕36号)、《关于建筑服务等营改增试点政策的通知》(财税〔2017〕58号)文件规定选择】
1.3.1	招标范围	包括土建工程、结构工程、电气工程、给排水工程、通风工程、消防工程、土方工程、室外给排水工程、室外电气工程、景观绿化、智能安防系统工程等,具体以经审查备案施工图纸及工程量清单为准。
1.3.2	要求工期	要求工期:1 200日历天 定额工期:1 200日历天【备注:建筑安装工程定额工期应按《建筑安装工程工期定额(TY01—89—2016)》确定,工期压缩时,宜组织专家论证,且在招标工程量清单中增设提前竣工(赶工补偿)费项目清单】 计划开工日期:2020年07月30日 计划竣工日期:2023年11月12日 除上述总工期外,发包人还要求以下区段工期: (此项可选)。 有关工期的详细要求见第八章"技术标准和要求"。
1.3.3	质量要求	质量标准:市优
1.4.1	投标人资质条件、能力、诚信要求	(1)资质条件:[建筑工程施工总承包二级](含)以上 (2)财务要求:2017年至2019年经审计的财务报表(以广西建筑业企业诚信信息库为准) 【备注:对于从取得营业执照时间起到投标截止时间为止不足要求年数的企业,只需提交企业取得营业执照年份至所要求最近年份经审计的财务报表】 (3)业绩要求:2017年1月至投标截止日期止企业: ☑完成过质量合格的类似工程项目(已竣工工程业绩以广西建筑业企业诚信信息库为准) □承接过类似工程项目(在投标文件组成的"业绩(在建工程)"节点上传相关证明材料的原件扫描件)。(此项可选) (4)诚信要求:根据最高人民法院等9部门《关于在招标投标活动中对失信被执行人实施联合惩戒的通知》(法

续表

条款号	条款名称	编列内容
1.4.1	投标人资质条件、能力、诚信要求	〔2016〕285号)规定,投标人不得为失信被执行人(以评标阶段通过"信用中国"网站(www.creditchina.gov.cn)查询的结果为准) 根据《广西壮族自治区建筑市场主体"黑名单"管理办法(试行)》(桂建发〔2018〕5号)规定,投标人不得为建筑市场主体"黑名单"(以评标阶段通过建筑市场监管与诚信信息一体化平台查询的结果为准) 【备注:此款可由招标人自主选择,如不采用,须向本项目招标的监督部门说明理由】。 投标人企业和拟投入项目经理及专职安全员的广西建筑市场诚信信息未被锁定。 (5)项目经理资格:建筑工程专业壹级以上(含本级)注册建造师执业资格,已录入广西建筑业企业诚信信息库并处于有效状态,具备有效的安全生产考核合格证书(B类)。本项目不接受有在建、已中标未开工或已列为其他项目中标候选人第一名的建造师作为项目经理(符合《广西壮族自治区建筑市场诚信卡管理暂行办法》第十六条第一款除外)。 (6)专职安全员要求:专职安全员须已录入广西建筑业企业诚信信息库并处于有效状态,具备有效的建筑施工企业三类人员C证,人数符合住房和城乡建设部《建筑施工企业安全生产管理机构设置及专职安全生产管理人员配备办法》(建质〔2008〕91号)的规定不少于3人。 *备注:以上条件要求的投标人信息,如无特别出处要求的,一律以广西建筑业企业诚信信息库通过审核的信息为准。 (7)其他要求:无
1.4.2	是否接受联合体投标	接受。 联合体应按项目情况采取以下两种模式之一: (1)1+1+N模式:第一个"1"为联合体主办单位,第二个"1"为联合体主办单位控股且在南宁市注册具备法人资格的下属公司,"N"为联合体主办单位控股的具备法人资格的下属施工企业或注册地在南宁市的施工企业。 (2)1+N模式:①"1"为联合体主办单位,"N"为联合体主办单位控股且在南宁市注册具备法人资格的下属施工企业或者注册地在南宁市的施工企业; ②"1"为注册地在南宁市的联合体主办单位,"N"为施工企业。 投标人为联合体的,项目经理必须为联合体主办单位(或牵头人)人员,安全员为联合体主办单位(或牵头人)人员或由联合体双方根据工程任务量合理配置。

续表

条款号	条款名称	编列内容
1.9.1	踏勘现场	不组织
1.10	投标预备会	不召开
1.11	分　包	☑不允许 □允许，分包内容要求： 分包金额要求： 接受分包的第三人资质要求：
1.12	偏　离	不允许
2.1.1(10)	构成招标文件的其他材料	招标文件的澄清、修改、补充通知等内容
2.2.1	投标人对招标文件提出异议的截止时间	投标截止时间10日前。投标人不在规定期限内提出，招标人有权不予答复，或答复后投标截止时间由招标人确定是否顺延。 澄清和答复须通过南宁市公共资源交易系统进行。
2.2.2	投标截止时间	2020年×月×日 09:30
	招标文件澄清发布方式	在发布媒介上发布
2.2.3	投标人确认收到澄清的方式	澄清文件在本章第2.2.2款规定的网站上发布之日起，视为投标人已收到该澄清。投标人未及时关注招标人在网站上发布的澄清文件造成的损失，由投标人自行负责。
3.1.1	构成投标文件的材料 【备注：右栏招标人可根据需要进行增减】	投标文件的组成部分：资格审查部分、商务标部分、技术标部分组成 一、资格审查部分【备注：以下扫描件均为原件的扫描件】： (1)投标人基本情况表(附已录入广西建筑业企业诚信信息库的有效的企业营业执照、企业资质证书副本和安全生产许可证副本等的原件扫描件)； (2)联合体投标协议书(如有)； (3)投标人的基本账户开户许可证的原件扫描件； (4)建设工程项目管理承诺书； (5)项目经理简历表(附已录入广西建筑业企业诚信信息库的项目经理注册建造师执业资格证书和安全生产考核合格证书(B类)的扫描件)； (6)项目技术负责人简历表(附已录入广西建筑业企业诚信信息库的职称证书的扫描件)； (7)已录入广西建筑业企业诚信信息库的安全员的安全生产考核合格证书(C类)的扫描件； (8)已录入广西建筑业企业诚信信息库的专职投标员、项目经理、技术负责人和主要管理人员近3个月(2020年4月至2020年6月)(从取得营业执照时间起到投标截止

续表

条款号	条款名称	编列内容
3.1.1	构成投标文件的材料 【备注:右栏招标人可根据需要进行增减】	时间为止不足要求月数的只需提供从取得营业执照起的证明材料)在现任职单位依法缴纳社会保险证明材料的扫描件; (9)资格审查需要的其他材料:项目管理机构配备情况表、拟投入施工机械设备情况表、企业2017年1月至投标截止日期止已完成类似项目一览表(如有)、企业诚信情况一览表(如有)、企业2017年至2019年财务状况表、企业2017年1月至投标截止日期止发生的诉讼和仲裁情况(如有)等。 二、商务标部分: (1)投标函 (2)投标函附录 (3)投标报价表 (4)已标价工程量清单 三、技术标部分: (1)施工组织设计; (2)拟分包计划表; (3)项目管理机构
3.1.4	近年财务状况的年份要求	3年(一般为三年),是指2017年度、2018年度和2019年度,(对于从取得营业执照时间起到投标截止时间为止不足要求年数的企业,只需提交企业取得营业执照年份至所要求最近年份经审计的财务报表)
	近年完成的类似项目的年份要求	2017年1月至投标截止日期止,指项目竣工时间至投标截止时间止不超过3年
	近年发生的诉讼及仲裁情况的年份要求	2017年1月至投标截止日期止,指诉讼及仲裁判决时间至投标截止时间止不超过3年
3.3.1	投标有效期	□45天　□60天　☑90天
3.4.1	投标保证金 【根据《南宁市人民政府办公厅关于印发南宁市政府采购"放管服"改革工作方案的通知》(南府办函〔2019〕24号)文件要求:停止收取政府投资建设工程(房屋建筑和市政基础设施工程)类项目的投标保证金,政府投资建设工程(房屋建筑和市政基础设施工程)类项目的履约保证金由采购人根据项目特点和企业的诚信记录决定是否收取。】	投标保证金的形式:银行转账、电汇或网上支付、银行保函、工程担保、工程保证保险。禁止采用现钞交纳方式。【备注:严禁要求投标人只能以现金方式提交保证金的行为。采用银行保函、工程担保或工程保证保险方式的,必须为无条件保函,保函有效期不得低于投标有效期。】 投标保证金的金额:　　元【备注:项目估算价的2%,且最多不超过50万元】 递交方式: (1)使用银行转账时投标保证金必须从投标人的基本账户汇到以下指定的投标保证金专用账户,否则投标无效。 (详见操作手册:

续表

条款号	条款名称	编列内容
3.4.1	投标保证金 【根据《南宁市人民政府办公厅关于印发南宁市政府采购"放管服"改革工作方案的通知》(南府办函〔2019〕24号)文件要求:停止收取政府投资建设工程(房屋建筑和市政基础设施工程)类项目的投标保证金,政府投资建设工程(房屋建筑和市政基础设施工程)类项目的履约保证金由采购人根据项目特点和企业的诚信记录决定是否收取。】	https://www.nnggzy.org.cn/gxnnzbw/infodetail/?infoid=1a9fefbb-ecb3-4498-b25a-9c9970ccb120&categoryNum=005002) (2)投标人使用银行保函、工程担保、工程保证保险等(以下统一简称为保函,下同)递交方式时,投标人将保函原件电子扫描件作为投标文件的组成部分同步上传至南宁市公共资源交易系统,否则投标无效。在投标时间截止时,投标人在开标现场提交单独密封的保函原件,由招标人核验保函信息,确认保函是否有效后交由招标人或当地交易中心管理。投标人提交的保函原件未单独密封的,原件无效的或未能在投标截止时间前现场提交的,投标无效。 (3)投标保证金不足额缴纳的,或银行保函(工程担保函或工程保证保险)额度不足的,其投标无效。 账户名称: 开户银行: 银行账号: 南宁市公共资源交易中心负责对投标保证金的递交方式进行解释。
3.5	是否允许递交备选投标方案	不允许
3.6.3	签字和(或)盖章要求	电子投标文件由投标人在招标文件规定的相关位置加盖投标人法人单位及法定代表人电子印章。投标文件未经投标人单位或法定代表人加盖电子印章的,作否决投标处理。
3.6.4	投标文件副本份数	无
3.6.5	投标文件装订要求	按前附表4.2.1要求
3.6.6	投标文件编制的其他要求	第一中标候选人必须在评标结果公示期满,无行政管理部门、利害关系人提出质疑的,在接到招标人或招标代理单位通知的3个工作日内,需提供纸质版投标文件份数:一式三份;纸质投标文件是投标人根据招标文件要求编制,采用不褪色的材料书写或打印,每页须加盖单位公章,并按招标文件要求装订的投标文件。
4.2.1	未加密的电子投标文件光盘包装、密封【备注:右栏内容招标人可根据项目实际情况需要增减】	未加密的电子投标文件光盘密封方式:单独放入一个密封袋中,加贴封条,并在封套封口处加盖投标人单位章,在封套上标记"电子投标文件"字样,在投标截止前提交。(由投标人自行选择是否提交未加密的电子投标文件光盘,但不提交未加密的电子投标文件光盘的,不作为否决条件;如出现招标文件投标须知正文5.3情形时,投标人未在投标截止时间前递交电子光盘的,自行承担后果)

续表

条款号	条款名称	编列内容
4.2.2	未加密的电子投标文件光盘密封封套上写明【备注:右栏内容招标人可根据项目实际情况需要增减】	项目招标编号: 招标人的地址: 招标人名称: 标段(如有多个标段时): _____(项目名称)投标文件 投标人地址: 投标人名称: 在____年____月____日____时____分前不得开启
4.3.2	递交投标文件地点	电子投标文件由各投标人在投标时间截止前自行在南宁市公共资源交易中心系统上传; 未加密的电子投标文件光盘现场提交地点: 南宁市良庆区玉洞大道33号南宁市民中心南宁市公共资源交易中心开标厅(具体详见9楼电子显示屏安排)。
4.3.3	是否退还投标文件	否
5.1	开标时间和地点	开标时间:同投标截止时间 开标地点:南宁市良庆区玉洞大道33号南宁市民中心南宁市公共资源交易中心开标厅(具体详见9楼电子显示屏安排)。
5.2	开标程序	见正文5.2条
6.1.1	评标委员会的组建	评标委员会构成:7人,其中招标人代表2人【资格要求详见本表后的备注】,专家5人。 评标专家分工:分技术、经济类,其中,招标人代表参加技术类1人、经济类1人;技术类专家4人、经济类专家1人【经济类评委人数不应多于2人】。 评标专家确定方式:随机抽取
6.3	评标方式	□经评审的合理低价法 ☑综合评估法
6.5	评标资料封存方式【备注:由当地招投标监督管理部门确定】	☑在交易中心封存 □当地招投标监督管理部门封存
6.5.1(3)	封存的其他材料	无
6.6.1	中标候选人公示的媒介	在发布媒介上公示
6.7	履约能力审查的标准和方法	在中标通知书发出前,中标候选人不得有以下情形: (1)被吊销营业执照 (2)进入破产程序 (3)其他无
7.1	是否授权评标委员会确定中标人	□是 ☑否,推荐的中标候选人数:3名

续表

条款号	条款名称	编列内容
7.3.1	履约保证金	☑是　履约担保的形式:可以采用现金、银行保函、工程担保或保证保险等形式【备注:严禁要求中标人只能以现金方式提交保证金的行为,严禁现金形式缴纳的额度与其他形式不一致】 履约保证金的金额:合同价3%万元【备注:上限为合同价款扣除发包人材料价款、暂估专业工程、暂列金额后的10%】 投标人在收到中标通知书后,须在10日内向招标人足额提交履约保证金,否则招标人可以取消其中标资格【备注:此处约定应与合同专用条款第3.7条一致】 □否
10. 需要补充的其他内容		
10.1　词语定义		
10.1.1	类似项目	类似项目是指: 联合体任一成员的业绩可认同为联合体业绩,2017年1月1日至投标截止时间前完成过类似单项合同金额在10 000万元及以上房屋建筑工程项目业绩。
10.1.2	不良行为记录	不良行为记录是指: (1)本项目投标活动期间被相关部门停标等行为 (2)历年曾被广西壮族自治区住建厅、市建委通报列入黑名单尚未解除的单位,因不诚信经营被南宁市政府拉入黑名单的施工企业
10.1.3	发布媒介	发布媒介是指招标公告规定的发布招标公告、招标文件澄清、评标结果公示、中标公告等信息的媒(体)介。按照招标公告规定还需在其他媒介上公示的,发布内容、发布期限应以法规指定媒介发布的为准 【备注:对于依法必须招标的项目和公共资源配置领域工程建设项目招标投标领域的中标候选人公示的指定媒介即优先公开载体均为广西壮族自治区招标投标公共服务平台,属于政府采购项目的还应按政府采购法信息发布的要求执行。】
10.2　招标控制价		
	招标控制价	☑设招标控制价【备注:政府及国有资金投资的工程建设项目招标,招标人必须勾选】 □不设招标控制价
10.3　技术标评审方式		
	施工组织设计采用"暗标"评审方式 拟分包计划表、项目管理机构采用"明标"评审方式	投标人应严格按照第九章"投标文件格式"中"施工组织设计(暗标)编制要求"编制施工组织设计。

续表

条款号	条款名称	编列内容
10.4	电子投标文件	
	投标人递交电子投标文件的要求 【备注:右栏内容可由招标人根据招投标监督管理部门的要求修改,并应与4.1.2条内容一致】	电子投标文件格式: 电子投标文件是投标人应用公共资源招投标会员网交易系统兼容的投标文件制作软件,根据招标文件要求编制完成的投标文件。(加密格式(∗.GXTF)、未加密格式(∗.NGXTF)) 投标人登录南宁市公共资源交易系统上传加密的电子投标文件,并在开标时提交刻录成光盘的未加密电子投标文件(与加密的电子投标文件为同时生成的版本)。投标人专职投标员必须携带生成投标文件时所使用的企业CA锁参加开标,现场对电子投标文件进行解密,否则,由此造成投标文件不能解密评审的后果由投标人自行承担 未加密的电子投标文件光盘密封方式:单独放入一个密封袋中,加贴封条,并在封套封口处加盖投标人单位章,在封套上标记"电子投标文件"字样,在投标截止前提交
10.5	知识产权	
	构成本招标文件各个组成部分的文件,未经招标人书面同意,投标人不得擅自复印和用于非本招标项目所需的其他目的。招标人全部或者部分使用未中标人投标文件中的技术成果或技术方案时,需征得其书面同意,并不得擅自复印或提供给第三人	
10.6	重新招标的其他情形	
	除投标人须知正文第8条规定的情形外,除非已经产生中标候选人,在投标有效期内同意延长投标有效期的投标人少于3个的,招标人在分析招标失败的原因并采取相应措施后,应当依法重新招标。	
10.7	同义词语	
	构成招标文件组成部分的"通用合同条款""专用合同条款""技术标准和要求"和"工程量清单"等章节中出现的措辞"发包人"和"承包人",在招标投标阶段应当分别按"招标人"和"投标人"进行理解。	
10.8	监督	
	本项目的招标投标活动及其相关当事人应当接受有管辖权的建设工程招标投标行政监督部门依法实施的监督,如项目属于公共资源范围,应同时接受本级公共资源交易监督机构的监管。	
10.9	解释权	
	构成本招标文件的各个组成文件应互为解释,互为说明;如有不明确或不一致,构成合同文件组成内容的,以合同文件约定内容为准,且以专用合同条款约定的合同文件优先顺序解释;除招标文件中有特别规定外,仅适用于招标投标阶段的规定,按招标补遗或澄清文件、招标公告(投标邀请书)、投标人须知、评标办法、投标文件格式的先后顺序解释;同一组成文件中就同一事项的规定或约定不一致的,以编排顺序在后者为准;同一组成文件不同版本之间有不一致的,以形成时间在后者为准;补遗或澄清文件与同步更新的招标文件不一致时以补遗或澄清文件为准。按本款前述规定仍不能形成结论的,由招标人负责解释	

续表

条款号	条款名称	编列内容
10.10	招标人补充的其他内容	
10.10.1	招标代理服务费的计算与收取	□招标人支付【备注:政府及国有资金投资的项目在建设项目费用组成中已包含招标代理服务费的,应选择由招标人支付】 ☑中标人支付。具体为:根据招标人与代理人签订的《建设工程招标代理合同》,本项目委托招标代理服务费按根据招标人与代理人签订的《建设工程招标代理合同》、《造价咨询合同》,本项目委托招标代理服务费按招标人与代理人、造价咨询人签订的《建设工程招标代理合同》及《造价咨询合同》计取,由中标人在领取中标通知书时,一次性向招标代理机构、造价咨询机构支付。计取,由中标人在领取中标通知书时,一次性向招标代理机构支付。
10.10.2	勘察单位:广西××设计研究院 设计单位:南宁市××设计院	
10.10.3	项目工会组建	为维护农民工权益,确保项目工会日常工作正常开展,按照《中华人民共和国工会法》、《国务院关于进一步做好为农民工服务工作的意见》(国发〔2014〕40号)、《中华全国总工会关于深入贯彻落实〈国务院关于进一步做好为农民工服务工作的意见〉的实施意见》(总工发〔2015〕14号)有关要求,深入开展"农民工入会集中行动"。 认真落实《关于新形势下加强基层工会建设的意见》和工会组建五年规划,创新工会组织形式和农民工入会方式,重点做好开发区(工业园区)和建筑项目、物流(快递)业、家政服务业、农业专业合作组织等农民工相对集中的区域和行业建会工作,组织开展农民工入会集中行动,最大限度地吸收农民工入会,扩大工会组织的覆盖面。(详情请咨询南宁市建设工会)

备注:

(1)"投标人须知前附表"中的条款名称、编列内容,招标人可根据项目实际需要进行适当的增减。

(2)招标人如需要对"投标人须知"正文条款进行细化调整的,应在"投标人须知前附表"中进行。

(3)招标人派出评委参加评标的,须符合以下条件之一:

①必须是本单位具备工程技术或工程经济类中级及以上职称(对于取得专业技术类职业资格的人员,可按照《广西壮族自治区人力资源和社会保障厅关于在部分职业领域建立职称与专业技术类职业资格对应关系的通知》(桂人社规〔2019〕5号)精神,认定其具备相应等级的职称。)、同时具备与评标工程技术要求相当条件和能力水平的人员出任;职称证上的工作单位与招标人名称不符的,须附招标人为其缴纳的近3个月的社会保险证明或者工作编制证明文件的扫描件。

②本单位无符合上述条件的人员时,可以委托持《广西壮族自治区建设工程招标投标评标专家资格证书》的人员出任,持证人员已退休的,应附退休证明文件的扫描件,持证人员在职的,应附现任职单位为其缴纳的近3个月的社会保险证明或者工作编制证明文件的扫描件。以上扫描件应在开标前通过广西电子招标投标系统提交并审核通过。

投标人须知正文部分

1 总则

1.1 项目概况

1.1.1 根据《中华人民共和国招标投标法》等有关法律、法规和规章的规定,本招标项目已具备招标条件,现对本标段施工进行招标。

1.1.2 本招标项目招标人:见"投标人须知前附表"。

1.1.3 本标段招标代理机构:见"投标人须知前附表"。

1.1.4 本招标项目名称及项目招标编号:见"投标人须知前附表"。

1.1.5 本标段建设地点:见"投标人须知前附表"。

1.2 资金来源和落实及增值税计税方法情况

1.2.1 本招标项目的资金来源:见"投标人须知前附表"。

1.2.2 本招标项目的出资比例:见"投标人须知前附表"。

1.2.3 本招标项目的资金落实情况:见"投标人须知前附表"。

1.2.4 本招标项目的增值税计税方法:见"投标人须知前附表"。

1.3 招标范围、计划工期和质量要求

1.3.1 本次招标范围:见"投标人须知前附表"。

1.3.2 本标段的要求工期:见"投标人须知前附表"。

1.3.3 本标段的质量要求:见"投标人须知前附表"。

1.4 投标人资格要求

1.4.1 投标人应具备承担本项目施工的资质条件、能力、诚信等要求。

(1)资质条件:见"投标人须知前附表"。

(2)财务要求:见"投标人须知前附表"。

(3)业绩要求:见"投标人须知前附表"。

(4)诚信要求:见"投标人须知前附表"。

(5)项目经理资格:见"投标人须知前附表"。

(6)专职安全员要求:见"投标人须知前附表"。

(7)其他要求:见"投标人须知前附表"。

1.4.2 "投标人须知前附表"规定接受联合体投标的,除应符合本章第1.4.1项和"投标人须知前附表"的要求外,还应遵守以下规定:

(1)联合体各方应按招标文件提供的格式签订联合体协议书,明确联合体牵头人和各方权利义务。

(2)由同一专业的单位组成的联合体,按照资质等级较低的单位确定资质等级。

(3)联合体各方不得再以自己名义单独或参加其他联合体在同一标段中投标。

1.4.3 投标人不得存在下列情形之一:

(1)与招标人存在利害关系可能影响招标公正性的法人、其他组织。

(2)为本标段前期准备提供设计或咨询服务的,但设计施工总承包的除外。

(3)为本标段的监理人。

(4)为本标段的代建人。

（5）为本标段提供招标代理服务的。

（6）与本标段的监理人或代建人或招标代理机构同为一个法定代表人的。

（7）与本标段的监理人或代建人或招标代理机构相互控股或参股的。

（8）与本标段的监理人或代建人或招标代理机构相互任职或工作的。

（9）吊销或暂扣营业执照、安全生产许可证期间。

（10）在本行政区域被暂停或取消投标资格的。

（11）财产被接管或或基本账户被冻结的。

（12）有骗取中标或严重违约或工程质量安全问题，在本行政区域正处在停业整顿或暂停投标期间的。

（13）被责令停业的。

注：代建人是指政府通过招标方式对公益型、非经营性政府投资且经发改委批复同意实施代建的项目选择的社会专业化的项目管理企业，代建人须经过政府采购平台招标中标，并在建设行政主管部门备案，其代建内容包含代为项目业主履行项目施工招标、投资管理、建设实施及竣工验收后移交给使用单位等工作。PPP 项目的社会资本方及工程总承包项目的总承包方作为代建人的不在此范畴。

1.4.4　单位负责人为同一人或者存在控股、管理关系的不同单位，不得参加同一标段投标或者未划分标段的同一招标项目投标，违反本规定的，相关投标均无效。

1.5　费用承担

投标人准备和参加投标活动发生的费用自理。

1.6　保密

参与招标投标活动的各方应对招标文件和投标文件中的商业和技术等秘密保密，违者应对由此造成的后果承担法律责任。

1.7　语言文字

除专用术语外，与招标投标有关的语言均使用中文。必要时专用术语应附有中文注释。

1.8　计量单位

所有计量均采用中华人民共和国法定计量单位。

1.9　踏勘现场

1.9.1　投标人根据需要自行踏勘项目现场。

1.9.2　投标人踏勘现场发生的费用自理。

1.9.3　投标人自行负责在踏勘现场中所发生的人员伤亡和财产损失。

1.10　投标预备会

不召开。

1.11　分包

投标人拟在中标后将中标项目的部分非主体、非关键性工作进行分包的，应符合"投标人须知前附表"规定的分包内容、分包金额和接受分包的第三人资质要求等限制性条件。

1.12　偏离

不允许。

2 招标文件

2.1 招标文件的组成

2.1.1 本招标文件包括：

（1）招标公告（或投标邀请书）。

（2）投标人须知。

（3）评标办法。

（4）合同条款及格式。

（5）工程量清单（电子版，后缀名".gxzb"）。

（6）招标控制价。

（7）图纸（电子图，RAR、ZIP 压缩文件）。

（8）危险性较大的分部分项工程清单（如有）。

（9）技术标准和要求。

（10）投标文件格式。

（11）"投标人须知前附表"规定的其他材料。

2.1.2 根据本章第2.2款和第2.3款对招标文件所作的澄清、修改，构成招标文件的组成部分。当招标文件及其澄清、修改或补充文件对于同一内容表述不一致时，以最后发出的书面文件为准。

2.2 招标文件的澄清

2.2.1 投标人应仔细阅读和检查招标文件的全部内容，如有疑问或异议，应在投标人须知前附表规定的时间前通过南宁市公共资源交易系统进行网上投标询疑，要求招标人（招标代理）对招标文件予以澄清。

2.2.2 招标人对招标文件的澄清将在"投标人须知前附表"规定的投标截止时间15日前（不涉及招标文件实质性内容修改的除外）以"投标人须知前附表"规定的方式发布，并提供给所有下载了招标文件的投标人下载，但不得指明澄清问题的来源。如果澄清发出的时间距投标截止时间不足15日，相应延长投标截止时间。

2.2.3 投标人确认收到澄清的方式：见"投标人须知前附表"。

2.3 招标文件的修改

2.3.1 在投标截止时间15日前，招标人可以对招标文件进行修改，如修改涉及评标办法和投标文件格式的内容，招标人应将修改后的招标文件重新上传并通过南宁市公共资源交易系统通知所有下载了招标文件的投标人，投标人应按修改后的招标文件制作投标文件。如果修改招标文件的时间距投标截止时间不足15日，相应延长投标截止时间。

2.3.2 当招标文件、招标文件的修改、补充在同一内容表述不一致时，以最后的更正、补遗、澄清为准。未在系统发布的更正、补遗、澄清为无效更正、补遗、澄清。

招标人应根据系统发布的更正、补遗、澄清重新生成招标文件。除更正、补遗、澄清内容外，其他内容以原招标文件为准。

2.3.3 为使投标人在编制投标文件时有充分的时间对招标文件的修改、补充等内容进行研究并做出响应，招标人可酌情延长提交投标文件的截止时间，具体时间在招标文件的修改、补充等通知中予以明确。

2.3.4 招标文件的修改或补充报招标管理机构备案后，在南宁市公共资源交易系统网站上进行发布。招标文件的修改内容作为招标文件的组成部分,具有约束作用。

3　投标文件

3.1　投标文件的组成

3.1.1　投标文件应包括下列内容:

3.1.1.1　资格审查部分:具体材料见"投标人须知前附表"。

3.1.1.2　商务标部分:具体材料见"投标人须知前附表"。

3.1.1.3　技术标部分:具体材料见"投标人须知前附表"。其中施工组织设计具体内容如下:

(1)概述。

(2)主要施工方法。

(3)拟投入的主要物资计划。

(4)拟投入的主要施工机械、设备计划。

(5)劳动力安排计划。

(6)确保工程质量的技术组织措施。

(7)确保安全生产的技术组织措施。

(8)确保工期的技术组织措施。

(9)确保文明施工的技术组织措施。

(10)工程施工的重点和难点及保证措施。

(11)施工总平面布置图。

(12)其他(如有)(与评标办法前附表技术标评分标准一致)。

3.1.2　招标文件"第九章　投标文件格式"有规定格式要求的,投标人应按规定的格式填写并按要求提交相关的证明材料。

3.1.3　"投标人须知前附表"规定不接受联合体投标的,或投标人没有组成联合体的,投标文件不包括本章第3.1.1.1中所指的联合体协议书。

3.1.4　近年财务状况、完成的类似项目、发生的诉讼及仲裁情况的年份要求:见"投标人须知前附表"。

3.2　投标报价

3.2.1　投标人应按第五章"工程量清单"的要求填写相应表格。

3.2.2　投标人在投标截止时间前修改投标函中的投标总报价,应同时修改第九章"投标文件格式"中的相应报价。此修改须符合本章第4.3款的有关要求。

3.3　投标有效期

3.3.1　在投标人须知前附表规定的投标有效期内,投标人不得要求撤销或修改其投标文件。

3.3.2　出现特殊情况需要延长投标有效期的,招标人通过南宁市公共资源交易系统通知所有投标人延长投标有效期。投标人同意延长的,应相应延长其投标保证金的有效期,但不得要求或被允许修改或撤销其投标文件;投标人拒绝延长的,其投标失效,但投标人有权收回其投标保证金。

3.4　投标保证金

3.4.1　投标人必须在投标截止时间前,按"投标人须知前附表"规定的金额、方式和第九章"投标文件格式"规定的投标保证金格式递交投标保证金。投标保证金的递交情况以南宁市公共资源交易系统记录为准。联合体投标的,其投标保证金由牵头人递交,并应符合"投标人须知前附表"的规定。

3.4.2　投标人不按本章第 3.4.1 项要求提交投标保证金的,其投标文件作否决投标处理。

3.4.3　对未中标人交纳的投标保证金(保函原件)应当于中标通知书发出之日起 5 日内退回;对中标人交纳的投标保证金(保函原件)应当于合同签订之日起 5 日内退回。

3.4.4　有下列情形之一的,投标保证金将不予退还:

(1)投标人在规定的投标有效期内撤销或修改其投标文件;

(2)中标人在收到中标通知书后,无正当理由拒签合同协议书或未按招标文件规定提交履约保证金。

3.4.5　投标保函约定

(1)投标人以保函形式提交的投标保证金应当从其基本账户开户银行开具,如保函不是从其基本账户开户银行开具的,则须由开具保函的银行或担保机构提供从其基本账户转账划付资金的收款凭证或收费凭证(凭证须注明对应的保函编号,并在编号处加盖银行印章予以确认)。

(2)投标保证金采取保函形式的,提交流程和核验方式的具体要求如下:

全电子流程项目:投标人将保函原件电子扫描件作为投标文件的组成部分同步上传至南宁市公共资源统一交易平台,否则投标无效。在相关项目(标段)投标时间截止时,投标人在开标现场提交单独密封的保函原件,由招标人核验保函信息,确认保函是否有效后交由交易中心管理。投标人提交的保函原件未单独密封的,原件无效的或未能在投标截止时间前现场提交的,投标无效。

(3)投标人所提交的保函其有效期不能少于招标文件规定的投标有效期,且仅限于当次投标项目(标段)有效,不得重复替代使用。一个招标项目有多个标段并允许投标人分别报名的,投标人应按项目、标段分别提交保函。

(4)保函的退还方式。

1)非中标人的保函退还。在项目《中标通知书》发出后,招标人或招标代理机构应在 3 个工作日内向交易中心提供《非中标人投标保证金退还通知书》,交易中心应在收到通知书之后的 2 个工作日内通知非中标人,非中标人持相关授权证明材料至交易中心办理保函原件退还手续。

2)中标人的保函退还。招标人与中标人签订项目合同后,应在 3 个工作日内向交易中心提供《中标人投标保证金退还通知书》,交易中心在收到通知书之后的 2 个工作日内通知中标人,中标人持相关授权证明材料至交易中心办理保函原件退还手续。

(5)投标人如违反法律法规或招标文件相关规定的,保函原件不予退还,并按相关规定由出具保函的银行、担保机构承担投标人违约赔付责任;投标人已中标的,中标无效。

(6)采用保函之外的支付方式(电汇、转账、网银支付等)缴纳投标保证金的,按南宁市公共资源交易监督办《关于印发南宁市公共资源交易项目投标保证金集中管理办法的通知》(南公管办发〔2015〕4 号)的规定执行,即在相关项目(标段)投标截止时,在开标现场公示南宁市公共资源交易中心出具的《项目保证金到账信息表》,由招标人(或招标代理机构)查验投标保证金的缴纳情况。未按规定缴纳投标保证金的,投标无效。

3.5 备选投标方案

除"投标人须知前附表"另有规定外,投标人不得递交备选投标方案。允许投标人递交备选投标方案的,只有中标人所递交的备选投标方案方可予以考虑。评标委员会认为中标人的备选投标方案优于其按照招标文件要求编制的投标方案的,招标人可以接受该备选投标方案。

3.6 投标文件的编制

3.6.1 投标文件应按第九章"投标文件格式"进行编写,如有必要,可以增加附页,作为投标文件的组成部分。其中,投标函附录在满足招标文件实质性要求的基础上,可以提出比招标文件要求更有利于招标人的承诺。

3.6.2 投标文件应当对招标文件有关工期、投标有效期、质量要求、技术标准和要求、招标范围等实质性内容作出响应。

3.6.3 投标文件应采用南宁市公共资源招投标会员网上交易系统兼容的投标文件制作软件制作,电子投标文件由投标人在招标文件规定的投标文件相关位置加盖投标人法人单位及法定代表人电子印章。投标文件未经投标人单位或法定代表人加盖电子印章的,均作否决投标处理。

3.6.4 电子投标文件一份。

3.6.5 未加密的电子投标文件光盘的具体装订要求见"投标人须知前附表"规定。

3.6.6 补充内容:投标文件编制的其他要求详见"投标人须知前附表"。

4 投标

4.1 投标文件的加密和数字证书认证

4.1.1 投标文件应通过投标文件制作软件进行制作,并通过数字证书认证和加密,最终同时生成2份文件,一份加密格式(*.GXTF)的投标文件,一份不加密格式(*.NGXTF)的投标文件。

4.1.2 未按本章第4.1.1项要求加密和数字证书认证的投标文件,为无效投标文件。

4.2 未加密的电子投标文件光盘的密封和标记

4.2.1 未加密的电子投标文件光盘应按"投标人须知前附表"的要求进行包装,加贴封条,并在封套的封口处加盖投标人单位公章。

4.2.2 未加密的电子投标文件光盘密封封套上应写明的其他内容见"投标人须知前附表"。

4.3 投标文件的递交

4.3.1 投标人应在投标人须知前附表第2.2.2项规定的投标截止时间前,向南宁市公共资源招投标会员网上交易系统提交加密后的电子投标文件,并同时提供未加密的电子投标文件光盘(与加密的电子投标文件为同时生成的版本)。

4.3.2 递交投标文件地点:见投标人须知前附表,未在开标截止时间前通过网上招投标系统提交有效电子投标文件的,南宁市公共资源招投标会员网上交易系统不予接收。逾期上传的或者未送达指定地点的投标文件,为无效投标文件。

4.3.3 是否退还投标文件:见投标人须知前附表。

4.4 投标文件的修改与撤回

4.4.1 在投标人须知前附表第2.2.2项规定的投标截止时间前,投标人可以修改或撤回已提交的投标文件,最终投标文件以投标截止时间前上传至南宁市公共资源招投标会员网上交易系统的最后一份投标文件为准。

4.4.2 修改的内容为投标文件的组成部分。

5 开标

5.1 开标时间和地点

招标人在本章第2.2.2项规定的投标截止时间(开标时间)和"投标人须知前附表"规定的地点公开开标,并邀请所有投标人的法定代表人或其委托代理人准时参加。委托代理人应当按时参加开标会并签到,并在投标截止前到南宁市公共资源交易中心指定地点进行被授权的专职投标员持专职投标员本人的身份证原件(如法定代表人参加开标会时可持本人身份证原件及本企业任一专职投标员的身份证复印件)本项目拟派项目经理和拟派所有专职安全员的身份证复印件验证,否则招标人不予受理;如其中任何一人的广西建筑业企业诚信信息库信息被锁定无效,则退回其投标文件,并制作记录。验证、参加开标会和签署投标文件的专职投标员必须为同一人,否则作无效投标处理。

招标代理机构的招标代理员必须到场,并向招标人出示本人身份证原件并验证核验。

开标会由招标人或其委托的招标代理机构主持。

5.2 开标程序

主持人按以下程序进行开标:

(1)宣布开标纪律。

(2)宣布开标人、唱标人、记录人等有关人员名单。

(3)公布在投标截止时间前递交投标文件的投标人名称及身份证验证等情况。

(4)由招标人代表检查投标人的资格证件(包括专职投标员身份证、授权委托书等);公布投标人名称、标段名称、投标保证金的递交情况。

(5)检查并确认未加密的电子投标文件光盘的密封是否完好并符合招标文件的要求(由投标人自行选择是否提交未加密的电子投标文件光盘,但不提交未加密的电子投标文件光盘的,不作为否决条件;如出现招标文件投标须知正文5.3情形时,投标人未在投标截止时间前递交电子光盘的,自行承担后果)。

(6)按照上传投标文件的先后顺序依次由专职投标员持CA锁解密。

(7)招标代理对投标文件进行二次解密。

(8)公布解密情况(解密是否成功、投标人名称、投标家数等情况)。

(9)招标人代表随机抽取K值和K′值(如有)。

(10)公布投标人名称、标段名称、投标保证金的提交情况、投标报价、质量目标、工期及其他内容。

(11)公布招标控制价及相关内容;设有标底的,公布标底。

(12)投标人代表、招标人代表、监标人、记录人等有关人员在开标记录上签字确认。

(13)开标结束。

5.3 电子开标的应急措施

5.3.1 电子开标如出现下列原因,导致系统无法正常运行,或者无法保证招投标过程的公平、公正和信息安全时,招标监管部门和交易中心应采取应急措施。

(1)系统服务器发生故障或停电等情况,无法访问或无法使用系统。

(2)系统的软件或数据库出现错误,不能进行正常操作。

(3)系统发现有安全漏洞,有潜在的泄密危险。

(4)病毒发作或受到外来的攻击。

(5)其他无法保证招投标过程公平、公正和信息安全的情形。

出现上述情况时,应对未开标的暂停开标。已在系统内开标立即停止,经招标监督部门确认后,可采用未加密的电子投标文件光盘和应急开标系统开标。若仍无法正常开标,则对原有资料及信息作出保密处理,或等待系统恢复正常后再组织进行开标。

5.3.2 投标人在个人解密开始后15分钟内完成投标文件的解密工作(以南宁市公共资源交易系统解密倒计时为准)。因投标人原因造成投标文件在规定时间内未解密的,视为投标人撤销其投标文件;因投标人之外的原因造成投标文件在规定时间内未解密的,经招标监督部门确认并经招标人同意后,招标人可在开标现场直接导入投标人在投标截止时间前递交的未加密的电子投标文件光盘进行开标;如投标人电子光盘未提供或无法导入上传时,视为投标人撤销其投标文件。

5.3.3 因网络问题或者诚信库系统问题导致电子开标系统无法正常访问诚信库进行身份证验证时,可暂停开标,等待网络或者诚信库恢复访问时再进行身份证验证。如投标人在投标截止时间前已正常提交相关开评标材料,但因以上原因导致系统显示验证迟到的,经过招标监督部门和招标人确认后,可以继续进行开标。

5.3.4 开标时显示保证金状态为未提交时,应通过当地交易中心、系统维护方以及银行核实原因。如果是因为投标人提交保证金的账号与诚信库备案的企业基本户不一致的,或者投标人提交的保证金金额少于招标文件要求的,经过招标监督部门确认并经招标人同意后,招标人在开标时当场拒收其投标,不得进入评标。如果是因为网络原因或者广西电子招标投标系统、银行系统原因导致的,并且银行最终确认投标人已按时足额提交了保证金的,可以继续进行开标。

5.4 不予开标

符合下列情况之一的投标,招标人拒绝受理或在开标室当场拒绝其投标,不得进入评标:

(1)加密的电子投标文件未能在投标截止时间前成功上传的。

(2)投标人法定代表人或被授权的专职投标员未按时出席开标会或开标要求的授权委托书完整材料和身份证未通过核验或验证的(或其中任何一人的身份证被锁定无效的)。

(3)现场持身份证的专职投标员与通过身份证验证、授权出席开标会、授权签署投标文件的专职投标员非同一人的。

(4)投标人拟投入项目经理被标注为注册状态异常,且拟投入的项目经理本人未持本人身份证原件出席开标会现场的。

5.5 开标异议

投标人对开标有异议的,应当在开标现场提出,招标人应当场作出答复,并制作记录。

6 评标

6.1 评标委员会

6.1.1 评标由招标人依法组建的评标委员会负责。评标委员会成员人数以及技术、经济等方面专家的确定方式见"投标人须知前附表"。截标前,招标人应就评委会组成情况通过南宁市公共资源交易系统向招标监督部门提交申请。

6.1.2 评标委员会成员有下列情形之一的,应当回避:

(1)投标人或者投标人主要负责人的近亲属。

(2)招标项目主管部门或者招标投标行政监督部门的工作人员。

(3)与投标人有经济利益关系,可能影响对投标公正评审的人员。

(4)与投标人有其他利害关系的人员。

6.1.3 有下列情形之一的专家不能参与评标活动,应主动退出:

(1)曾在招标投标活动中从事违法行为而受过行政处罚或者刑事处罚的人员。

(2)评标时期在"建筑市场监管与诚信信息一体化平台"被列为建筑市场主体"黑名单"的人员。

(3)评标时期在"信用中国"网站(www. creditchina. gov. cn)中被列为失信被执行人的人员。

6.2 评标原则

6.2.1 评标活动遵循公平、公正、科学和择优的原则。

6.2.2 电子评标的应急措施:

开标结束后,因电子招标投标系统故障无法评标时,经招标监督部门同意后,招标人可以选择暂停评标活动,等待故障排除后继续评标,也可以选择启用未加密的电子投标文件光盘,使用应急评标系统继续进行评标活动。评标前评标委员会应验证上传的投标文件与未加密的电子投标文件光盘的一致性,如出现不一致的情况,评标委员会应否决其投标。远程评标时如遇上述情形,经招标监督部门确认后,可在本地抽取专家,采用未加密的电子投标文件光盘进行继续评标,或等待系统恢复正常后再组织评标。采取应急措施时,必须对原有资料及信息作出妥善保密处理。

6.3 评标方式

评标委员会按照第三章"评标办法"规定的方法、评审因素、标准和程序对投标文件进行评审。第三章"评标办法"没有规定的方法、评审因素和标准,不作为评标依据。具体评标方式见"投标人须知前附表"。

6.4 移交评标资料

评标委员会完成评标后,立即通过南宁市公共资源交易系统提交评标报告和中标候选人名单,并同时向招标人移交所有评标所涉资料。

6.5 评标资料封存和启封

6.5.1 评标结束至中标通知书发放时,招标人按"投标人须知前附表"规定的封存方式封存评标资料。

6.5.2 如在封存期间处理招标投标利害当事人提出异议或者投诉时需要启封评标资料的,应按当地招投标监督管理部门规定的程序启封。

6.5.3 评标资料封存和启封应符合当地招投标监督管理部门的规定。

6.6 中标候选人公示

6.6.1 招标人在收到评标报告之日起3日内通过南宁市公共资源交易系统对外发布,公示期不少于3个工作日。按照"投标人须知前附表"约定还需在其他媒介上公示的,公示内容、公示期限应以南宁市公共资源交易系统发布的公示为准。

6.6.2 投标人或者其他利害关系人对评标结果有异议的,应当在中标候选人公示期间提出。招标人自收到异议之日起3日内作出答复。对招标人答复不满意或招标人拒不答复的,投标人可按照本章第9.5条的规定程序向有关行政监督部门投诉。

6.6.3 招标人对中标候选人有投诉的,按照本章第9.5条的规定程序执行。

6.7 履约能力审查

在中标通知书发出前,如果中标候选人的经营、财务状况发生较大变化或存在"投标人须知前附表"规定的情形,可能造成不能履行合同、无法按照招标文件要求提交履约保证金等情形,不符合中标条件的,应在中标公示期及时书面告知招标人。

如招标人认为中标候选人的经营、财务状况发生较大变化存在违法行为、或存在"投标人须知前附表"规定的情形,可能影响其履约能力的,应当在中标通知书发出前由原评标委员会按照招标文件规定的标准和方法审查确认。

7 合同授予

7.1 定标方式

除"投标人须知前附表"规定评标委员会直接确定中标人外,招标人依据评标委员会推荐的中标候选人确定中标人,评标委员会推荐中标候选人的人数见"投标人须知前附表"。

7.2 中标通知及中标公告

中标候选人公示期满无异议或异议不成立的,招标人应在公示期结束后5日内按照招标文件规定的定标方式确定中标人,招标人应当自确定中标人之日起15日内,向工程所在地的县级以上地方人民政府建设行政主管部门提交施工招标投标情况的书面报告,建设行政主管部门自收到书面报告之日起5日内未通知招标人在招标投标活动中有违法行为的,招标人可以向中标人发出中标通知书,同时按规定的格式在南宁市公共资源交易系统网站发出中标公告(备注:属政府采购项目的还应同时在广西壮族自治区政府采购网发出中标公告),将中标结果通知未中标的投标人。

7.3 履约保证金

7.3.1 在签订合同前,中标人应按"投标人须知前附表"规定的金额、担保形式和招标文件第四章"合同条款及格式"规定的履约担保格式向招标人提交履约保证金。联合体中标的,其履约保证金由牵头人递交,并应符合"投标人须知前附表"规定的金额、担保形式和招标文件第四章"合同条款及格式"规定的履约担保要求。

7.3.2 中标人不能按本章第7.3.1项要求提交履约保证金的,视为放弃中标,招标人有权没收其投标保证金,给招标人造成的损失超过投标保证金数额的,中标人还应当对超过部分予以赔偿。

7.4 签订合同

7.4.1 招标人和中标人应当在投标有效期内以及中标通知书发出之日起30天内,根据招标文件和中标人的投标文件订立书面合同。中标人无正当理由拒签合同的,招标人取消其中标资格,招标人有权没收其投标保证金;给招标人造成的损失超过投标保证金数额的,中标人还应当对超过部分予以赔偿。对依法必须招标的项目的中标人,由有关行政监督部门责令改正。

7.4.2 国有资金占控股或者主导地位的依法必须进行招标的项目,招标人应当确定排名第一的中标候选人为中标人。排名第一的中标候选人(或者评标委员会依据招标人的授权直接确定的中标人)放弃中标,或因不可抗力提出不能履行合同,或者被查实存在影响中标结果的违法行为等情形,不符合中标条件的,招标人可以按照评标委员会提出的中标候选人名单排序(或者评标结果排序)依次确定其他中标候选人为中标人。依次确定其他中标候选人与招标人预期差距较大,或者对招标人明显不利的,招标人可以重新招标。

7.4.3 发出中标通知书后,招标人无正当理由拒签合同的,由有关行政监督部门给予警告,责令改正。同时招标人向中标人退还投标保证金;给中标人造成损失的,还应当赔偿损失。

8 重新招标和不再招标

8.1 重新招标

有下列情形之一的,招标人将重新招标:

(1)投标截止时,投标人少于3个的。

(2)经评标委员会评审后,所有投标被否决或者部分投标被否决后,有效投标不足3个,导致投标明显缺乏竞争的。

(3)其他有关法规和文件规定的应当重新招标的情形。

8.2 不再招标

重新招标后投标人仍少于3个或者所有投标被否决的,属于必须审批或核准的工程建设项目,经原审批或核准部门批准后可不再进行招标。

9 纪律和监督

9.1 对招标人或招标代理机构的纪律要求

招标人不得泄露招标投标活动中应当保密的情况和资料,不得与投标人串通损害国家利益、社会公共利益或者他人合法权益。有下列情形之一的,属于招标人或招标代理机构与投标人串通投标:

(1)招标人在开标前开启投标文件并将有关信息泄露给其他投标人。

(2)招标人直接或者间接向投标人泄露标底、评标委员会成员等信息。

(3)招标人明示或者暗示投标人压低或者抬高投标报价。

(4)招标人授意投标人撤换、修改投标文件。

(5)招标人明示或者暗示投标人为特定投标人中标提供方便。

(6)招标人与投标人为谋求特定投标人中标而采取的其他串通行为。

(7)发现不同投标人的法定代表人、委托代理人、项目负责人属于同一单位,仍同意其继续参加投标。

(8)招标人(招标代理机构)编制的招标公告、招标文件专门为某个特定投标人设置明显倾向性条款。

(9)在规定提交投标文件截止时间后,协助投标人撤换或修改投标文件(包括修改电子投标文件相关数据)。

（10）发现有由同一人或存在利益关系的几个利害关系人携带两个以上（含两个）投标人的企业资料参与领取招标资料，或代表两个以上（含两个）投标人缴纳或退还投标保证金、开标等情形而不制止，反而同意其继续参加投标的。

（11）在开标时发现不同投标人的投标资料（包括电子资料）相互混装等情形而不制止，反而同意其继续参加评标的。

（12）招标代理机构在同一房屋建筑和市政工程招标投标活动中，既为招标人提供招标代理服务又为参加该项目投标人提供投标咨询的。

（13）在招标文件以外招标人（招标代理机构）与投标人之间另行约定给予未中标的其他投标人费用补偿的。

（14）在评标时，对评标委员会进行倾向性引导或干扰正常评标秩序的。

（15）依法应当公开招标的建设工程，未确定中标人前，投标人已开展该工程招标范围内工作。

9.2 对投标人的纪律要求

9.2.1 投标人不得相互串通投标或者与招标人串通投标，不得向招标人或者评标委员会成员行贿谋取中标，不得以他人名义投标或者以其他方式弄虚作假骗取中标；投标人不得以任何方式干扰、影响评标工作。有下列情形之一的，属于投标人相互串通投标：

（1）投标人之间协商投标报价等投标文件的实质性内容。

（2）投标人之间约定中标人。

（3）投标人之间约定部分投标人放弃投标或者中标。

（4）属于同一集团、协会、商会等组织成员的投标人按照该组织要求协同投标。

（5）投标人之间为谋取中标或者排斥特定投标人而采取的其他联合行动。

（6）不同投标人的投标文件由同一单位或者个人或者同一台电脑（MAC码）编制。

（7）不同投标人委托同一个人或注册在同一家企业的注册人员或同一家企业为其投标提供投标咨询、商务报价、技术咨询（招标工程本身要求采用专有技术的除外）等服务。

（8）不同投标人的投标文件载明的项目管理成员为同一人。

（9）不同投标人的技术文件经电子招标投标交易平台查重分析，内容异常一致（相似度达70%以上的）或者实质性相同的，或者投标报价呈规律性差异（不同投标人报价呈等差数列、不同投标人的投标报价的差额本身呈等差数列或者规律性的百分比等）。

（10）在资格审查或开标时不同投标人的投标资料（包括电子资料）相互混装。

（11）不同投标人的投标保证金从同一单位或者个人的账户转出。

（12）不同投标人的投标文件由同一电脑编制、上传，或投标报价用同一个预算编制软件密码锁制作或出自同一电子文档。

（13）不同投标人的投标文件上传的文件制作机器码一致的。

（14）由同一人或分别由几个有利害关系人携带两个以上（含两个）投标人的企业资料参与资格审查、领取招标资料，或代表两个以上（含两个）投标人参加招标答疑会、缴纳或退还投标保证金、开标。

（15）不同投标人的法定代表人、委托代理人、项目负责人、项目总监等人员有在同一个单位缴纳社会保险。

（16）投标人之间相互约定给予未中标的投标人费用补偿。

（17）不同投标人编制的投标文件存在两处以上错误一致。

9.2.2　投标人有下列情形之一的，属于投标人弄虚作假：

（1）使用虚假的业绩、荣誉、建设工程合同、财务状况、信用状况等。

（2）提供虚假的项目负责人或者主要技术人员简历、劳动关系证明、社保证明等。

（3）其他弄虚作假的行为。

9.2.3　投标人不得向招标人或评标委员会成员或其他有关人员索问评标过程的情况和材料。

9.3　对评标委员会成员的纪律要求

评标委员会成员不得收受他人的财物或者其他好处，不得向他人透漏对投标文件的评审和比较、中标候选人的推荐情况以及评标有关的其他情况。在评标活动中，评标委员会成员不得擅离职守，影响评标程序正常进行，不得使用第三章"评标办法"没有规定的评审因素和标准进行评标。

9.4　对与评标活动有关的工作人员的纪律要求

与评标活动有关的工作人员不得收受他人的财物或者其他好处，不得向他人透漏对投标文件的评审和比较、中标候选人的推荐情况以及评标有关的其他情况。在评标活动中，与评标活动有关的工作人员不得擅离职守，影响评标程序正常进行。

9.5　投诉

投标人和其他利害关系人认为本次招标活动违反法律、法规和规章规定的，可以在知道或者应当知道之日起十日内向当地招投标监督管理部门提出书面投诉。投诉事项应先提出异议，没有提出异议的，不予受理。

10　需要补充的其他内容

10.1　词语定义

见"投标人须知前附表"。

10.2　招标控制价

招标控制价设置要求见"投标人须知前附表"。

招标人或受其委托具有相应资质的中介机构，按照国家和地区的相关规定及第五章的要求编制招标工程的招标控制价（招标控制价不应上浮或下调）。

原则上招标控制价应于投标截止时间15日前通过南宁市公共资源交易系统网站向所有投标人公布，最迟应当在投标截止时间7日前公布，并报送当地招投标监督管理部门备案。潜在投标人或者其他利害关系人对招标控制价有异议的，应当在投标截止时间5日前提出。招标人应当自收到异议之日起3日内作出答复。招标人需重新公布招标控制价的，其最终公布的时间到投标截止时间不足7天可能影响投标文件编制的，应顺延提交投标文件的截止时间。

10.3　技术标评审方式

见"投标人须知前附表"。

10.4　电子投标文件

电子投标文件的具体内容要求见"投标人须知前附表"。

10.5　知识产权

招标人对其知识产权的具体要求见"投标人须知前附表"。

10.6　重新招标的其他情形

见"投标人须知前附表"。

10.7　同义词语

见"投标人须知前附表"。

10.8　监督

本项目招标的监督部门见"投标人须知前附表"。

10.9　解释权

见"投标人须知前附表"。

10.10　招标人补充的其他内容

见"投标人须知前附表"。

10.11　投标人递交投标文件、参加开标会须提交的授权委托书等文件格式

见本章附件。

第3章　评标办法（综合评估法）（详见模块5）

第4章　合同条款及格式

_____工程施工合同

发包人：_____

承包人：_____

合同协议书（略）

通用条款

采用国家工商行政管理局和建设部颁发的《建设工程施工合同（示范文本）》（GF—2017—0201）的通用条款。（略）

专用条款（略）

附件：（略）

第5章　工程量清单（编制说明略）

（另册）

第6章　图纸（另册，略）

第7章　危险性较大的分部分项工程量清单（如有，略）

第8章　技术标准和要求（略）

第9章　投标文件格式

资格部分（详见模块2）

封面格式（商务部分）

_____工程

投标文件

（商务部分　正/副本）

项目编号：_____

投标内容：　商务部分

投 标 人：_____（盖单位章）

法定代表人：_____（签字或盖章）

日　期：_____年____月____日

一、投标函

1. 根据你方项目招标编号为　项目招标编号　的　（工程项目名称）　工程招标文件,遵照《中华人民共和国招标投标法》等有关规定,经踏勘项目现场和研究上述招标文件的投标须知、合同条款、图纸、工程建设标准和工程量清单及其他有关文件后,我方愿以人民币(大写)_____(RMB￥_____元)的投标总价并按上述图纸、合同条款、工程建设标准和工程量清单(如有时)的条件要求承包上述工程的施工、竣工,并承担任何质量缺陷保修责任。我方保证工程质量达到_____等级。

2. 我方已详细审核全部招标文件,包括修改文件(如有时)及有关附件。

3. 我方承认投标函附录是我方投标函的组成部分。

4. 一旦我方中标,我方保证按合同书中规定的工期____日历天内完成并移交全部工程。

5. 如果我方中标,我方将按照文件规定提交履约保证金作为履约担保。

6. 我方同意所提交的投标文件在招标文件的"投标人须知"中第3.3.1条规定的投标有效期内有效,在此期间内如果中标,我方将受此约束。

7. 除非另外达成协议并生效,你方的中标通知书和本投标文件将成为约束双方的合同文件的组成部分。

8. 我方将与本投标函一起,提交无条件保函(保证额度_____)或人民币_____元作为投标保证金。

投 标 人：_____（盖单位章）

单位地址：_____

法定代表人：_____（签字或盖章）

邮政编码：_____　电话：_____　传真：_____

开户银行名称：_____

开户银行账号：_____

开户银行地址：_____

开户银行电话：_____

日期：_____年____月____日

二、投标函附录

项目名称：_____　项目招标编号：_____

序　号	条款内容	合同条款号	约定内容	投标人响应情况
1	项目经理	专用条款	姓名：_____	

续表

序　号	条款内容	合同条款号	约定内容	投标人响应情况
2	投标有效期		_____日历天	
3	工期	专用条款	_____日历天	
4	缺陷责任期	专用条款		
5	发包人支付担保	专用条款		
6	承包人履约担保金额	专用条款		
7	分包	专用条款	见分包项目情况表	
8	逾期竣工违约金	专用条款		
9	逾期竣工违约金最高限额	专用条款		
10	质量标准	专用条款		
11	预付款额度	专用条款		
12	预付款保函金额	专用条款		
13	质量保证金额度	专用条款	结算价的_____%	
……	……			

说明:投标人在响应招标文件中规定的实质性要求和条件的基础上,可做出其他有利于招标人的承诺。此类承诺可在本表中予以补充填写。

投标人(盖单位章):

法人代表(签字或盖章):

日期:_____年____月____日

三、投标报价表

项目名称:　　　　　　　　　　　　　　　　　币种:人民币

投标总价		单　位	备　注
其中	安全文明施工费	万元	
	发包人提供材料(设备)暂估价(如有)	万元	
	专业工程暂估价(如有)	万元	
	暂列金额(如有)	万元	
主要材料	钢筋	吨	
	水泥(不含商品混凝土用量)	吨	
	商品混凝土	m³	

投标人(盖单位章):

法定代表人(签字或盖章):

日期:_____年____月____日

四、已标价工程量清单（略）

（格式由投标人自行设计，并由投标人法定代表人和其委托代理人共同签字，并加盖投标公章。）

封面格式（技术部分）

_____工程

投标文件

项目编号：_____

投标内容：_____术标部分_____

投 标 人：_____（盖单位章）

法定代表人：_____（签字或盖章）

日 期：_____年___月___日

目 录

一、施工组织设计
二、拟分包计划表
三、项目管理机构

一、施工组织设计

一、技术标的施工组织设计编制要求：

1. 技术标施工组织设计应按投标人须知 3.1.1.3 施工组织设计要求的内容顺序编制，可采用文字并结合图表形式说明施工方法。

2. 技术标施工组织设计除采用文字表述外可附下列图表，图表及格式要求附后。

附表一　拟投入本工程的主要施工设备表
附表二　拟配备本工程的试验和检测仪器设备表
附表三　劳动力计划表
附表四　计划开、竣工日期和施工进度计划（网络图或横道图）
附表五　施工总平面图
附表六　临时用地表

二、技术标中施工组织设计采用暗标编制，具体要求如下：

（一）技术标中施工组织设计纳入"暗标"的内容：

本招标文件第 2 章投标人须知 3.1.1.3 技术标的施工组织设计全部内容纳入"暗标"部分。

（二）暗标的编制要求

1. 技术标施工组织设计封面的编制

需点击投标文件编制专用工具的"编辑文档"按钮进行内容编辑，关闭编辑框后软件自动将编辑内容转换成 PDF 格式文档。

2. 技术标施工组织设计正文编制

导入已编制好的技术标施工组织设计正文文档，将技术标施工组织设计正文文档相应内容与各个评分点进行节点对应。

3. 目录要求

技术标施工组织设计首页应为目录，目录标题采用宋体三号居中，正文采用宋体四号左端对齐。目录中各章点名称与其页数之间采用点画线，页数放在最后一列，目录不编制页码。目录应按如下规则编制：

1. 概述
1.1 …
1.1.1 …
1.2 …
1.2.1 …
2. 主要施工方法
3. 拟投入的主要物资计划。
4. 拟投入的主要施工机械、设备计划。
5. 劳动力安排计划。
6. 确保工程质量的技术组织措施。
7. 确保安全生产的技术组织措施。
8. 确保工期的技术组织措施。
9. 确保文明施工的技术组织措施。
10. 工程施工的重点和难点及保证措施。
11. 施工总平面布置图。
12. 其他(如有)(与评标办法前附表技术标评分标准一致)。
4. 章节要求
技术标施工组织设计应按投标人须知正文3.1.1.3要求的内容顺序编制,各章节间应分页编排。章节序号应按1.,1.1,1.1.1…类比编排。
5. 排版要求
字体、字符间距:宋体,黑色,字符间距缩放100%,间距、位置为标准。
字号、行距:一级标题采用三号字,居中排版;其他采用小四号字,开始段落空两个字符,行距设1.5倍行距。
页边距:上下左右均为2.15 cm,装订线0 cm。
页眉页脚:页眉页脚距边界1.5 cm,不允许有页眉,页脚只允许有页码,页码采用阿拉伯数字,宋体五号,居中布置,页码应当连续,不得分章或节单独编码。
1)表格内文字要求:宋体小四号字体。
2)图表字体、颜色不做限制。
3)图片:颜色不做限制。
6. 编写软件及版本要求:Microsoft Word。
7. "技术标"的施工组织设计正文中不得出现投标人的名称和其他可识别投标人身份的字符(图表)、徽标、业绩、荣誉或人员姓名以及其他特殊标记等。

附表一:拟投入本工程的主要施工设备表

序号	设备名称	型号规格	数量	国别产地	制造年份	额定功率(KW)	生产能力	用于施工部位	备注

附表二:拟配备本工程的试验和检测仪器设备表

序号	仪器设备名称	型号规格	数量	国别产地	制造年份	已使用台时数	用途	备注

附表三:劳动力计划表

单位:人

工 种	按工程施工阶段投入劳动力情况					

附表四:计划开、竣工日期和施工进度计划(网络图或横道图)

1. 投标人应提交施工进度计划,说明按招标文件要求的工期进行施工的各个关键日期。中标的投标人还应按合同条件有关条款的要求提交详细的施工进度计划。

2. 施工进度计划可采用网络图(或横道图)表示,说明计划开工日期和各分项工程各阶段的完工日期和分包合同签订的日期。

3. 施工进度计划应与施工组织设计相适应。

附表五:施工总平面图

投标人应递交一份施工总平面图,绘出现场临时设施布置图表并附文字说明,说明临时设施、加工车间、现场办公、设备及仓储、供电、供水、卫生、生活、道路、消防等设施的情况和布置。

附表六:临时用地表

用 途	面积(平方米)	位 置	需用时间

二、拟分包计划表(略)
三、项目管理机构配备

1. 项目管理机构配备情况表

岗 位	姓 名	职 称	执业或职业资格证明				承担完工工程情况	
			证书名称	级 别	证 号	专 业	项目数	主要项目名称
施工员								
质量员								
安全员								
材料员								
……								

_____(招标工程项目名称)_____工程

一旦我单位中标,将实行项目经理负责制,我方保证并配备上述项目管理机构。上述填报内容真实,若不真实,愿按有关规定接受处理。项目管理班子机构设置、职责分工等情况另附资料说明。相关证明材料未通过广西建筑业企业诚信信息库审核的,在评审时不予承认。

【备注:附已录入广西建筑业企业诚信信息库的各岗位人员资格证件(如有)扫描件。以上扫描件均为原件的扫描件。】

2. 项目经理(注册建造师)简历表

＿＿＿(招标项目名称)＿＿＿

姓　名		性　别		年　龄	
职　务		职　称		学　历	
参加工作时间			担任项目经理年限		
建造师注册证书编号					
在建和已完工程项目情况					
建设单位	项目名称	建设规模	开、竣工日期	在建或已完	工程质量

备注:

1. 已完成的类似工程应附中标通知书(如有)、合同协议书有关页面、工程竣工验收证明材料的扫描件。在建类似工程应附中标通知书(如有)、工程合同协议书有关页面扫描件。以上扫描件均为原件的扫描件。

2. 相关证明材料未通过广西建筑业企业诚信信息库审核的,在评审时不予承认。

3. 在建工程和该项目经理在投标人以外的其他单位完成的工程项目,其相关证明材料无法在广西建筑业企业诚信信息库中勾选的,投标人可将原件扫描件另外上传到电子招投标系统相应位置。

3. 项目技术负责人简历表

＿＿＿(招标项目名称)＿＿＿

姓　名		性　别		年　龄	
职　务		职　称		学　历	
参加工作时间			担任技术负责人年限		
在建和已完工程项目情况					
建设单位	项目名称	建设规模	开、竣工日期	在建或已完	工程质量备注

备注:

1. 职称证、已完成的类似工程应附中标通知书(如有)、合同协议书有关页面、工程竣工验收证明材料的扫描件。在建类似工程应附中标通知书(如有)、工程合同协议书有关页面扫描件。以上扫描件均为原件的扫描件。

2. 相关证明材料未通过广西建筑业企业诚信信息库审核的,在评审时不予承认。

3. 在建工程和该项目技术负责人在投标人以外的其他单位完成的工程项目,其相关证明材料无法在广西建筑业企业诚信信息库中勾选的,投标人可将原件扫描件另外上传到电子招投标系统相应位置。

签 章 页

招标人:略(盖章)

法定代表人或授权委托人:

(签字或盖章)

招标代理机构:略(盖章)

法定代表人:

(签字或盖章)

[**项目实训**]

1. 虚拟一个建设项目,并编制该建设项目的招标公告。
2. 参照招标文件案例,按 5~7 人为 1 组,以小组为单位,编制虚拟建设项目招标文件。

小 结

工程招标,是工程招投标活动中最重要的环节,对于整个招标投标过程是否合法、科学,能否实现招标目的,具有基础性影响。

我国工程招投标活动实行的是强制招投标制度,并规定了强制招标的项目范围和规模。必须进行招标项目有:大型基础设施,公用事业等关系社会公共利益、公众安全的项目;全部或者部分使用国有资金投资或者国家融资的项目;使用国际组织或者外国政府贷款、援助资金的项目。必须进行招标项目的规模为:施工单项合同估算价在 400 万元人民币以上的;重要设备、材料等货物的采购,单项合同估算价在 200 万元人民币以上的;勘察、设计、监理等服务的采购,单项合同估算价在 100 万元人民币以上的。

工程建设项目必须具备一定的条件才能进行招标,这是为了规范招标行为,确保招标工作有条不紊地进行,维护招投标正常市场秩序。建设单位开展招投标活动也应具备一定的条件。

招投标制度在国际上已有两百多年的历史,也产生了许多招标方式。在我国,招投标方式只有两种:即公开招标和邀请招标。

工程建设项目招标一般包括 3 个阶段,招标准备阶段、招标阶段和定标签约阶段。各阶段均应按照规定的程序开展工作。

招标文件是招标人向投标人发出的旨在向其提供为编写投标文件所需的资料,并向其通报招标投标将依据的规则、标准、方法和程序等内容的书面文件。采用标准招标文件成为国际招投标活动的惯例和要求。国内房屋建筑工程所使用的主要标准招标文件有以下几种:标准施工招标文件(2007 年版)、房屋建筑和市政工程标准施工招标文件(2010 年版)、标准招标文件(2012 年版)、地方标准招标文件(2019 年版)。

不同类型项目的招标文件的内容构成基本相同,各部门又结合行业的具体特点进行了一些特殊规定。对于工程施工项目的招标文件,招标文件一般包括下列内容:招标公告或投标邀请书;投标人须知;合同主要条款;投标文件格式;采用工程量清单招标的,应当提供工程量清单;技术条款;设计图纸;评标标准和方法;投标辅助材料。

招标控制价是招标人根据国家或省级、行业建设主管部门颁发的有关计价依据和办法,按设计施工图纸计算的,对招标工程限定的最高工程造价。编制招标控制价时,应遵守编制原则,编制要有依据,既要遵守计价的规定,也要体现招标控制价的计价特点;招标控制价由具有编制能力的招标人负责编制,当招标人不具备编制招标控制价的能力时,应委托具有相应资质的工程造价咨询人编制招标控制价。

招标控制价由分部分项工程费、措施项目费、其他项目费、税前项目费(广西特有)、规费和税金组成。编制时要按一定的步骤和方法进行;编制招标控制价时,还应注意有关事项。

[分组讨论]

某建设项目概算已获批准,并被列入地方年度固定资产投资计划,并得到规划部门批准,根据有关规定采用公开招标确定招标程序如下,如有不妥,请改正。

1. 向建设部门提出招标申请。
2. 得到批准后,编制招标文件,招标文件中规定外地区单位参加投标需垫付工程款,垫付比例可作为评标条件。本地区单位不需要垫付工程款。
3. 对申请投标单位发出招标邀请函(4 家)。
4. 投标文件递交。
5. 由地方建设管理部门指定有经验的专家与本单位人员共同组成评标委员会。为得到有关领导支持,各级领导占评标委员会的1/2。
6. 召开投标预备会由地方政府领导主持会议。
7. 投标单位报送投标文件时,A 单位在投标截止时间之前 3 小时,在原报方案的基础上,又补充了降价方案,被招标方拒绝。
8. 由政府建设主管部门主持,公正处人员派人监督,召开开标会,会议上只宣读三家投标单位的报价(另一家投标单位退标)。
9. 由于未进行资格预审,故在评标过程中进行资格审查。
10. 评标后评标委员会将中标结果直接通知了中标单位。
11. 中标单位提出因主管领导生病等原因 2 个月后再进行签订承包合同。

知识扩展链接

1. 关于印发简明标准施工招标文件和标准设计施工总承包招标文件的通知(2012 版)
https://www.ndrc.gov.cn/xxgk/zcfb/tz/201201/t20120109_964368.html? code=&state=123
2. 中国采购与招标网
http://www.chinabidding.com.cn/
3. 中国政府采购网
http://www.ccgp.gov.cn/

复习思考与练习

一、填空题

1. 招标人可以选择_____或_____方式进行招标。

2. 工程建设项目招标一般包括 3 个阶段，即_____、_____和定标签约阶段。

3. 开标应当在招标文件确定的提交投标文件截止的时间_____公开进行。

4. _____是招标人用于对招标工程发包的最高限价，有的地方亦拦标价、预算控制价或最高报价等。

5. 招标人澄清、修改或补充的内容是_____的组成部分，对招标人和投标人都有约束力。

6. 招标人组织_____，目的是让投标人了解招标工程现场和周围环境情况，获取必要的信息。

7. 开标后，任何投标人都_____更改投标书的内容和报价和增加优惠条件。

8. _____是根据招标文件中的分部分项工程量清单项目的特征描述及有关要求，按规定确定综合单价计算的费用。

9. 分部分项工程综合单价=人工费+材料费+机械使用费+_____+_____。

10. 广西的措施项目清单包括_____和_____。

二、单选题

1. 我国工程招投标活动实行的是（   ）招投标制度，并规定了强制招标的项目范围和规模。

A. 自愿　　　　　　B. 强制　　　　　　C. 自由　　　　　　D. 随意

2. 只要项目总投资在（   ）万元人民币以上的，其施工单项合同、货物单项合同、勘察、设计、监理等单项合同估算价无论是多少，都必须进行招投标。

A. 300　　　　　　B. 2 000　　　　　　C. 3 000　　　　　　D. 1 500

3. 关于大型基础设施、公用事业等关系社会公共利益、公共安全的项目，下列说法正确的是（   ）。

A. 私人投资则不用招标　　　　　　B. 私人投资也必须进行招标

C. 基本上以私人投资为主　　　　　　D. 国家投资则不用招标

4. 经审查后，招标人与中标人应当自中标通知书发出之日起（   ）天内，按照招标文件和中标人的投标文件正式签订书面合同。

A. 15　　　　　　B. 20　　　　　　C. 25　　　　　　D. 30

5. 一个招标工程能设立（   ）招标控制价。

A. 1　　　　　　B. 2　　　　　　C. 3　　　　　　D. 根据单项工程情况而定

6. 招标人应当合理确定投标人编制投标文件所需的时间,自招标文件开始发出之日起到投标截止日期,最短不得少于(　　)天。

    A. 30　　　　　　　　B. 20　　　　　　　　C. 25　　　　　　　　D. 45

7. 相对于公开招标,下列不属于邀请招标的特点的是(　　)。

    A. 不利于充分竞争的开展　　　　　　B. 投标人数量较少且为特定

    C. 使用时受到国家限制性规定　　　　D. 利于充分竞争的开展

8. 招标人确实需要进行必要的澄清、修改或补充的,应当在招标文件要求提交投标文件截止时间至少(　　)天前,书面通知所有购买招标文件的投标人,以便于修改投标书。

    A. 10　　　　　　　　B. 15　　　　　　　　C. 18　　　　　　　　D. 20

9. 编制招标文件时,以下做法不当的是(　　)。

    A. 用醒目的方式标明招标文件的实质性要求和条件

    B. 明确地阐明评标的标准和方法

    C. 在招标文件的各项技术标准中标明某一特定的专利、商标、名称、设计、原产地或生产供应者

    D. 各项条款做到前后一致

10. 关于招标控制价,下列说法正确的是(　　)。

    A. 招标控制价不能超过批准的概算

    B. 招标控制价就是标底

    C. 招标人可以对所编制的招标控制价进行上浮或下调

    D. 反映招标控制价编制期的市场价格水平

11. 根据《工程建设项目招标范围和规模标准规定》,勘察、设计、监理等服务的采购,单项合同估算价在(　　)万元人民币以上的必须进行招标。

    A. 50　　　　　　　　B. 100　　　　　　　C. 200　　　　　　　D. 400

三、多选题

1. 按我国《招标投标法》规定必须进行招标的项目有(　　)。

    A. 生态环境保护项目　　　　　　　　B. 经济适用住房建设项目

    C. 使用各级财政预算资金的项目　　　D. 某些国防建设工程项目

2. 工程招标文件包括(　　)。

    A. 招标公告或投标邀请书

    B. 投标人须知

    C. 采用工程量清单招标的,应当提供工程量清单

    D. 评标标准和方法

3. 投标人须知包括(　　)。

    A. 投标人须知总说明　　　　　　　　B. 投标人须知前附表

    C. 投标人须知正文部分　　　　　　　D. 投标人须知附件(表)

4. 招标控制价由(　　　)组成。

   A. 分部分项工程费　　　　　　B. 措施项目费

   C. 其他项目费　　　　　　　　D. 规费和税金

5. 其他项目费包括(　　　)。

   A. 暂列金额　　　　　　　　　B. 暂估价

   C. 计日工　　　　　　　　　　D. 总承包服务费

[模块概述]

工程投标,是工程施工、工程货物和工程服务企业获得工程项目的主要来源,特别是对于工程施工承包企业,工程投标已成为其获取工程承包业务最重要的途径。投标企业能否中标,中标后的利润能否达到预期,关键是投标工作。投标与招标共同构成了招投标的完整环节。本模块首先对工程投标进行概述,包括工程投标的基本规定、工程投标的程序和内容及工程投标文件的组成;其次,介绍了工程投标决策和策略;接着,详细讲述了工程投标报价,包括工程投标报价的含义、工程施工投标报价的组成及编制方法,以及编制工程量清单报价应注意事项;然后,讲述了工程投标文件编制的编制与报送;最后,通过工程投标案例分析,对工程投标作深入的分析。

[学习目标]

掌握　工程投标人的资格条件;工程投标文件的组成;工程投标报价的含义;工程施工投标文件的编制。

熟悉　投标保证金;工程投标程序和内容;工程投标决策的含义;工程投标决策阶段的划分和种类;编制工程量清单报价注意事项。

了解　对投标人的禁止性规定;工程投标策略;工程投标决策常用的定量分析方法;工程施工投标报价的组成及编制方法;工程施工投标文件递交。

[能力目标]

具有独立编制一般工程施工投标文件的能力;初步具有投标决策能力。

[素质目标]

培养学生流程意识;并养成细致、严谨、全面分析决策的职业习惯。从对投标人禁止性规定出发,引导学生做人做事须遵守国家法律及企业规章制度,同时明白:不劳而获之物决非真正的获得,付出劳动所获得的成果才是真正属于自己所有。

模块 4 案例辨析

　　某施工单位在通过资格预审后,仔细分析了招标文件,发现招标人所提出的工期要求难以保证。若要保证工期要求,必须采取特殊措施,大大地增加了施工成本。且合同条款有规定,每拖延工期 1 天,承包商应赔偿发包人合同价的 0.5‰。该施工单位在编制投标文件时,特别说明发包人的工期要求难以实现,从而按照自认为合理的工期(比招标人要求的工期增加 3 个月)来编制施工进度计划并据此报价。该投标单位将技术标和商务标分别封装,在封口处加盖本单位公章和项目经理签字后,在投标截止日期前将投标文件报送发包人。在规定的开标时间前 1 小时,该投标单位又递交了一份补充材料,其中声明将原报价降低 4%。但招标单位的相关工作人员认为,根据国际上"一标一投"的惯例,一个投标单位不得递交两份投标文件,因而拒收投标单位的补充材料。

　　开标会由市招投标办的工作人员主持,各相关人员及各投标单位代表均到场。开标前,市公证处人员对所有投标文件进行审查,确认所有投标文件均有效后,正式开标。

【思考】

(1)该施工单位运用了哪几种报价技巧? 其运用得是否恰当? 请说明理由。

(2)该施工单位的投标文件存在哪些问题?

任务 4.1　工程投标概述

4.1.1　工程投标的基本规定

(1)工程投标人的资格条件规定

　　《招标投标法实施条例》明确规定,投标人参加依法必须进行招标项目的投标,不受地区或者部门的限制,任何单位和个人不得非法干涉。也就是说,只要是依法必须招标的项目,任何单位和个人不得限制或排斥潜在投标人参加投标,潜在投标人可以跨地区、跨部门响应招标,参加投标。潜在投标人想成为合格投标人,还需要一定的资格条件。

　　响应招标、参加投标竞争的潜在投标人应该是法人或者其他组织,这是成为投标人的一般条件。要想成为合格投标人,还必须满足两项资格条件:一是国家有关规定对不同行业及不同主体投标人的资格条件;二是招标人根据项目本身的要求,在招标文件或资格预审文件中规定的投标人的资格条件。

　　对于工程施工、工程货物和工程服务等不同类别的招标,对投标人资格条件有不同的规定。

1)工程施工投标人资格条件

　　《工程建设项目施工招标投标办法》规定,投标人参加工程建设项目施工投标应当具备 5 个条件:

　　①具有独立订立合同的权利;

　　②具有履行合同的能力,包括专业、技术资格和能力,资金、设备和其他物质设施状况,管理能力、经验、信誉和相应的从业人员;

③没有处于被责令停业,投标资格被取消,财产被接管、冻结、破产状态;

④在最近 3 年内没有骗取中标和严重违约及重大工程质量问题;

⑤国家规定的其他资格条件。

同时强调,投标人是响应招标、参加投标竞争的法人或者其他组织。招标人的任何不具独立法人资格的附属机构(单位),或者为招标项目的前期准备或者监理工作提供设计、咨询服务的任何法人及其任何附属机构(单位),都无资格参加该招标项目的投标。

也就是说,招标人的附属非独立法人机构及已经为某项目提供过前期服务的机构,都不能参加该项目的工程施工投标。

2)工程货物投标人的资格

《工程建设项目货物招标投标办法》规定,投标人是响应招标、参加投标竞争的法人或者其他组织。法定代表人为同一个人的两个及两个以上法人,母公司、全资子公司及其控股公司,都不得在同一货物招标中同时投标。一个制造商对同一品牌同一型号的货物,仅能委托一个代理商参加投标,否则应作废标处理。

也就是说,同一法定代表人的两个法人机构,不能参加同一货物的投标,同一品牌、同一型号的货物,只能有一个代理商参加投标。

3)工程服务投标人资格

《工程建设项目勘察设计招标投标办法》规定,投标人是响应招标、参加投标竞争的法人或者其他组织。在其本国注册登记,从事建筑、工程服务的国外设计企业参加投标的,必须符合中华人民共和国缔结或者参加的国际条约、协定中所作的市场准入承诺以及有关勘察设计市场准入的管理规定。投标人应当符合国家规定的资质条件。

也就是说,参加工程勘察设计项目的投标机构,应当符合国家对勘察设计方面的资质条件的规定。

4)招标人在招标文件或资格预审文件中规定的投标人资格条件

招标人可以根据招标项目本身要求,在招标文件或资格预审文件中,对投标人的资格条件从资质、业绩、能力、财务状况等方面作出一些规定,并依此对潜在投标人进行资格审查。

投标人必须满足以上这些要求,才有资格成为合格投标人,否则,招标人有权拒绝其参与投标。同时,法律也禁止招标人以不合理的条件限制或排斥潜在投标人,以及对潜在投标人实行歧视待遇。

这里要注意,虽然法规对投标人的资格要求是法人或其他组织,但由于我国工程建设领域实行资质管理,新设企业一般是先取得企业法人营业执照后,方可到建设行政主管部门办理资质申请手续。对于建设工程施工投标人的资质实际是限定在企业法人上,其他组织是不能参加工程投标的。对勘察、设计和监理投标人的资质是限定在企业法人和合伙企业上,最低一级资质条件才允许设合伙企业。也就是说,必须招标的服务项目及绝大多数招标项目,企业资质条件是限定在企业法人上。在工程施工和工程服务招投标活动中,非企业法人、其他非法人企业和其他组织实际上是被排除在合格投标人之外,如企业法人的分支机构、个人独资企业等。工程货物的招投标活动,对其他组织是否能参加投标,没有特别明确的规定。

(2)投标保证金

参加工程投标的投标人,除了按规定递交投标文件外,还需要按规定交纳投标保证金。所谓投标保证金,是指在工程招标投标活动中,投标人随投标文件一同递交给招标人的一定形式、一定金额的投标责任担保。

1）投标保证金的作用

①对投标人的行为进行约束。保证投标人在递交投标文件后不随意撤销投标文件,中标后不无故不签订工程合同,签订合同时不向招标人提出附加条件,并且按照招标文件要求提交履约保证金。否则,招标人有权不予返还其递交的投标保证金。

②在特殊情况下,可以弥补招标人的一部分损失。如果发生中标人反悔,不签订合同,则没收的投标保证金可以弥补中标人与中标候选人之间的投标报价金额差异的一部分。

③督促招标人尽快定标。投标保证金对招标人也有一定的约束作用,投标保证金是有一定时间限制的,这一时间即是投标有效期。如果超出了投标有效期,则投标人不对其投标的法律后果承担任何义务。所以,投标保证金可以防止招标人无限期地延长定标时间,影响投标人的经营决策和合理调配自己的资源。

④从侧面考察投标人的实力。参加工程投标的企业交纳投标保证金,是对资金实力的考验,如果投标人连投标保证金都交不起,说明企业根本不具备履行工程项目的基本能力。

2）投标保证金的形式

投标保证金的形式,并不是只有现金一种,可以有多种形式。《工程建设项目施工招标投标办法》规定,投标保证金除现金外,可以是银行出具的银行保函、保兑支票、银行汇票或现金支票。

①现金。对于数额较小的投标保证金而言,采用现金方式提交是一个不错的选择。但对于数额较大(如万元以上)采用现金方式提交就不太合适了。因为现金不易携带,不方便递交,在开标会上清点大量的现金不仅浪费时间,操作手段也比较原始,既不符合我国的财务制度,也不符合现代交易支付习惯。

②银行汇票。银行汇票是汇票的一种,是一种汇款凭证,由银行开出,交由汇款人转交给异地收款人,异地收款人再凭银行汇票在当地银行兑取汇款。对于用作投标保证金的银行汇票而言则是由银行开出,交由投标人递交给招标人,招标人再凭银行汇票在自己的开户银行兑取汇款。

③保兑支票。支票是出票人签发的,委托办理支票存款业务的银行或者其他金融机构在见票时无条件支付确定的金额给收款人或者持票人的票据。支票有现金支票和转账支票之分,一般有期限限制。保兑支票,就是保证兑付的意思,付款银行应发票人或受款人的请求,在支票上记载"保付"或"照付"字样的支票。对于用作投标保证金的支票,一般是由投标人开出,并由投标人交给招标人,招标人再凭支票在自己的开户银行支取资金。

④投标保函。投标保函是由投标人申请银行开立的保证函,即银行保函,保证投标人在中标人确定之前不得撤销投标,在中标后应当按照招标文件和投标文件与招标人签订合同。如果投标人违反规定,开立保证函的银行将根据招标人的通知,支付银行保函中规定数额的资金给招标人。

3）投标保证金的相关规定

①投标保证金的比例和数额。《招标投标法实施条例》规定,投标保证金不得超过招标项目估算价的2%。《房屋建筑和市政基础设施工程施工招标投标管理办法》(住建部令第43号修正)规定,投标担保可以采用投标保函或者投标保证金的方式。投标保证金可以使用支票、银行汇票等,一般不得超过投标总价的2%,最高不得超过50万元。也就是说,投标保证金是

按工程项目的投标价的比例估算的,不超过 2%。无论项目再大,投标保证金不能超过 50 万元人民币。由于投标报价在投标时是一个敏感的数据,如果各单位均按投标报价比例交纳,容易泄露投标报价。实际操作中,可由招标人按投资额或招标控制价的比例计算出一个固定金额。

②投标保证金的递交。投标保证金应当在开标时间截止前交纳,考虑到银行转账的时间及需要招标人开具收到投标保证金的收据,投标人一般会考虑在规定的截止时间前交纳投标保证金。投标保证金可以交给招标人,也可以交给招标代理人。

《招标投标法实施条例》规定,对于依法必须进行招标的项目的境内投标单位,以现金或者支票形式提交的投标保证金应当从其基本账户转出。即工程投标人的投标保证金需从本单位的唯一的基本账户转出,不得从其他账户转出,否则投标无效。

③投标保证金的期限。投标保证金的有效期应与投标有效期一致。投标有效期在招标文件中需明确规定,一般从投标人提交投标文件截止之日起计算。

④投标保证金的归还。工程开标后,招标人应及时归还投标人的投标保证金和孳生的利息。《工程建设项目施工招标投标办法》规定,招标人最迟应当在与中标人签订合同后 5 日内,向中标人和未中标的投标人退还投标保证金及银行同期存款利息。

(3)对投标人的禁止性规定

工程建设项目涉及国家安全和社会公众利益,工程招投标涉及各方重大利益,必须确保公开、公平、公正和诚实信用。国家除了对招标人作了详细的规定外,对投标人投标也作了明确的规定,防止串通投标的行为。《招标投标法实施条例》规定,禁止投标人相互串通投标,禁止招标人与投标人串通投标。

1)禁止投标人相互串通投标的情形

《工程建设项目施工招标投标办法》规定,下列行为均属投标人串通投标报价:

①投标人之间相互约定抬高或压低投标报价;

②投标人之间相互约定,在招标项目中分别以高、中、低价位报价;

③投标人之间先进行内部竞价,内定中标人,然后再参加投标;

④投标人之间其他串通投标报价的行为。

在工程招投标活动中,如果发现不同投标人的投标文件由同一单位或者个人编制,包括电子投标文件使用同一软件从一个电脑终端发出,将会被视为投标人之间相互串通。视为投标人相互串通的行为还有:不同投标人委托同一单位或者个人办理投标事宜,不同投标人的投标文件载明的项目管理成员为同一人的,投标文件异常一致或者投标报价呈规律性差异、投标文件相互混装以及不同投标人的投标保证金从同一单位或者个人的账户转出。

2)禁止招标人与投标人串通投标的情形

《工程建设项目施工招标投标办法》规定,下列行为均属招标人与投标人串通投标:

①招标人在开标前开启投标文件并将有关信息泄露给其他投标人,或者授意投标人撤换、修改投标文件;

②招标人向投标人泄露标底、评标委员会成员等信息;

③招标人明示或者暗示投标人压低或抬高投标报价;

④招标人明示或者暗示投标人为特定投标人中标提供方便;

⑤招标人与投标人为谋求特定中标人中标而采取的其他串通行为。

对于实行工程量清单报价的情况,招标控制价应提前告知投标人,而且应毫不保留地告知投标人,不属于串标行为。所谓毫无保留,是指招标控制价文件的全部内容应提前告知投标人。

3)禁止投标人低于成本价投标或以他人名义投标的情形

《招标投标法》明确规定,投标人不得以低于成本的报价竞标,也不得以他人名义投标或者以其他方式弄虚作假,骗取中标。

低于成本价,是指低于投标人企业的个别成本。是否低于企业个别成本,由评标委员会根据经验判断,并可要求投标人解释说明。

以他人名义投标,指投标人挂靠其他施工单位,或从其他单位通过受让或租借的方式获取资格或资质证书,或者由其他单位及其法定代表人在自己编制的投标文件上加盖印章和签字等行为。即使用通过受让或者租借等方式获得资格、资质证书投标的,标书的编制人与加盖印章和签名的单位和个人不一致的均属于以他人名义投标。

国家还明确规定,在投标活动中,禁止其他弄虚作假的行为,包括:使用伪造、变造的许可证件;提供虚假的财务状况或者业绩;提供虚假的项目负责人或者主要技术人员简历、劳动关系证明;提供虚假的信用状况等。

[课程育人]

从"对投标人的禁止性规定"出发,谈谈你对学校规章制度以及从业人员持证上岗的理解。

4.1.2 工程投标程序和内容

投标程序,也叫投标流程,是指投标人在招投标活动中,从开始到完成所经历的步骤和完成的事项。投标人必须熟悉投标程序,才能变被动为主动,最终实现中标。特别是工程施工投标,由于施工项目投资金额大,政策性强,竞争激烈,使得施工投标的程序和内容尤为复杂,投标人更应该熟悉投标程序。

工程施工项目投标一般要经过以下几个阶段:

(1)前期准备阶段

1)主动、提前掌握工程招标信息

由于国家推行工程招投标制度,对重要投资项目实行强制招投标。参加工程施工投标,已成为施工企业获取工程项目承包的主要方式。因此,施工企业必须高度重视招标信息的获取,积极关注工程施工项目的前期进展情况,做好投标前的各项准备工作,一旦招标信息公告,就可主动参加投标。如果被动地等待招标信息发布后,才开始做投标准备工作,往往由于时间紧而准备不足,从而失去中标希望,甚至在资格审查阶段就被淘汰。

2)提前介入工程投标环境调查

工程投标环境是招标工程项目施工的自然、经济和社会条件,国内项目具体主要是指自然地理条件、工程施工条件、材料设备供应条件以及市场状况调查。这些条件都是工程施工的制约因素,必然影响到工程成本。要想报出恰当的投标书,仅靠招标公告后给的投标时间往往是

不够的。因此,施工企业要提前做好调查准备。环境调查的内容主要有:

①自然地理条件调查要点:

a. 当地气象资料,包括气温、湿度、主导风向和风速、年降雨量及雨季的起止期。重点分析不能施工和不易施工的时间。

b. 水文地质资料,如地基土质承载力、地下水位等。

c. 地震及其设防程度,洪水、台风及其他自然灾害情况。

②工程施工条件调查要点:

a. 施工场地的地理位置、用地范围。这涉及工程施工现场、临时设施的布置和交通运输走向。

b. 施工现场周围道路,进出场条件,有无交通限制等。

c. 供水、供电及通信设施情况。

d. 地上、地下有无障碍物。

e. 附近现有工程情况。

f. 当地政府对施工现场管理的一般要求。

③材料、设备供应条件:

a. 砂石等大宗地方材料的采购和运输。

b. 钢材、水泥、木材、商品混凝土等材料的可能供应来源和价格。

c. 当地供应构配件的能力和价格。

d. 当地租赁建筑机械的可能性和价格。

④市场状况调查:

a. 对招标方情况的调查。包括招标人资金来源及落实情况、项目审批手续是否齐全、招标人是否有丰富的工程建设经验以及是否有拖欠工程款的现象和是否能正确对待索赔等。

b. 劳动力市场调查。我国现阶段人口红利优势逐渐消失,劳动力市场用工有所紧张,特别是某些技术工种短缺,造成劳动力成本上升,而工程施工项目招投标计算的人工单价是政府有关部门制定的指导价,甚至是指令价格,与工程实际的劳动力成本相差较大,如果不事先制订好劳动力价格差造成的人工费亏损,就会影响到整个项目的盈利水平,甚至亏损。因此,应事先调查可能招聘到的工种人数、素质情况及基本工资和社会福利等。

c. 竞争对手调查。要了解同类企业的市场占有情况和这些潜在竞争对手的基本情况(包括技术特长、管理水平、经营水平)及所承包的项目情况;以往参加投标的偏好等。

d. 类似工程的招标情况,包括投标竞争的激烈程度,中标价与控制价的差距等。

3)积极做好本企业投标资格的各项资料准备,随时可以参加资格审查

资格审查是工程招投标必经的环节,无论是资格预审,还是资格后审,各类工程项目所需审查资料大同小异,且都是证明资料,如企业营业执照、资质证书、企业人员资格证书、业绩证明材料等。作为工程施工企业,应该有专人负责搜集管理这些证明材料的原件或登记记录这些原件所在的部门人员手中,并且将扫描件和复印件归类整理、随时更新。一旦有招标项目,可随时整理成完整的投标资格文件,避免由于使用过期的复印件而又一时找不到原件的低级失误导致投标被否决。如企业营业执照,每年都要工商年检,一般在 6 月 30 日前完成。年检合格的企业,其营业执照副本上会加盖年检专用章和签署日期。如果企业 7 月 1 日后还用旧的营业执照复印件,又不带营业执照副本原件,其投标很可能被否决。

（2）投标准备阶段

1）组织投标工作机构

投标工作是一个复杂的系统工程，不是一两个人能够胜任和完成的，需要各方面人才的合理搭配。建立一个强有力的投标机构是投标获得成功的根本保证。招标公告或资格预审公告发布后，投标机构应迅速成立投标工作机构，及时开展投标工作。投标机构应该由三类人才组成：

①经营管理人才，其主要职责是正确作出项目投标报价策略和项目投标决策，也称为投标决策人，一般由主管经营的副总经理或总经济师、经营部门经理担任。

②专业技术人才，其主要职责是制订施工组织设计、施工方案和施工技术措施，是项目的技术负责人，一般由总工程师、技术部门经理或专业工程师担任。

③商务金融人才，主要是根据投标工作机构确定的投标策略、项目施工方案、技术组织措施等，按照招标文件的要求，合理确定投标报价和投标文件的编制等，一般由造价工程师、造价员及投标员组成。

投标企业还可以委托投标代理机构开展各项工作，聘请企业外资深专家为投标提供咨询服务。

2）购买招标文件，认真研究招标文件

资格预审通过后，或对于资格后审的招标项目，投标人购买招标文件后，就开始编制投标文件。有经验的投标商一般并不急于编制投标文件，而是要认真研究招标文件，吃透招标文件的实质性内容，特别是评标规则，对实质性要求和条件要作出恰当的响应。对招标文件不明确的地方或有矛盾的地方是选择提出质疑还是保持沉默，待以后中标后再揭示问题，要使自己始终处在主动的地位。如招标文件对于质量和工期的要求，投标人切不可为了显示对招标文件的实质性要求有更高的响应，而提高标准或提交更多资料，如工程质量报优良，工期较计划工期大幅缩短，类似工程项目要求有 5 个就可以得满分，投标人报 20 个甚至更多对中标一点帮助都没有，反而还易被废标。还有，对招标文件要求不一致的地方，如对人员的要求，有的地方要求项目经理应具有高级职称，有的地方只要求具有中级职称就可以了。这时要按照对本企业最有利的原则处理。

投标人要认真研究的招标文件内容还包括：招标人对投标报价的要求，是单价合同还是总价合同，对工程量清单报价的工程量要认真核对，做到心中有数；合同条件是否符合规定；规范与图纸分析，可能会涉及施工方法，影响投标报价。

3）参加现场踏勘，并对有关疑问提出质询

无论招标人是否组织现场踏勘，投标人都要在去现场踏勘，及时发现与前期调研变化的情况，并对有关疑问作出是否提出质疑的分析，适时提出质疑。

（3）投标报价阶段

1）编制投标书及报价

投标工作机构的专业技术人才负责技术标的编制工作，商务金融人才负责商务标和投标报价的编制工作。对于工程量清单报价，则必须是本单位的注册造价师或造价员才具有签字权。经营管理人才作出最后投标决策。

2）装订投标文件、递交投标书

投标文件装订的质量好坏，会影响到评委对投标人的基本印象，因此，要注重装订质量。在投标截止前,还要及时交纳投标保证金,并要求开具收据。投标保证金转账底单和收据复印件往往是投标文件的组成部分,必须放在投标文件中。按时递交投标书,避免迟到现象。

3)参加开标会议

开标会议不是法定要求投标人必须参加的,但招标人有要求,投标人应响应并参加。

(4)签约阶段

1)接受中标通知书

投标人一旦接到中标通知书,应及时与招标人联系。

2)进行合同谈判

虽然招标文件给出了合同文件,但关于工程内容和范围的某些具体工作内容还需进行讨论、修改、明确或细化,还有技术要求、技术规范和施工技术方案,以及关于价格调整条款等。

3)与招标人签订合同

签订工程施工合同意味着此次投标工作的圆满结束,投标人转为工程承包人,并及时交纳履约保证金。

4.1.3 工程投标文件的组成

《招标投标法》对投标文件规定,投标人应当按照招标文件的要求编制投标文件。投标文件应当对招标文件提出的实质性要求和条件作出响应。招标项目属于建设施工的,投标文件的内容应当包括拟派出的项目负责人与主要技术人员的简历、业绩和拟用于完成招标项目的机械设备等。对于工程施工、货物和服务,因招标的要求相差较大,投标文件的组成也各异。

(1)工程施工投标文件的组成

《工程建设项目施工招标投标办法》规定,投标文件一般包括投标函、投标报价、施工组织设计、商务和技术偏差表。

工程施工的复杂性决定了工程施工投标文件复杂性。根据国家发改委等九部委发布的《标准施工招标文件范本》,施工投标文件应包括下列内容:

①投标函及投标函附录。

②法定代表人身份证明或附有法定代表人身份证明的授权委托书。

③联合体协议书(如果有,就提供)。

④投标保证金。

⑤已标价工程量清单。

⑥施工组织设计。

⑦项目管理机构。

⑧拟分包项目情况表。

⑨资格审查资料。

⑩投标人须知前附表规定的其他材料。

(2)工程货物投标文件的组成

根据《工程建设项目货物招标投标办法》的规定,工程货物的投标文件一般包括:

①投标函。

②投标一览表。

③技术性能参数的详细描述。

④商务和技术偏差表。

⑤投标保证金。

⑥有关资格证明文件。

⑦招标文件要求的其他内容。

（3）工程服务投标文件的组成

工程服务包括勘察、设计、工程监理等。以工程监理为例，根据《某市房屋建筑和市政工程施工监理招标文件范本》，投标文件应包括下列内容：

1）资格审查申请书

资格审查申请书包括：

①法定代表人身份证明或附有法定代表人身份证明的授权委托书（授权委托时附专职投标员身份识别卡复印件）。

②投标人营业执照副本复印件。

③投标人资质等级证书副本复印件。

④总监理工程师注册监理工程师执业证书复印件。

⑤投标保证金收据的复印件、转账底单（加盖公章）复印件、投标人基本账户开户许可证复印件。

⑥外地企业须提供"外地驻桂来邕登记备案证明材料"复印件。

⑦资格审查需要提交的其他材料。

2）技术建议书

技术建议书包括：

①投标人资料。

②监理工作大纲。

③信誉分所需证明材料。

3）财务建议书

财务建议书包括：

①投标函。

②监理费率报价分析表。

4）南宁市建设工程质量安全监督登记书附表

此表一式 5 份，单独装订，即项目监理机构人员概况表。

［**课堂互动**］

微课：工程施工投标人资格条件及组成部分

工程施工投标人资格条件有哪些？相关投标文件一般有哪几部分组成？

任务 4.2　工程投标决策和策略

工程投标人通过投标取得项目,是市场经济条件下的必然,特别是工程施工项目。对承包商来说,经济效益是第一位的,企业的主旋律就是形成利润。但赢利有多种方式,掌握项目前期的投标策略非常重要。决策前要注意分析论证,避免决策的模糊性、随意性和盲目性。

投标人要想在投标中获胜,即中标得到承包工程,然后又要从承包工程中赢利,就需要研究投标策略,它包括投标策略和作价技巧。"策略""技巧"来自承包商的经验积累,对客观规律的认识和对实际情况的了解,同时也少不了决策的能力和魄力。

4.2.1　工程投标决策

(1)工程投标决策的含义

所谓投标决策,就是针对某工程招标项目,投标人是选择参加还是不参加。若参加,将采取什么策略;若不参加,有何替代项目可供选择的分析判断过程。它包括三方面内容:

①针对某项目是投标还是不投标,即选择投标对象。

②倘若去投标,是投什么性质的标,即投标报价策略问题。

③投标中如何采用以长制短、以优胜劣的策略和技巧。

投标决策的正确与否,关系到能否中标和中标后的效益,关系到投标企业的发展前景和职工的经济利益。因此,企业的决策班子必须充分认识到投标决策的重要意义,把这一工作摆在企业的重要议事日程上。

(2)工程投标决策阶段的划分

投标决策可以分为两阶段进行。这两阶段就是投标决策的前期阶段和投标决策的后期阶段。

投标决策的前期阶段必须在购买投标人资格预审资料前后完成。决策的主要依据是招标广告,以及公司对招标工程、招标人的情况的调研和了解的程度。前期阶段必须对投标与否作出论证。通常情况下,下列招标项目应放弃投标:

①本施工企业主管和兼营能力之外的项目。

②工程规模、技术要求超过本施工企业技术等级的项目。

③本施工企业生产任务饱满,而招标工程的盈利水平较低或风险较大的项目。

④本施工企业技术等级、信誉、施工水平明显不如竞争对手的项目。

如果决定投标,即进入投标决策的后期阶段,它是指从申报资格预审至投标报价(封送投标书)前完成的决策研究阶段。主要研究倘若去投标,是投什么性质的标,以及在投标中采取什么样的策略问题。

(3)工程投标决策的种类

按性质分,投标有风险标和保险标;按效益分,投标有盈利标、保本标和亏损标。

①风险标。明知工程承包难度大、风险大,且技术、设备、资金上都有未解决的问题,但由于队伍窝工,或因为工程盈利丰厚,或为了开拓新技术领域而决定参加投标,同时设法解决存在的问题,即是风险标。投标后,如问题解决得好,可取得较好的经济效益,可锻炼出一支好的

施工队伍,使企业更上一层楼;解决得不好,企业的信誉、效益就会受到损害,严重者可能导致企业亏损以至破产。因此,投风险标必须审慎从事。

②保险标。对可以预见的情况从技术、设备、资金等重大问题都有了解决的对策之后再投标,谓之保险标。企业经济实力较弱,经不起失误的打击,则往往投保险标。当前,我国施工企业多数都愿意投保险标,特别是对于国际工程承包市场。

③盈利标。如果招标工程既是本企业的强项,又是竞争对手的弱项;或建设单位意向明确,或本企业任务饱满,利润丰厚,才考虑让企业超负荷运转。此种情况下的投标,称投盈利标。

④保本标。当企业无后继工程,或已经出现部分窝工,必须争取中标。但招标的工程项目本企业无优势可言,竞争对手又多,此时就是投保本标,至多投薄利标。

⑤亏损标。亏损标是一种非常手段,一般是在下列情况下采用,即本企业已大量窝工,严重亏损,若中标后至少可以使部分人工、机械运转,减少亏损;或者为在对手林立的竞争中夺得头标,不惜血本压低标价;或是为了在本企业一统天下的地盘里,为挤垮企图插足的竞争对手;或为打入新市场,取得拓宽市场的立足点而压低标价。以上这些,虽然是不正常的,但在激烈的竞争中有时也这样做。

4.2.2 工程投标策略

所谓工程投标策略,就是为了实现中标的目的及中标后的盈利目的,在工程投标中所采取的具体做法。要采取哪些具体的投标策略,需要对本企业的主客观条件进行分析。

（1）工程投标企业的主观条件

从本企业的主观条件,即各项自身的业务能力和能否适应投标工程的要求,主要考虑:

①工人和技术人员的操作技术水平。

②机械设备能力。

③设计能力。

④对工程的熟悉程度和管理经验。

⑤竞争的激烈程度。

⑥器材设备的交货条件。

⑦中标承包后对今后本企业的影响。

⑧以往对类似工程的经验。

如通过对上述各项因素的综合分析,大部分的条件都能用胜任者,即可初步作出可以投标的判断。国际上通常先根据经验、统计,规定可以投标的最低总分,与"最低总分"比较,如超过则可作出可以投标的判断。

（2）工程投标企业的客观因素

企业自身以外的各种因素,即客观因素,主要有:

①工程的全面情况。包括图纸和说明书,现场地上、地下条件,如地形、交通、水源、电源、土壤地质、水文、气象等。这些都是拟订施工方案的依据和条件。

②建设单位及其代理人（工程师）的基本情况。包括资历、业务水平、工作能力、个人的性格和作风等。这些都是有关今后在施工承包结算中能否顺利进行的主要因素。

③劳动力的来源情况。如当地能否招募到比较廉价的工人,以及当地工会对承包商在劳务问题上能否合作的态度。

④建筑材料、机械设备等的供应来源、价格、供货条件以及市场预测等情况。

⑤专业分包,如卫生、空调、电气、电梯等的专业安装力量情况。

⑥银行贷款利率、担保收费、保险费率等与投标报价有关的因素。

⑦当地各项法规,如企业法、劳动法、关税、外汇管理法、工程管理条例以及技术规范等。

⑧竞争对手的情况。包括企业的历史、信誉、经营能力、技术水平、设备能力、以往投标报价的价格情况和经常的投标策略等。

对以上这些客观情况的了解,除了有些可以从招标文件和招标人对招标工程的介绍、勘察现场获得外,还必须通过广泛的调查研究、询价、社交活动等多种渠道才能获得。

(3)工程投标的具体策略

充分分析了以上主客观情况,对某一具体工程认为值得投标后,这就需确定采取一定的投标策略,以达到有中标机会、今后又能获利的目的。常见的投标策略有以下几种:

①靠提高经营管理水平取胜。这主要靠做好施工组织设计,采取合理的施工技术和施工机械,精心采购材料、设备,选择可靠的分包单位,安排紧凑的施工进度,力求节省管理费用等,从而有效地降低工程成本而获得较大的利润。

②靠改进设计和缩短工期取胜。即仔细研究原设计图纸,发现有不够合理之处,提出能降低造价的修改设计建议,以提高对招标人的吸引力。另外,靠缩短工期取胜,即比规定的工期有所缩短,实现早投产、早收益,有时甚至标价稍高,对招标人也是很有吸引力的。

③低利政策。主要适用于承包任务不足时,与其坐吃山空,不如以低利承包到一些工程。此外,承包商初到一个新的地区,为了打入这个地区的承包市场,建立信誉,也往往采取这种策略。

④加强索赔管理。有时虽然报价低,却着眼于施工索赔,还能赚到高额利润。常言说得好,"中标靠低价,赢利靠索赔"。

投标人要树立索赔意识,从设计图纸、标书、合同中寻找索赔机会。一般索赔金额可达10%~20%。随着我国与国际接轨,索赔管理将是工程投标的主要策略之一。

⑤着眼于发展。为争取将来的优势,而宁愿目前少盈利。承包商为了掌握某种有发展前途的工程施工技术(如建筑核电站的反应堆或海洋工程等),就可能采取这种策略。这是一种较有远见的策略。

以上这些策略不是互相排斥的,根据具体情况,可以综合灵活运用。

4.2.3　工程投标决策的定量分析方法简介

对于工程投标决策,要作出科学的决策,就要采用科学的方法,定性分析必不可少,定量分析也不可或缺。工程投标常用的定量分析方法有:综合评分法、概率分析法、线性规划法、决策树法,层次分析方法。下面仅介绍综合评分法和决策树法,起到抛砖引玉的作用。

(1)综合评分法

将投标工程定性分析的各个因素通过评分转化为定量问题,计算综合得分,用以衡量投标工程的条件。综合评分法的一般步骤如下：

①确定评价项目。即工程投标中哪些因素会影响到投标决策,需要确定这些因素为分析指标。

②制订出评价等级和标准。先制订出各项评价指标统一的评价等级或分值范围,然后制定出每项评价指标每个等级的标准,以便打分时掌握。这项标准一般是定性与定量相结合,也可能是定量为主,也可能是定性为主,根据具体情况而定。

③制订评分表。内容包括所有的评价指标及其等级区分和打分,如表4.1某工程项目投标决策综合评分表。

④根据指标和等级评出分数值。评价者收集和指标相关的资料,给评价对象打分,填入表格。打分的方法一般是先对某项指标达到的成绩作出等级判断,然后进一步细化,在这个等级的分数范围内打上一个具体分。这是往往要对不同评价对象进行横向比较。

⑤ 数据处理和评价。

表 4.1　某工程项目投标决策综合评分表

序号	评价指标	权数 (W)	等级 (C)					指标得分 ($W*C$)
			好	较好	一般	较差	差	
1	管理水平	0.15		0.8				0.12
2	技术水平	0.15	1					0.15
3	机械设备能力	0.05	1					0.05
4	对风险的控制能力	0.15			0.6			0.09
5	实现工期的可能性	0.1			0.6			0.06
6	资金支付条件	0.1		0.8				0.08
7	与竞争对手实力比较	0.1				0.4		0.04
8	与竞争对手投标积极性比较	0.1		0.8				0.08
9	今后机会的影响	0.05			0.6			0.03
10	以往类似工程的经验	0.05		0.8				0.04
	合计 $\sum WC$	1						0.74
	可接受的最低分值							0.6

通过综合评分法评分,该工程投标机会评价值为0.74,高于可接受的最低分值0.6。故该项目可以参加投标。

(2)决策树法

决策树法,是决策者构建出问题的结构,将决策过程中每次决策可能出现两个或以上的状态及其概率,产生不同的结果画成图形,很像一棵树的枝干,故称这种决策方法为决策树法。

决策树是以方框和圆圈为节点,方框节点代表决策点,圆圈代表状态点,也可称为方案节点,用直线连接而成的一种树状结构图。

绘制方法如下：

①先画一个方框作为出发点,这个方框又称为决策点。

②从决策点向右引出若干根直线或折线,每根直线或折线代表一个方案,这些直线或折线称为方案枝。

③每个方案枝的端点画个圆圈,这个圆圈称为概率分叉点,也称为自然状态点。

④从自然状态点引出若干根直线或折线,代表各自然状态的分枝,这些直线或折线称为概率分枝。

⑤在概率分枝上标明各自然状态的损益值。

决策树的分析最佳方案过程是比较各方案的损益值,哪个方案的期望值最大,则该方案为最佳方案。

【例4.1】某施工企业面临 A, B 两工程项目。因受本企业资源条件限制,只能选择其中一项工程投标或者这两项工程均不参加投标。根据过去类似工程投标的经验数据,A 工程投高标的中标概率为 0.3,投低标的中标概率为 0.6,编制该工程投标文件的费用为 6 万元;B 工程投高标的中标概率为 0.4,投低标的中标概率为 0.7,编制该工程投标文件的费用为 4 万元。各方案承包的效果、概率、损益值见表4.2。试用决策树法进行投标决策分析。

表4.2　各方案效果、概率及损益值表

方　案	效　果	概　率	损益值/万元
A 工程投高标	好	0.3	300
	中	0.5	200
	差	0.2	100
A 工程投低标	好	0.2	220
	中	0.7	120
	差	0.1	0
B 工程投高标	好	0.4	220
	中	0.5	140
	差	0.1	60
B 工程投低标	好	0.2	140
	中	0.5	60
	差	0.3	−20

[分析]运用决策树分析决策时需注意:

①不中标概率为 1 减去中标概率。

②不中标损失费用为编制投标文件的费用。

③绘制决策树的顺序是自左向右,而计算时的顺序是自右向左。各机会点的期望值结果应标在机会点上方。

[答案]决策树如图 4.1 所示。

图中各状态点的期望值为:

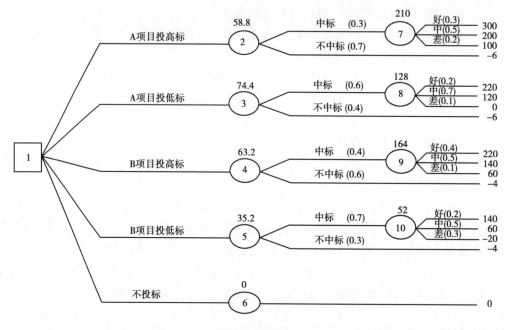

图 4.1　决策树

点⑦:300×0.3+200×0.5+100×0.2=210(万元)

点②:210×0.3+(-6)×0.7=58.8(万元)

点⑧:220×0.2+120×0.4+0×0.1=128(万元)

点③:128×0.6+(-6)×0.4=74.4(万元)

点⑨:220×0.4+140×0.5+60×0.1=164(万元)

点④:164×0.4+(-4)×0.6=63.2(万元)

点⑩:140×0.2+60×0.5+(-20)×0.3=52(万元)

点⑤:52×0.7+(-4)×0.3=35.2(万元)

点⑥:0(万元)

max{58.2,74.4,63.2,35.2,0}=74.4(万元)

点③的期望值最高,故该企业应投 A 项目低标方案。

[课堂互动]

什么是投标决策？工程投标决策的种类有哪些？

任务4.3　工程投标报价

4.3.1　工程投标报价的含义

（1）工程投标报价的概念

工程投标报价是指投标人响应招标文件的要求,按照一定的编制原则、规定的编制依据、适当的编制方法,并考虑投标企业的风险承受能力,估算的预计完成招标工程项目所发生的各项费用的总和。工程投标报价是投标人对招标人的招标文件的价格要素作出的要约表示,直接影响到投标人能否中标和中标后的利润多少。因此,工程投标报价是工程投标工作的核心内容。

对于工程施工项目,由于计价的方式不同,分为定额计价报价和工程量清单报价。作为工程量清单计价的工程施工投标报价,工程投标报价就是按照工程量清单计价编制原则、编制依据,采用工程量清单计价的方法,考虑企业的风险承受能力,确定预计完成工程施工项目的工程造价。

(2)工程施工投标报价的编制依据

采用工程量清单报价的工程施工项目,其编制依据与招标控制价的编制依据基本一致,具体内容有:

①现行的工程量清单计价规范及其地方实施细则。如《建设工程工程量清单计价规范》(GB 5050—2013)、《〈建设工程工程量清单计价规范〉(GB 5050—2013)广西壮族自治区实施细则》。

②现行的建筑安装工程定额及配套规定。如2013年版《广西壮族自治区建筑装饰装修工程消耗量定额》、2015年版《广西壮族自治区安装工程消耗量定额》、2016年版《广西壮族自治区建筑装饰装修工程费用定额》、2015年版《广西壮族自治区安装工程费用定额》。

③招标文件的有关内容。如工程量清单应与投标须知、合同协议条款、合同的通用条款、合同专用条款、技术规范及图纸等文件涉及报价的内容。

④招标人书面答复的有关内容。

⑤投标人内部的企业定额、类似工程的成本核算资料。

⑥其他与报价有关的各项政策、规定及调整系数等。如有关配套费率、人工和机械台班费用调整规定、《建设工程造价信息》某期价格信息以及当地市场材料价格。

(3)工程施工投标报价的编制原则

①非竞争性费用严格按政策规定套算。所谓非竞争性费用,是指招标文件中根据省级政府或省级有关权力部门的规定列项或由招标单位自行统一规定的部分,投标人直接将其加入投标报价部分即可。对于非竞争性费用,投标人绝不可按自己的意思进行适当调整,否则将违反国家有关规定或不响应招标文件而造成投标文件废标。涉及非竞争性的费用主要有:分部分项工程量、安全文明施工费、规费、税金、暂列金额、暂估价、计日工量等。

②竞争性费用以定额、规定为基础,在风险范围内适当调整。所谓竞争性费用,是指由投标单位按政策规定、招标文件等要求,根据招标工程项目结合自身的能力优势、施工组织、材料市场信息价并考虑风险后自行报价的部分。如定额消耗量、人材机单价、企业管理费率、利润率、风险费用、措施费用、计日工单价、总承包管理费等。

4.3.2　工程施工投标报价的组成及编制方法

工程量清单报价已成为工程投标报价的主要方式,但传统的定额计价报价在非国有投资项目中还有一定的市场,且工程量清单计价是在传统的定额计价基础上派生出来的方法,并且依然依赖于工程定额。所以,定额计价投标报价还是不可或缺的。

根据2013年7月1日起施行的《建筑安装工程费用项目组成》规定,建筑安装工程费用项目组成有两种划分方法:一种是按费用构成要素组成划分,将费用要素分为人工费、材料费、施工机具使用费、企业管理费、利润、规费和税金。另一种是按造价形成划分,工程造价由分部分项工程费、措施项目费、其他项目费、规费、税金组成。费用要素的具体内容如下:

(1)建筑安装工程费用项目组成(按费用构成要素划分)

定额计价方式,是依据工程定额和有关规定,先直接计算出工程的直接工程费,再按规定的计算方法计算间接费、利润、税金,汇总确定建筑安装工程造价的一种计价方式。特点是采用定额工料单价计价。根据2013年7月1日起施行的《建筑安装工程费用项目组成》,建筑安装工程费用项目按费用构成要素组成,可划分为人工费、材料费、施工机具使用费、企业管理费、利润、规费和税金。

1)人工费

它是指按工资总额构成规定,支付给从事建筑安装工程施工的生产工人和附属生产单位工人的各项费用。内容包括:①计时工资或计件工资;②奖金;③津贴补贴;④加班加点工资;⑤特殊情况下支付的工资。

2)材料费

它是指施工过程中耗费的原材料、辅助材料、构配件、零件、半成品或成品、工程设备的费用。内容包括:①材料原价;②运杂费;③运输损耗费;④采购及保管费。

3)施工机具使用费

它是指施工作业所发生的施工机械、仪器仪表使用费或其租赁费。包括两部分:①施工机械使用费,以施工机械台班耗用量乘以施工机械台班单价表示。施工机械台班单价应由下列七项费用组成:折旧费、大修理费、经常修理费、安拆费及场外运费、人工费、燃料动力费、税费。②仪器仪表使用费,是指工程施工所需使用的仪器仪表的摊销及维修费用。

4)企业管理费

它是指建筑安装企业组织施工生产和经营管理所需的费用。内容包括:①管理人员工资;②办公费;③差旅交通费;④固定资产使用费;⑤工具用具使用费;⑥劳动保险和职工福利费;⑦劳动保护费;⑧检验试验费;⑨工会经费;⑩职工教育经费;⑪财产保险费;⑫财务费;⑬税金;⑭其他。

5)利润

它是指施工企业完成所承包工程获得的盈利。

6)规费

它是指按国家法律、法规规定,由省级政府和省级有关权力部门规定必须缴纳或计取的费用。包括:①社会保险费,指养老保险费、失业保险费、医疗保险费、生育保险费和工伤保险费;②住房公积金,与社会保险各费合称五险一金;③工程排污费。其他应列而未列入的规费,按实际发生计取。

7)税金

它是指国家税法规定的应计入建筑安装工程造价内的营业税、城市维护建设税、教育费附加以及地方教育附加。

具体费用构成要素,详见表4.3《建筑安装工程费用项目组成表(按费用构成要素划分)》。

表4.3　建筑安装工程费用项目组成表（按费用构成要素划分）

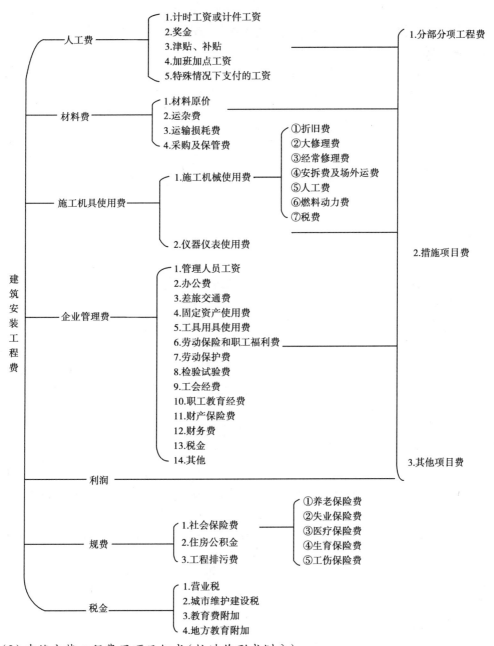

（2）建筑安装工程费用项目组成（按造价形成划分）

建筑安装工程费用项目组成是按造价形成划分的，分为分部分项工程费、措施项目费、其他项目费、规费和税金。其中，分部分项工程费、措施项目费、其他项目费均包含人工费、材料费、施工机具使用费、企业管理费和利润。

1）分部分项工程费

这是指各专业工程的分部分项工程应予列支的各项费用。其中，专业工程是指按现行国家计量规范划分的房屋建筑与装饰工程、仿古建筑工程、通用安装工程、市政工程、园林绿化工

161

程、矿山工程、构筑物工程、城市轨道交通工程、爆破工程等各类工程。

2）措施项目费

这是指为完成建设工程施工,发生于该工程施工前和施工过程中的技术、生活、安全、环境保护等方面的费用。内容包括:

①安全文明施工费,有环境保护费、文明施工费、安全施工费、临时设施费种。

②夜间施工增加费,是指因夜间施工所发生的夜班补助费、夜间施工降效、夜间施工照明设备摊销及照明用电等费用。

③二次搬运费,是指因施工场地条件限制而发生的材料、构配件、半成品等一次运输不能到达堆放地点,必须进行二次或多次搬运所发生的费用。

④冬雨季施工增加费,是指在冬季或雨季施工需增加的临时设施、防滑、排除雨雪,人工及施工机械效率降低等费用。

⑤已完工程及设备保护费,是指竣工验收前,对已完工程及设备采取的必要保护措施所发生的费用。

⑥工程定位复测费,是指工程施工过程中进行全部施工测量放线和复测工作的费用。

⑦特殊地区施工增加费,是指工程在沙漠或其边缘地区、高海拔、高寒、原始森林等特殊地区施工增加的费用。

⑧大型机械设备进出场及安拆费,是指机械整体或分体自停放场地运至施工现场或由一个施工地点运至另一个施工地点,所发生的机械进出场运输及转移费用及机械在施工现场进行安装、拆卸所需的人工费、材料费、机械费、试运转费和安装所需的辅助设施的费用。

⑨脚手架工程费,是指施工需要的各种脚手架搭、拆、运输费用以及脚手架购置费的摊销（或租赁）费用。

3）其他项目费

①暂列金额,是指建设单位在工程量清单中暂定并包括在工程合同价款中的一笔款项。用于施工合同签订时尚未确定或者不可预见的所需材料、工程设备、服务的采购,施工中可能发生的工程变更、合同约定调整因素出现时的工程价款调整以及发生的索赔、现场签证确认等的费用。

②计日工,是指在施工过程中,施工企业完成建设单位提出的施工图纸以外的零星项目或工作所需的费用。

③总承包服务费,是指总承包人为配合、协调建设单位进行的专业工程发包,对建设单位自行采购的材料、工程设备等进行保管以及施工现场管理、竣工资料汇总整理等服务所需的费用。

4）规费

这是指按国家法律、法规规定,由省级政府和省级有关权力部门规定必须缴纳或计取的费用。包括:a.社会保险费,指养老保险费、失业保险费、医疗保险费、生育保险费和工伤保险费;b.住房公积金,与社会保险各费合称五险一金;c.工程排污费。其他应列而未列入的规费,按实际发生计取。

5）税金

这是指国家税法规定的应计入建筑安装工程造价内的营业税、城市维护建设税、教育费附加以及地方教育附加。实行"营改增"后,税金仅指增值税。

具体项目构成要素,详见表4.4《建筑安装工程费用项目组成表(按造价形成划分)》。

表4.4 建筑安装工程费用项目组成表(按造价形成划分)

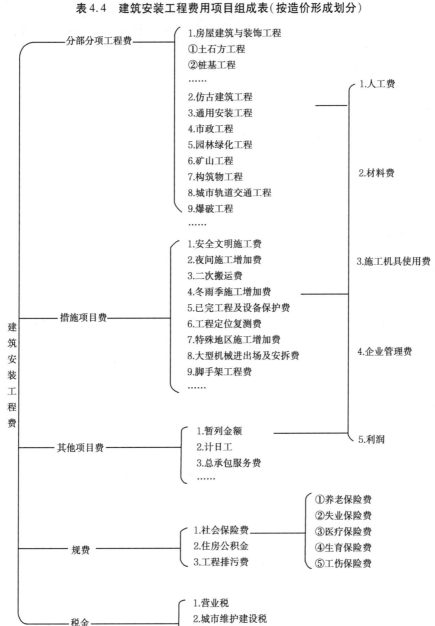

(3)定额计价报价的编制方法

传统定额计价方式,是依据工程定额和有关规定,先直接计算出工程的直接工程费,再按规定的计算方法计算间接费、利润、税金,汇总确定建筑安装工程造价的一种计价方式。其特点是采用定额单价计价。这一方法现在只存在于理论中了,详见《建筑安装工程费用项目组成》中的建筑安装工程费用项目组成(按费用构成要素划分)。

现行的定额计价报价方法,广西称之为工料单价法,是从我国传统的定额计价方法发展而来计价方法。其基本特征就是使用消耗量定额规定的分部分项工程各消耗量乘以该消耗量的市场单价,分别得到该分部分项工程的人工费、材料费和机械使用费等直接费,再加上管理费、利润和相应的风险,然后得到工料单价(实际是综合单价,与清单相区别),最后按造价形成过程计算工程造价的一种方法。

1)定额计价报价编制的一般程序

①准备资料、熟悉施工图纸。

②对甲方给定的工程量按照定额工程量计算规则进行复核,检查是否有错。

③套定额消耗量和市场价格(包括人工费、材料费、机械使用费),按规定计算管理费,再根据规定和投标企业自身情况计算利润,得到工料综合单价。

④计算分部分项工程费和单价措施费。

⑤编制工料分析表。

⑥按规定计算各项措施项目费用、其他项目费用、规费、税金,汇总工程造价。

2)建筑安装工程计价参考公式

①分部分项工程费。

$$分部分项工程费 = \sum(分部分项工程量 \times 综合单价)$$

式中:综合单价包括人工费、材料费、施工机具使用费、企业管理费和利润以及一定范围的风险费用(下同)。

②措施项目费。

Ⅰ.国家计量规范规定应予计量的措施项目,其计算公式为:

$$措施项目费 = \sum(措施项目工程量 \times 综合单价)$$

Ⅱ.国家计量规范规定不宜计量的措施项目,计算方法如下:

a.安全文明施工费。

$$安全文明施工费 = 计算基数 \times 安全文明施工费费率(\%)$$

计算基数应为定额基价(定额分部分项工程费+定额中可以计量的措施项目费)、定额人工费(定额人工费+定额机械费),其费率由工程造价管理机构根据各专业工程的特点综合确定。

b.夜间施工增加费。

$$夜间施工增加费 = 计算基数 \times 夜间施工增加费费率(\%)$$

c.二次搬运费。

$$二次搬运费 = 计算基数 \times 二次搬运费费率(\%)$$

d.冬雨季施工增加费。

$$冬雨季施工增加费 = 计算基数 \times 冬雨季施工增加费费率(\%)$$

e.已完工程及设备保护费。

$$已完工程及设备保护费 = 计算基数 \times 已完工程及设备保护费费率(\%)$$

上述 b—e 项措施项目的计费基数应为定额人工费或(定额人工费+定额机械费),其费率由工程造价管理机构根据各专业工程特点和调查资料综合分析后确定。

③其他项目费。

a.暂列金额由建设单位根据工程特点,按有关计价规定估算。投标时,投标单位应按招标工程量清单中列出的金额填写。

b.计日工。应按招标工程量清单中列出的项目和数量,自主确定综合单价并计算计日工总额。

c.总承包服务费。应根据招标工程量清单中列出的内容和提出的要求自主确定。

④规费和税金。

建设单位和施工企业均应按照省、自治区、直辖市或行业建设主管部门发布标准计算规费和税金,不得作为竞争性费用。

施工企业工程投标报价计价程序详见表4.5。

表4.5　施工企业工程投标报价计价程序

工程名称:　　　　　　　　　　　　标段:

序号	内　容	计算方法	金额/元
1	分部分项工程费	自主报价	
1.1			
1.…			
2.1	其中:安全文明施工费	按规定标准计算	
3	其他项目费		
3.1	其中:暂列金额	按招标文件提供金额计列	
3.2	其中:专业工程暂估价	按招标文件提供金额计列	
3.3	其中:计日工	自主报价	
3.4	其中:总承包服务费	自主报价	
4	规费	按规定标准计算	
5	税金(扣除不列入计税范围的工程设备金额)	(1+2+3+4)×规定税率	
投标报价合计＝1+2+3+4+5			

(4)工程量清单报价的编制方法

工程量清单计价法是针对招投标工程而言的。招标人或招标人委托有资质的招投标代理机构,根据建筑工程施工图纸,按照《建设工程工程量清单计价规范》中的相关规则计算工程量。并将各分部分项工程量集中列表,形成工程量清单。该清单可作为招标文件的一部分提供给投标人,投标人凭借工程量清单,采用自主报价的计价方式。

企业自主报价的单价包括施工企业投标时期望得到的管理费和利润值,是综合单价。因此,这种计价方法又称为综合单价法。

工程量清单计价报价编制的一般程序如下:

①准备资料、熟悉施工图纸。

②对甲方给定的工程量按照清单工程量计算规则进行复核,检查是否有错。

③套定额消耗量和市场价格(包括人工费、材料费、机械使用费),按规定计算管理费,根据规定和投标企业自身情况计算利润,得到综合单价。

④计算分部分项工程费和单价措施费。

⑤编制工料分析表。

⑥按规定计算各项措施项目费用、其他项目费用、规费、税金,汇总工程造价。

清单工程量计价报价与定额计价报价的程序是一致的,都是按《建筑安装工程费用项目组成》中建筑安装工程计价参考公式计算,详见表4.5。两者的区别是,定额计价所用的工程量是定额工程量,而清单计价所用的工程量是清单工程量。清单报价必须遵循"五统一"的规定,即投标报价的项目编码、项目名称、项目特征、计量单位、工程量必须与招标工程量清单一致,投标人不得对招标工程量清单项目进行增减调整。

4.3.3　编制工程量清单报价注意事项

(1)投标报价说明

①投标人应依据招标文件及其招标工程量清单自主确定报价成本,投标报价不得低于工程成本。

②投标人不得采用总价让利或以百分比让利等形式进行报价。投标函中的报价须与工程量清单汇总表一致,否则可能作废标处理。

③投标价应由投标人或受其委托具有相应资质的工程造价咨询人编制。

④投标人可根据工程实际情况结合施工组织设计,对招标人所列的措施项目进行增补。

⑤招标工程量清单与计价表中列明的所有需要填写的单价和合价的项目,投标人均应填写且只允许有一个报价。未填写单价和合价的项目,视为此项费用已包含在已标价工程量清单中其他项目的单价和合价之中。竣工结算时,此项目不得重新组价予以调整。

⑥投标总价应当与分部分项工程费、措施项目费、其他项目费和规费、税金的合计金额一致。

⑦人工工日单价、机械台班单价允许按照市场情况进行调整。投标人应提供人工工日单价、机械台班单价以及涉及调整的单价一览表,并同时提供调整说明。

⑧投标人可在现行费用定额(按工程类别)的最大值到最小值中自主选择管理费的费率。定额编制费、劳动定额测定费及地方各级政府规定必须支出的工程施工费用应单项列出,作为不可竞争费用。

⑨利润及风险费率区间。利润和风险由投标人自行考虑,利润不得为负数。

⑩有工程数量的项目应报单价和合价,无工程数量的项目不报价。投标人在报价中所报的单价和合价,以及投标报价汇总表中的价格均包括完成该工程项目的成本、利润、税金、开办费、技术措施费、大型机械进出场费、风险费、政策性文件规定费用等所有费用。

(2)投标报价编制的关键点

①投标人应按招标人提供的工程量清单填报价格。填写的项目编码、项目名称、项目特征、计量单位、工程量必须与招标人提供的一致,俗称"五统一"。如项目编码与项目特征、计量单位、工程数量无法一一对应,该清单项目作废,该清单项目的费用视为包含在其他清单中;如作废的清单项目达到3项以上(含本数)或作废的清单项目造价累计超过单位工程投标报价的2%(含本数),视为不响应招标文件实质性内容,作废标处理。

②特别注意招标工程量清单部分项目带"＊"的项目。工程量清单中带"＊"的项目实行

最高限价,即投标人投标文件中相应项目的单价如超出经公布的招标控制价的相应项目单价,则作废标处理。

③措施项目可进行增补。措施项目的内容应依据招标人提供的措施项目清单和投标人投标时拟定的施工组织设计或施工方案;投标人可根据工程实际情况结合施工组织设计,对招标人所列的措施项目进行增补。

④分部分项工程费报价的最重要依据之一是该项目的特征描述。投标人应依据招标文件中分部分项工程量清单项目的特征描述确定清单项目的综合单价,当出现招标文件中分部分项工程量清单项目的特征描述与设计图纸不符时,应以工程量清单项目的特征描述为准;当施工过程中施工图纸或设计变更与工程量清单项目的特征描述不一致时,发、承包双方应按实际施工的项目特征,依据合同约定重新确定综合单价。

⑤投标人自行考虑风险因素。投标人在自主决定投标报价时,还应考虑招标文件中要求投标人承担的风险内容及其范围(幅度)以及相应的风险费用。在施工过程中,当出现的风险内容及其范围(幅度)在招标文件规定的范围内时,综合单价不得变更,工程价款不作调整。

(3)不平衡投标报价的应用

随着我国社会主义市场经济体制的建立,建筑业推行了工程承包制合同制,形成了发包方和承包方两大主体。虽然在法律上两个主体是平等的,但在实际工作中,形成了发包方占有强势地位的局面,工程招标投标制的推行初期并未改变这种局面,使得在招投标过程中,投标人为了争取自身利益,逐步总结出层出不穷的投标技巧,如不平衡报价法、多方案报价法、突然降价法、先亏后盈报价法及扩大标价法等。

工程量清单计价的推出,逐步削弱了发包人的强势地位,加强了承包人话语权地位,同时,也使得各种投标报价技巧失去了应有的作用,特别是 2013《工程量清单计价规范》实施后,将大大提高承包人的地位。完全依靠价格竞争策略中投标报价技巧的工程投标,将被依靠企业实力竞争、信用至上的工程投标所取代。这并不是说,投标报价就不需要技巧。不平衡报价在工程量清单报价中,仍可以发挥一定作用。

所谓不平衡报价(Unbalanced bids)也叫前重后轻法(Front loaded),是指一个工程项目的投标报价,在总价基本确定后,如何调整内部各个项目的报价,以期既不提高总价,不影响中标,又能在结算时得到更理想的经济效益。一般可以在以下几个方面考虑采用不平衡报价法。

①能够早日结账收款的项目(如开办费、土石方工程、基础工程等)可以报得高一些,以利资金周转,后期工程项目(如机电设备安装工程,装饰工程等)可适当降低。

②经过工程量核算,预计今后工程量会增加的项目,单价适当提高,这样在最终结算时可多赚钱,而将工程量可能减少的项目单价降低,工程结算时损失不大。

但是上述两点要统筹考虑,针对工程量有错误的早期工程,如果不可能完成工程量表中的数量,则不能盲目抬高报价,要具体分析后再定。

③设计图纸不明确,估计修改后工程量要增加的,可以提高单价,而工程内容说不清,则可降低一些单价。

④暂定项目。暂定项目又叫任意项目或选的项目,对这类项目要具体分析,因这一类项目要开工后再由建设单位研究决定是否实施,由哪一家承包商实施。如果工程不分标,只由一家承包商施工,则其中肯定要做的单价可高一些,不一定做的则应低一些。如果工程分标,该暂

定项目也可能由其他承包商实施时,则不宜报高价,以免抬高总包价。

⑤在单价包干混合制合同中,有些项目招标人要求采用包干报价时,宜报高价。一则这类项目多半有风险,二则这类项目在完成后可全部按报价结账,即可以全部结算回来,而其余单价项目则可适当降低。

但是不平衡报价一定要建立在对工程量表中工程量仔细核对分析的基础上,特别是对报低单价的项目,如工程量执行时增多将造成承包商的重大损失,同时一定要控制在合理幅度内(一般可以在10%左右),以免引起招标人反对,甚至导致废标。如果不注意这一点,有时招标人会挑选出报价过高的项目,要求投标者进行单价分析,而围绕单价分析中过高的内容压价,以致承包商得不偿失。

[**课堂互动**]

工程投标报价概念及编制原则
什么是工程投标报价?工程施工投标报价的编制原则有哪些?

[**分组讨论**]

微课:从案例中学习投标报价策略

任务4.4　工程投标文件的编制与报送

4.4.1　工程施工投标文件的编制

投标文件的编制,应根据招标文件的要求和格式进行。工程施工投标文件一般由三部分组成,即资格审查部分(适用于资格后审的招标项目)、商务部分和技术部分。这三部分内容分别装订成册,分别密封。资格审查部分的内容在模块2已作了讲述。下面重点讲述商务部分和技术部分。

(1)商务标文件的编制

工程施工商务标文件,一般由4部分组成:

1)投标函及投标函附录

投标函,是指投标人按照工程招标文件的条件和要求,向招标人提交的有关工程报价、工程质量、工期及履约保证金等承诺和说明的函件。它是投标人为响应招标文件相关要求所作的概括性说明和承诺的函件,一般位于投标文件的首要部分,其格式、内容必须符合招标文件的规定,并要加盖投标单位公章,单位法定代表人或其委托代理人(同时是专职投标员)签字或盖章。

投标函附录是附于投标函后并构成投标函一部分的文件,对投标人响应招标文件中规定的实质性要求和条件作出的承诺,一起构成合同文件重要组成部分。承诺必须优于招标文件的要求。

2)投标响应表

它是对招标文件有关工期、投标有效期、质量要求、技术标准和要求、招标范围等实质性内容作出响应,格式由投标人自行拟订。

3)投标报价表

它是对投标报价按建筑工程、安装工程等进行的汇总,同时列出不包括在投标总价中的社会保障费(安全防护、文明施工措施费等)及工程施工主要材料(钢材、水泥、商品混凝土)的用量。

4)已标价工程量清单

它是按工程量清单报价要求提交的工程量清单报价文件。该部分文件必须有本单位的注册造价工程师或造价员签字并加盖执业专用章。

(2)技术标文件的编制

技术标文件主要是施工组织设计,如有分包工程应列出拟分包计划表。当技术标采用暗标时,应将项目管理机构及人员配备情况另册装订。

1)施工组织设计

编制施工组织设计,应采用文字并结合图表形式说明施工方法;拟投入本工程的主要施工设备情况、拟配备本工程的试验和检测仪器设备情况、劳动力计划等;结合工程特点提出切实可行的工程质量、安全生产、文明施工、工程进度、技术组织措施,同时应对关键工序、复杂环节重点提出相应技术措施,如冬雨季施工技术、减少噪音、降低环境污染、地下管线及其他地上地下设施的保护加固措施等。

2)施工组织设计除采用文字表述外可附的图表

①拟投入本工程的主要施工设备表,见表4.6。

表4.6　拟投入本工程的主要施工设备表

序号	设备名称	型号规格	数　量	国别产地	制造年份	额定功率/kW	生产能力	用于施工部位	备注

②拟配备本工程的试验和检测仪器设备表,见表4.7。

③劳动力计划表,见表4.8。

④计划开、竣工日期和施工进度计划(网络图或横道图)。

投标人应提交的施工进度网络图或施工进度表,说明按招标文件要求的工期进行施工的各个关键日期。施工进度表可采用网络图(或横道图)表示,说明计划开工日期和各分项工程各阶段的完工日期和分包合同签订的日期。施工进度计划应与施工组织设计相适应。

⑤施工总平面图。

投标人应递交一份施工总平面图,绘出现场临时设施布置图表并附文字说明,说明临时设施、加工车间、现场办公、设备及仓储、供电、供水、卫生、生活、道路、消防等设施的情况和布置。

⑥临时用地表,见表4.9。

表4.7 拟配备本工程的试验和检测仪器设备表

序号	仪器设备名称	型号规格	数量	国别产地	制造年份	已使用台时数	用 途	备 注

表4.8 劳动力计划表

单位:人

工 种	按工程施工阶段投入劳动力情况						

表4.9 临时用地表

用 途	面积/平方米	位 置	需用时间

3)拟分包计划表

如果工程允许分包,拟分包计划表应列出拟分包项目的名称、范围及理由,拟选分包人基本情况,见表4.10。

表4.10 拟分包计划表

序号	拟分包项目名称、范围及理由	拟选分包人				备 注
		拟选分包人名称	注册地点	企业资质	有关业绩	
		1				
		2				
		3				

备注:本表所列分包仅限于承包人自行施工范围内的非主体、非关键工程。

日期: 年 月 日

4)暗标施工组织设计的编制及装订要求

所谓暗标,就是在评标时,评标委员会成员从投标文件中不能识别出投标的企业(更便于评委客观、公正、公平地评标)。编制暗标是以能够隐去投标人的身份为原则,尽可能简化编制和装订要求。

由于是暗标,对编制和装订有统一的要求,如打印纸张要求、颜色要求、字体、字号、排版等统一的规定。构成投标文件的"技术暗标"的正文中均不得出现投标人的名称和其他可识别投标人身份的字符、徽标、人员名称以及其他特殊标记等。

5)项目管理机构情况

项目管理机构情况由项目管理机构配备情况表、项目经理简历表、技术负责人简历表及辅助说明资料等组成。

①项目管理机构配备情况表,见表4.11。

②项目经理简历表,见表4.12。

③技术负责人简历表,见表4.13。

表4.11　项目管理机构配备情况表

｛招标工程项目名称｝　工程

岗　位	姓名	职称	执业或职业资格证明					承担完工工程情况	
			证书名称	级　别	证　号	专　业	原服务单位	项目数	主要项目名称
施工员									
质检员									
安全员									
材料员									
造价员									
……									

一旦我单位中标,将实行项目经理负责制,我方保证并配备上述项目管理机构。上述填报内容真实,若不真实,愿按有关规定接受处理。项目管理班子机构设置、职责分工等情况另附资料说明。相关证明材料未通过诚信库审核的,在评审时不予承认。

注:附已录入广西建筑业企业诚信信息库的各岗位人员资格证件(如有)扫描件。以上扫描件均为原件的扫描件。

表4.12　项目经理(注册建造师)简历表

｛招标工程项目名称｝　工程

姓　名		性　别		年　龄	
职　务		职　称		学　历	
参加工作时间		担任项目经理年限			
项目经理注册证书编号					
在建和已完工程项目情况					
建设单位	项目名称	建设规模	开、竣工日期	在建或已完	工程质量

注:1.已完成的类似工程应附中标通知书或合同协议书、工程接收证书(工程竣工验收证书)的复印件。在建类似工程应附中标通知书或合同协议书复印件。以上扫描件均为原件的扫描件。

2.相关证明材料未通过诚信库审核的,在评审时不予承认。

3.在建工程和该项目经理在投标人以外的其他单位完成的工程项目,其相关证明材料无法在广西建筑业企业诚信信息库中勾选的,投标人可将原件扫描件上传到电子招投标系统相应位置。

表4.13　项目技术负责人简历表

〔标工程项目名称〕　工程

姓　　名		性　　别		年　　龄	
职　　务		职　　称		学　　历	
参加工作时间			担任技术负责人年限		
在建和已完工程项目情况					
建设单位	项目名称	建设规模	开、竣工日期	在建或已完	工程质量

注:1.职称证、已完成的类似工程应附中标通知书(如有)、合同协议书有关页面以及工程竣工验收证明材料的扫描件。在建类似工程应附中标通知书(如有)、工程合同协议书有关页面的扫描件。以上扫描件均为原件的扫描件。

2.相关证明材料未通过诚信库审核的,在评审时不予承认。

3.在建工程和该项目技术负责人在投标人以外的其他单位完成的工程项目,其相关证明材料无法在广西建筑业企业诚信信息库中勾选的,投标人可将原件扫描件上传到电子招投标系统相应位置。

6)企业信誉实力部分

为了证明投标人中标后有能力和信用履行中标工程,招标人一般还要考察投标企业信誉实力。根据《自治区住房城乡建设厅关于印发广西壮族自治区建筑业企业诚信综合评价办法(试行)的通知》(桂建发〔2017〕17号)规定,从事房屋建筑和市政基础设施工程建筑活动的施工总承包和专业承包企业纳入信用考核。考核指标有企业的综合实力、管理指标和信用记录3部分组成。

①综合实力,是指考核企业的资质等级和已申报缴纳增值税情况。

②管理指标,是指企业的现场质量安全管理及企业安全生产情况。

③信用记录,是指对企业的良好记录和不良记录分部进行量化计分。信用良好记录包括近年来获得的有关荣誉证书,详见表4.14。不良行为记录包括,质量、安全生产事故扣分、行政处罚扣分及通报批评扣分等。

表4.14　企业信誉实力一览表

	序号	项　目
企业信誉实力一览表	1	企业近三年内完成工程获得奖项含"自治区主席奖、鲁班奖、国家市政金杯奖、国家优质工程金或银杯奖、詹天佑大奖、国家AAA级安全文明标准化诚信工地"
	2	企业近两年内承建或完成的工程获得广西壮族自治区级质量或安全奖
	3	企业在上一年度承建或完成的工程获得本项目所在的地级市获得"优质工程"或"安全文明工地"奖项
	4	企业在近三年内完成国家级建设工法
	5	企业近两年内完成广西壮族自治区级建设工法
	6	其他:行政主管部门颁发的与建筑工程的质量、安全文明、绿色环保、节能有关的荣誉等

附:本表所列项目按评标办法前附表要求填写,并按要求附已通过诚信库审核的相关证明材料,否则在评审时不予承认。

诚信综合评分在广西及各地建筑市场监管与诚信信息一体化平台的诚信分公示栏目中查询。根据自治区级诚信综合评价分和设区市级诚信综合评价分,按规定的权重加权平均计算企业信誉实力分。

4.4.2　工程施工投标文件递交

（1）投标文件编制的注意事项

投标文件是评标委员会评价投标人的基础资料,一份装帧精美、内容翔实的投标文件是获得中标的重要前提。投标人在编制投标文件时,要特别注意以下问题:

①投标文件应按招标文件规定的"投标文件格式"进行编写,内容应该全面具体,如有必要,可以增加附页,作为投标文件的组成部分。

②投标文件应当对招标文件有关工期、投标有效期、质量要求、技术标准和要求、招标范围等实质性的内容作出相应的回答。

③投标文件应用不褪色的材料书写或打印,并由投标人的法定代表人或其委托代理人签字和加盖单位公章。委托代理人签字的,投标文件应附法定代表人签署的授权委托书。

④投标文件应尽量避免涂改、行间插字或删除。如果出现上述情况,改动之处应加盖单位公章或由投标人的法定代表人或其授权的代理人签字确认。

⑤投标人拟在中标后将部分工作分包给其他单位完成的（前提是招标人允许分包）,应在投标文件中写明。

⑥如果是联合体投标的,应附有效签署的联合体协议。

⑦投标人应按招标人要求提交足额的投标保证金。

⑧如果对招标文件提出商务部分或技术部分有偏差的,应按招标文件的要求在偏差表中列明。

⑨投标报价应按照招标文件的要求进行填报和封装（通常要求单独封装提交）。

⑩投标文件的正本与副本应分别装订成册,并编制目录,份数应满足招标文件的要求。

对于已采用电子投标文件的项目,应采用电子招标投标系统兼容的投标文件制作软件来制作,电子投标文件由投标人在招标文件规定的投标文件相关位置加盖投标人法人单位及法定代表人电子印章。投标文件未经投标人单位或法定代表人加盖电子印章的,均作否决投标处理。未加密的电子投标文件光盘的具体装订要符合要求。

（2）投标文件的修改与撤回

投标文件的修改是指投标人对投标文件中遗漏和不足部分进行增补,对已有的内容进行修订。投标文件的撤回是指投标人收回全部投标文件,或放弃投标,或以新的投标文件重新投标。

投标人可以修改和撤回已递交的投标文件,但必须在投标文件递交截止时间之前进行,并书面通知招标人。书面通知应按照规定的要求签字或盖章。招标人收到书面通知后,向投标人出具签收凭证。

修改的内容为投标文件的组成部分。修改的投标文件应按照规定进行编制、密封、标记和递交,并标明"修改"字样。

投标截止时间之后至投标有效期满之前,投标人对投标文件的任何补充、修改,招标人不予接受,撤回投标文件的还将被没收投标保证金。

已采用电子投标文件的项目,在投标人须知前附表规定的投标截止时间前,投标人可以修改或撤回已提交的投标文件,最终投标文件以投标截止时间前上传至广西电子招标投标系统的最后一份投标文件为准。

(3)投标文件的密封与标记

工程施工投标文件的资格审查申请书单独包封,商务标、技术标、电子文件光盘分别密封在三个内层投标文件密封袋中,再密封在同一个外层投标文件密封袋中。

投标文件的封套上应清楚地标记"正本"或"副本"字样,封套上应写明规定的其他内容;未按规定要求密封和加写标记的投标文件,招标人不予受理。

(4)投标文件的送达与签收

1)投标文件的送达

对于投标文件的送达,应注意以下几个问题:

①投标文件的提交截止时间。招标文件中通常会明确规定投标文件提交的时间,投标文件必须在招标文件规定的投标截止时间之前送达。

②投标文件的送达方式。投标人递送投标文件的方式可以是直接送达,即投标人派授权代表直接将投标文件按照规定的时间和地点送达,也可以通过邮寄方式送达。邮寄方式送达应以招标人实际收到时间为准,而不是"以邮戳为准"。

③投标文件的送达地点。投标人应严格按照招标文件规定的地址送达,特别是采用邮寄送达方式。投标人因为递交地点发生错误而逾期送达投标文件的,将被招标人拒绝接收。

2)投标文件的签收

投标文件按照招标文件的规定时间送达后,招标人应签收保存。《工程建设项目施工招标投标办法》规定:招标人收到投标文件后,应当向投标人出具标明签收人和签收时间的凭证,开标前任何单位和个人不得开启投标文件。

3)投标文件的拒收

如果投标文件没有按照招标文件要求送达,招标人可以拒绝受理。《工程建设项目施工招标投标办法》规定:投标文件有下列情形之一的,招标人不予受理:逾期送达的或者未送达指定地点的;未按招标文件要求密封的。

对于已采用电子投标文件的项目,投标文件的递交是通过电子招投标系统完成的。投标人应在投标人须知前附表规定的投标截止时间前,向电子招标投标系统提交加密后的电子投标文件,并同时提供未加密的电子投标文件光盘(与加密的电子投标文件为同时生成的版本)。

[课程育人]

1.从工程施工投标文件递交的相关规定中,理解任何工作需要认真务实、一丝不苟的态度,每一项工作都需要再三检查和反复论证。小小的误差都可能带来巨大的损失。

2.从企业信用记录出发,讨论个人诚实和守信用的重要性。

任务4.5　工程投标文件案例分析

4.5.1　案例1　合伙企业是否为合格投标人

——排名第一的合伙企业被投诉不具有法人资格

【背景】2019年5月,某电力企业进行大批量水泥杆招标。招标文件中规定了投标人的资格条件,条件之一为:投标人应为能够独立承担民事责任的法人,随后,经过法定的开标评标程序,投标人准备在评标委员会推荐的中标候选人中确定中标人。在此期间有投标人向招标人投诉:排名第一的中标候选人某水泥制品厂为私营的个人独资企业,不符合招标文件规定的投标人资格条件,应取消其中标资格。招标人经核实被投诉的某水泥制品厂确实不具有独立法人资格,而是根据《个人独资企业法》设立的个人独资企业。虽然该中标候选人具有良好的业绩和信誉,但招标人不得不重新进行招标。

【分析】本案中,招标文件规定投标人应为能够独立承担民事责任的法人。而被投诉的排名第一的中标候选人属于个人独资企业,不具备独立法人资格,所以,不符合招标文件规定的投标人资格条件。

本案发生在《招标投标法实施条例》施行以前,因为中标候选人的组织形式不符合招标文件的要求被废标,导致招标人重新招标。如果本案发生在《招标投标法实施条例》施行后,则情况将会有不同。《招标投标法实施条例》明确规定,依法必须招标的项目,招标人不得非法限定投标人的所有制形式或者组织形式。招标人关于限定投标人组织形式的规定将因为违反行政法规的规定而无效,本案中的中标候选人符合中标条件。

【特别提示】投标人的组织形式(即投标人是法人还是非法人组织等)与投标人履约能力没有必然的关联,如果法律没有特别要求,招标文件不应以投标人的组织形式,作为合格投标人的资格条件。

4.5.2　案例2　投标文件是否响应招标文件的要求

【背景】某依法必须进行招标的房屋建筑工程施工项目,招标人在对投标文件和评标报告进行核查过程中,发现其中的五家投标人(包括中标候选人)的投标文件没有实质性响应招标文件的要求。

招标文件明确:招标人已标价工程量清单的项目编码(12位)、计量单位、工程量任何一处与招标工程量清单不一致的,属于否决投标条件。而其中的五家投标人(包括中标候选人)的投标文件中工程量清单均存在上述情况,应予以否决投标。但评标委员会对以上投标人投标评审的结论是响应性评审合格。

招标人认为:5家投标人(包括中标候选人)为响应性评审不合格,而评标委员会的评标结论为响应性评审合格,所以该结论不能作为定标依据,拒绝在中标候选人公示意见书上加盖单位公章,因此只盖有招标代理机构公章及其主要负责人签名的中标候选人公示无法在当地公共资源交易中心发布。对此,当地行政监督部门作出处理意见:确定该项目招投标程序合法,任何单位或个人不得非法干预、影响评标过程和结果,并要求项目业主收到评标报告之日起3日内公示中标候选人(或委托招标代理机构公示),如对项目评标委员会评审结论有意见,可以依法提出异议。

【分析】招标人发现评标委员会可能存在评审错误的,有权向有关行政监督部门投诉,申请予以纠正,但不按程序公示中标候选人的做法不正确(依据:《中华人民共和国招标投标法实施条例》第五十四条"依法必须进行招标的项目,招标人应当自收到评标报告之日起3日内公示中标候选人,公示期不少于3日");另外,根据《招标公告和公示信息发布管理暂行办法》(中华人民共和国国家发展和改革委员会令第10号)第十条"拟发布的招标公告和公示信息文本应当由招标人或其招标代理机构盖章,并由主要负责人或其授权的项目负责人签名"的规定,中标候选人公示意见书上已盖有招标代理机构公章并由其主要负责人签名,当地公共资源交易中心不应以招标人单位未在中标候选人公示意见书上盖公章为由拒绝发布中标候选人公示。

【特别提示】招标人作为招投标项目的主体,认为投标人投标文件未响应招标文件,如在未发中标候选人公示之前,可直接向行政监督部门进行书面申请复评,并提出明确的请求和提供必要的证明材料;如在中标候选人公示期间,则应向行政监督部门进行投诉,并提出明确的请求和提供必要的证明材料。

4.5.3　案例3　未按照招标文件要求提交财务报表,是否应取消其中标候选人资格

【背景】某依法必须进行招标的房屋建筑工程施工监理项目,招标文件中对投标人的财务要求为"提供2016、2017、2018年度财务报表"。

某投标人认为:第一中标候选人成立时间为2018年3月,无法按照招标文件的要求提供2016、2017年度财务报表,且未在开标前对招标文件"第三章2.1.4否决投标的条件(1)条中的财务要求:提供2016、2017、2018年度务报表"的条款提出投诉(异议),可视为该单位同意招标文件相应要求,故进行投诉,要求应取消其第一中标候选人资格。

【分析】本案中,招标代理机构在招标文件编制时,对于提交相应材料,特别是财务报表的年限,应考虑从取得营业执照时间起到投标截止时间为止不足要求年数的企业不能提供要求年份财务报表的情况,并在招标文件里予以说明。【注:如为施工招标,应参照现行《广西壮族自治区房屋建筑和市政工程施工招标文件范本》进行编写】否则,属于违反《中华人民共和国招标投标法实施条例》第三十二条"以不合理条件限制、排斥潜在投标人或投标人"的行为。

本案中的第一中标候选人应于投标截止10天前针对招标文件中的限制性、排斥性条款(如本案例中未按招标文件要求提供2016、2017、2018年度务报表的否决投标条件)提出异议【招标投标法实施条例第二十二条】。

【特别提示】投标人如认为招标文件中有限制性、排斥性条款,应及时提出异议。

［分组讨论］

1.某大型水利工程项目中的引水系统由电力部委托某技术进出口公司组织施工公开招标,确定的招标程序如下:(1)成立招标工作小组;(2)编制招标文件;(3)发布招标邀请书;(4)对报名参加投标者进行资格预审,并将审查结果通知各申请投标者;(5)向合格的投标者分发招标文件及设计图纸、技术资料等;(6)建立评标组织,制订评标定标办法;(7)召开开标

会议,审查投标书;(8)组织评标,决定中标单位;(9)发出中标通知书;(10)签订承发包合同。参加投标报价的某施工企业需制定投标报价策略,既可以投高标,也可以投低标,其中标概率与效益情况如下表所示;若未中标,需损失投标费用5万元。

问题:(1)上述招标程序有何不妥之处,请加以指正。

(2)请运用决策树方法为上述施工企业确定投标报价策略。

	中标概率	效 果	利润/万元	效果概率
高标	0.3	好	300	0.3
		中	100	0.6
		差	−200	0.1
低标	0.6	好	200	0.3
		中	50	0.5
		差	−300	0.2

2.某年5月,某制衣公司准备投资800万元兴建一幢办公兼生产大楼。该公司按规定公开招标,并授权由有关技术、经济等方面的专家组成的评标委员会直接确定中标人。招标公告发布后,共有6家施工企业参加投标。其中一家建筑工程总公司报价为480万元(包工包料),在公开开标、评标和确定中标人的程序中,其他5家建筑单位对该建筑工程总公司480万元的报价提出异议,一致认为,该报价低于成本价,属于以亏损的报价排挤其他竞争对手的不正当竞争行为。评标委员会经过认真评审,确认该建筑工程总公司的投标价格,低于成本,违反了《招标投标法》有关规定,否决其投标,另外确定中标人。

问题:(1)报价越低,中标概率越大吗?

(2)评标委员会能否否决其投标?

(3)《招标投标法》规定,中标人中标应满足的条件是什么?

(4)《招标投标法》"投标人不得以低于成本的方式投标竞争",其中的成本指的是什么成本?

[项目实训]

全班同学按7~9人为一组进行分组,根据上一模块编制的虚拟建设项目招标文件选其中一份或另找一份真实的建设项目招标文件,各组以资格预审时的模拟企业名义参加投标,编制一份符合招标文件要求的投标文件。

小   结

工程投标,是工程施工、货物和服务企业获得工程项目的主要来源,特别是对于工程施工承包企业,工程投标已成为其获取工程承包业务的最重要的途径。投标企业能否中标,中标后的利润能否达到预期,关键是投标工作。

参加工程投标,除了具备法人或者其他组织的一般条件外,还必须满足两项资格条件:一是国家有关规定对不同行业及不同主体投标人的资格条件;二是招标人根据项目本身的要求,在招标文件或资格预审文件中规定的投标人的资格条件。

参加工程投标的投标人,除了按规定递交投标文件外,还需要按规定交纳投标保证金。

工程招投标涉及各方重大利益,国家除了对招标人作了详细的规定外,对投标人投标也作了明确的禁止性规定,防止串通投标的行为。

工程施工投标的程序和内容极为复杂,投标人更应该熟悉投标程序。工程施工项目投标一般要经过前期准备、投标准备、投标报价和签约4个阶段。

投标人应当按照招标文件的要求编制投标文件。投标文件应当对招标文件提出的实质性要求和条件作出响应。工程施工投标文件一般包括投标函、投标报价、施工组织设计、商务和技术偏差表。

掌握正确的投标决策是中标的前提。投标决策,就是针对某工程招标项目,投标人是选择参加还是不参加。若参加,将采取什么策略;若不参加,有何替代项目可供选择的分析判断过程。投标决策可以分为投标决策的前期阶段和投标决策的后期阶段两个阶段。

工程投标决策的种类较多,按性质分,有风险标和保险标;按效益分,有盈利标、保本标和亏损标。

工程投标策略也是投标必不可少的。要采取哪些具体的投资策略,需要对本企业的主客观条件进行分析。

科学的定量分析法在工程投标决策中都能发挥较好的作用,投标人应该学会使用。

工程投标报价是工程投标最主要的内容。所谓工程投标报价,是指投标人响应招标文件的要求,按照一定的编制原则、规定的编制依据、适当的编制方法,并考虑投标企业的风险承受能力,估算的预计完成招标工程项目所发生的各项费用的总和。

工程量清单报价已成为工程投标报价的主要方式,但传统的定额计价报价在非国有投资项目中还有一定的市场。

定额计价方式,是依据工程定额和有关规定,先直接计算出工程的直接工程费,再按规定的计算方法计算间接费、利润、税金,汇总确定建筑安装工程造价的一种计价方式。采用定额计价方式,建筑安装工程费用项目按费用构成要素组成划分,分为人工费、材料费、施工机具使用费、企业管理费、利润、规费和税金。

工程量清单计价方式,是国际通用的惯例,我国正处在过渡时期。编制工程量清单报价,应依据国际颁布的《建设工程工程量清单计价规范》及有关规定。在工程量清单报价中,建筑安装工程费用项目组成是按造价形成划分的,分为分部分项工程费、措施项目费、其他项目费、规费、税金等五大部分。

投标文件的编制,应根据招标文件的要求和格式进行。工程施工投标文件一般由三部分组成,即资格审查部分(适用于资格后审的招标项目)、商务部分和技术部分。其中,商务文件是最主要的内容。工程施工商务标文件一般由以下4部分组成:投标函及投标函附录、投标响应表、投标报价表和已标价工程量清单。技术标文件主要是施工组织设计,如有分包工程应列出拟分包计划表。

投标文件的编制要注意实质性内容和细节。投标文件的修改与撤回、密封与标记、送达与签收都有明确的规定。

知识扩展链接

1.《广西壮族自治区房屋建筑和市政基础设施工程施工招标文件范本(2022 版)》

http://gxggzy.gxzf.gov.cn/jyfw_zcfg/zcfg_zcjd/zcjd_jsgc/t12897400.shtml

2.住房和城乡建设部标准定额司关于征求《建设工程工程量清单计价标准》(征求意见稿)意见的函建司局函标〔2021〕144 号

https://www.mohurd.gov.cn/gongkai/fdzdgknr/zqyj/202111/20211119_763065.html

复习思考与练习

一、填空题

1. _____是响应招标、参加投标竞争的法人或者其他组织。

2. _____是指在工程招标投标活动中,投标人随投标文件一同递交给招标人的一定形式、一定金额的投标责任担保。

3. 投标决策可以分为投标决策的_____和_____两个阶段。

4. 投标工作机构的专业技术人才负责_____的编制工作,商务金融人才负责商务标和投标报价的编制工作,_____作出最后投标决策。

5. 对可以预见的情况从技术、设备、资金等重大问题都有了解决的对策之后再投标,谓之_____。

6. 工程施工项目的投标报价分为_____和_____。

7. 工程量清单报价分为_____、_____、其他项目费、规费、税金等五大部分。

8. _____是指一个工程项目的投标报价,在总价基本确定后,如何调整内部各个项目的报价,以期既不提高总价,不影响中标,又能在结算时得到更理想的经济效益。

9. 工程施工投标文件一般由三部分组成,_____、_____和_____。

10. _____是指投标人按照工程招标文件的条件和要求,向招标人提交的有关工程报价、工程质量、工期及履约保证金等承诺和说明的函件。

二、单选题

1. 关于投标人的资格,下面说法正确的是(　　　)。

　A. 已经为某项目提供过前期服务的机构,可以参加该项目的工程施工投标

　B. 同一法定代表人的两个法人机构,可以参加同一货物的投标

　C. 同一品牌、同一型号的货物,只能有一个代理商参加投标

　D. 参加工程勘察设计项目的投标机构,应当符合国家对勘察设计方面的资质条件的规定

2. 关于投标保证金,说法不正确的是(　　　)。

A. 工程建设项目招标投标中,投标保证金一般不得超过投标总价的2%,但最高不得超过80万元人民币

B. 工程投标人的投标保证金需从本单位的唯一的基本账户转出,不得从其他账户转出

C. 投标保证金的有效期应与投标有效期一致

D. 招标人应当在与中标人签订合同后7日内,向投标人退还投标保证金及银行同期存款利息

3. 投标决策的前期阶段必须在(　　　)完成。

A. 购买投标人资格预审资料前后　　　　B. 编制投标报价前

C. 封送投标书前　　　　　　　　　　　D. 申报资格预审中

4. 为打入新市场,取得拓宽市场的立足点而压低标价,此时采取的是(　　　)。

A. 风险标　　　　B. 保险标　　　　C. 亏损标　　　　D. 盈利标

5. 关于非竞争性费用和竞争性费用,说法不正确的是(　　　)。

A. 规费、税金属于非竞争性费用

B. 投标人不可按自己的意思调整非竞争性费用

C. 竞争性费用以定额、规定为基础,在风险范围内适当调整

D. 安全文明施工费属于竞争性费用

6. 下面不属于措施项目费的是(　　　)。

A. 安全文明施工费　　　　　　　　　B. 夜间施工增加费

C. 冬雨季施工增加费　　　　　　　　D. 计日工

7. 关于投标文件的编制,错误的是(　　　)。

A. 投标文件应尽量避免涂改、行间插字或删除

B. 投标文件必须在招标文件规定的投标截止时间之前送达

C. 投标截止时间之后至投标有效期满之前,投标人对投标文件的任何补充、修改,招标人应当以予接受

D. 未按规定要求密封和加写标记的投标文件,招标人不予受理

三、多选题

1. 投标保证金的作用有(　　　)。

A. 对投标人的行为进行约束

B. 当发生中标人反悔,不签订合同,没收的投标保证金,可以弥补招标人的一部分损失

C. 督促招标人尽快定标

D. 从侧面考察投标人的实力

2. 投标保证金的形式有(　　　)。

A. 现金　　　　B. 保兑支票　　　　C. 银行汇票　　　　D. 固有资产抵押

3. 下面对投标人的规定正确的是(　　　)。

A. 投标人之间先进行内部竞价,内定中标人,然后再参加投标

B. 实行工程量清单报价时,招标人应将招标控制价提前告知投标人

C. 投标人不得以低于成本的报价竞标

D. 不得使用伪造、变造的许可证件

4. 投标机构应该由(　　)组成。

　　A. 经营管理人才　　　　　　　　B. 专业技术人才

　　C. 商务金融人才　　　　　　　　D. 公关人员

5. 按性质分,投标有(　　)。

　　A. 风险标　　　　　B. 盈利标　　　　C. 保险标　　　　D. 亏损标

6. 常见的投标策略有(　　)。

　　A. 改进设计和缩短工期　　　　　B. 低利政策

　　C. 加强索赔管理　　　　　　　　D. 提高经营管理

模块 **5**

开标、评标和中标

[模块概述]

本模块包括开标、评标、定标 3 个部分内容。工程开标部分,介绍了开标的一般要求,包括开标的时间和地点、开标的形式及参与人、工程开标的一般程序。工程评标部分,首先介绍了评标委员会的组建和构成、评标专家库的组建和评标专家的条件;接着,详述了评标程序和评标标准及方法。工程定标部分,讲述了工程中标的条件和确定,中标通知书及报告的编写,以及中标无效的情况。最后,通过案例进行了分析。

[学习目标]

掌握　工程开标的一般要求;评标程序;中标通知书及报告。

熟悉　工程开标的一般程序;评标委员会、评标的标准和方法。

了解　评标专家库;工程中标的条件和确定;中标无效。

[能力目标]

能够参与工程开标活动,协助评标、定标工作,具有独立编写评标报告的能力。

[素质目标]

培养学生养成职业标准、规范化意识和一丝不苟的好习惯。从事任何职业,都必须遵守规则制度,遵守国家法律法规,做一个遵纪守法的好公民。

[案例引入]

模块 5 **案例辨析**
某职业学校新校区建设项目投标、开标问题。

任务 5.1　工程开标

所谓工程开标,就是工程招标单位按照规定和要求宣布参加工程投标活动单位的过程。投标截止时间的到来,就意味着开标活动的开始。为了体现招投标活动原则,开标也必须按照规定的要求和程序进行。

5.1.1　开标的一般要求

《招标投标法》规定,开标应当在招标文件确定的提交投标文件截止时间的同一时间公开进行,开标地点应当为招标文件中预先确定的地点。

(1)开标时间和地点

招标人应当在招标公告和招标文件中明确开标的时间和地点。开标的时间与地点应与投标人递交投标文件的截止时间和递交地点一致。这样做既可以避免投标人错过开标时间,还可以防止招标中的舞弊行为,确保开标的公开、透明。

投标人如对开标有异议的,应当在开标现场提出,招标人应当场作出答复,并进行记录。

如果因对已发出招标文件的澄清或修改,或开标前发现有影响公正性的不正当行为,或其他突发事件等,确实需要变更开标时间和地点的,招标人在征得招标主管部门的同意后,可暂缓或推迟开标时间,变动开标地点。招标人更改招标时间或地点,还应事先书面通知到每一个购买招标文件的投标人。

(2)开标的形式

开标应当以会议的形式公开进行,使每位投标人都能参与开标过程,确保投标人的合法权益,维护公开、公平、公正的招投标原则。

(3)开标的主持人和参与人

1)主持人

开标会设主持人一人,按照规定的程序负责开标的全过程。开标会应当由招标人主持,招标人也可以委托招标代理机构主持。

2)参与人

投标人是开标会的参与人。开标会应邀请所有的投标人参加。投标人可以派法定代表人或其授权的委托代理人参加会议,也可不派人参加(招标文件特别规定除外)。出席开标会是法律赋予投标人的权利,招标人应当为投标人参加开标会议提供必要的场所和其他条件。

电子招投标开标,投标人的法定代表人或专职投标员还应携带生成投标文件时所使用的企业 CA 锁按时参加。

3）监标人

开标会应当有监督人参加，以保证开标会的公开性和透明性。招标人应当邀请招标监督管理部门的代表作为监标人参加开标会议。

4）公证人

开标会可以邀请公证部门参加。如果特别重大的招标项目或其他特殊情况，可以聘请公证部门派人作为公证人参与，对开标过程进行公证。

5）其他工作人员

开标过程中，招标人还应安排有关工作人员作为开标人、唱标人、记录人等，进行唱标、记录开标过程等事项。开标人一般为招标人或招标代理机构的工作人员，唱标人可以是投标人的代表或者招标人或招标代理机构的工作人员，记录人由招标人指派。

特别说明，评标委员会成员不应参加开标会，因为《招标投标法》明确规定，评标委员会成员的名单在中标结果确定前应当保密。如果评标委员会成员参加开标会，势必造成评委名单的提前泄露，可能会影响评标的公正性。

5.1.2　工程开标的一般程序

(1) 出席开标会的代表签到

在投标文件递交时间截止前，投标人授权出席开标会的代表本人在递交投标文件后，填写开标会签到表，出席开标会议。招标工作人员负责核对签到人身份，签到人不是法定代表人的，应出示法人授权委托书，与签到的内容一致。出席开标会的监标人、公证人等也应在开标会前出示证件并签到。

(2) 招标人检查递交投标文件的投标单位数

在投标文件截止时间后，招标人应检查投标人递交的投标文件的签收记录。在截标时间前递交投标文件的投标人少于 3 家的招标无效，开标会即告结束，招标人应当依法重新组织招标。招标人等于或多于 3 家的，开标活动继续进行。

在招标文件规定的截标时间后递交的投标文件不得接收，由招标人原封退还给有关投标人。

如果是电子招标，则通过网络平台核实投标单位数。

(3) 主持人宣布开标会开始，并宣布开标会纪律、开标会程序和拒绝投标的规定

1）宣布开标会纪律

开标会纪律一般包括：①场内严禁吸烟；②凡与开标无关人员不得进入开标会场；③参加会议的所有人员应关闭通信工具，开标期间不得高声喧哗；④投标人代表有疑问应举手发言，参加会议人员未经主持人同意不得在场内随意走动。

2）拒收标书

拒绝投标的规定，投标文件有下列情形之一的，招标人应当拒收：①逾期送达；②未按招标文件要求密封（电子标不存在）。

（4）招标人再次确认参加开标会的投标人

招标人公布在投标截止时间前递交投标文件的投标人名称及身份证验证等情况。

（5）确定并介绍出席开标会的有关人员

主持人介绍出席开标会的开标人、唱标人、记录人、监标人等有关人员姓名。

（6）主持人介绍招标情况

主持人介绍招标文件、补充文件或答疑文件的组成和发放情况，可以同时强调主要条款和招标文件中的实质性要求。

（7）检查投标书密封情况

招标人邀请投标人按照投标人须知前附表规定检查投标文件的密封情况。密封不符合招标文件要求的投标文件，招标人应当场宣布拒绝其投标，不得进入评标。

电子标则检查并确认未加密的电子投标文件光盘的密封是否完好并符合招标文件的要求（由投标人自行选择是否提交未加密的电子投标文件光盘，但不提交未加密的电子投标文件光盘的，不作为否决条件；如电子标系统出现故障时，投标人未在投标截止时间前提交未加密的电子投标文件光盘的，自行承担后果）。

（8）主持人宣布开标和唱标顺序

一般按投标人递交投标文件签到顺序开标和唱标。如果设有标底的工程招标项目，还应公布标底。

电子标则按照上传投标文件的先后顺序依次由专职投标员持 CA 锁解密。

（9）按顺序依次开标并唱标

开标人在监督人员及与会代表的监督下当众开标，拆封投标文件后应当检查投标文件组成情况并记入开标会记录，开标人应将投标书和投标书附件以及招标文件中可能规定需要唱标的其他文件交唱标人进行唱标。唱标内容一般包括投标报价、工期和质量标准、质量奖项等方面的承诺、替代方案报价、投标保证金、主要人员等，在递交投标文件截止时间前收到的投标人对投标文件的补充、修改同时宣布，在递交投标文件截止时间前收到投标人撤回其投标的书面通知的投标文件不再唱标，但须在开标会上说明。

电子标则由招标代理对投标文件进行二次解密；公布解密情况（解密是否成功、投标人名称、投标人数量等情况）；招标人代表随机抽取企业信誉实力分分值权重、K 值和 K' 值（如有）；公布投标人名称、标段名称、投标保证金的提交情况、投标报价、质量目标、工期及其他内容；公布招标控制价及相关内容；设有标底的，则公布标底。

（10）各方在开标记录表上签字确认

投标人代表、招标人代表、监标人、记录人等有关人员应在开标记录表上签字确认。

开标记录表应当如实记录开标过程中的重要事项，包括开标时间、唱标记录等，有公证机构出席公证的还应记录公证结果，投标人的授权代表应当在开标会记录上签字确认，对记录内容有异议的可以注明，但必须对没有异议的部分签字确认。工程项目的开标记录表见表 5.1。电子标则要填写表 5.2。

表5.1　工程项目开标记录表

_____(项目名称)_____标段施工开标记录表 开标时间:_____年___月___日___时___分									

序号	投标人	密封情况	投标保证金	投标报价(元)	质量目标	工期	备注	签　名
招标人编制的标底(或招标控制价)								

招标人代表:_____记录人:_____监标人:_____

_____年___月___日

表5.2　开标记录表

开标记录表

项目名称:_____(项目名称)　　　项目招标编号:_____　　　开标时间:_____年___月___日

招标人:_____　　　　　　　　　　　招标代理机构:_____

序号	投标单位	是否按时递交投标文件	投标文件密封性	资格证件是否有效	投标文件是否有效	提交的投标保证金(万元)	投标总报价(元)	自报工期(日历天)	自报质量等级	……(根据投标报价表内容增减)	备注	投标人专职
1												
2												

招标人授权代表(签字):　　　　　　　记录人(签字):　　　　　　　监督人员(签字):

见证人员(签字):

(11)主持人宣布开标会结束

各方代表在开标记录表上签字确认后,主持人宣布开标会结束,工作人员将投标文件、开标会记录等送封闭评标区交评标委员会或封存后待评标委员会成员到齐后,交评标委员会。

[课程互动]

微课:工程开标简介

什么叫工程开标? 它的一般要求有哪些? 它的程序是什么?

任务 5.2　工程评标

所谓工程评标,就是评标人员按照规定和要求,对投标文件进行审查、评审和比较,对符合工程招标文件要求的投标人进行排序,并向招标人推荐中标候选人或直接推荐中标人的过程。开标结束后即转为评标阶段。

5.2.1　评标委员会

(1)评标委员会的组建

评标委员会是依法组建、负责评标活动、向招标人推荐中标候选人或者根据招标人的授权直接确定中标人的临时组织。《招标投标法》规定,评标由招标人依法组建的评标委员会负责,即评标委员会的组建是由招标人负责的。

(2)评标委员会成员构成

《招标投标法》规定,依法必须进行招标的项目,其评标委员会由招标人的代表和有关技术、经济等方面的专家组成,成员人数为 5 人以上单数,其中技术、经济等方面的专家不得少于成员总数的 2/3。评标委员会的成员名单一般应在开标前确定,中标结果出来前保密。

①招标人代表是代表招标人参加评标活动的人员。招标人可以指定其熟悉业务的人员参加评标委员会,也可以委托招标代理机构的相关人员参加评标委员会,也可以不派代表。

②有关技术、经济方面的专家,应当是进入依法组建的专家库的专家。专家的确定,一般由招标人按照随机的原则,在开标前从专家库中抽取。抽取的专家应包括工程技术和工程经济两方面的专家。对于技术复杂、专业性强或者国家有特殊要求的招标项目,采取随机抽取方式确定的专家难以保证胜任的,可以由招标人直接确定。

③评标委员会负责人是在组建评标委员会后,一般在评标开始后、正式评标前由评标委员会成员民主推举产生的。评标委员会负责人也可由招标人确定。评标委员会负责人与评标委员会的其他成员有同等的表决权。

(3)评标委员会成员的禁止规定

有下列情形之一的,不得担任评标委员会成员:

①投标人或者投标人主要负责人的近亲属。

②项目主管部门或者行政监督部门的人员。

③与投标人有经济利益关系,可能影响投标公正评审的。

④曾因在招标、评标以及其他与招标投标有关活动从事违法行为而受过行政处罚或刑事处罚的。

评标委员会成员如有以上规定情形之一的,应当主动提出回避。

5.2.2　评标专家库

(1)评标专家库的组建

评标专家库是由省级及以上人民政府有关部门或者依法成立的招标代理机构依照法规以

及国家统一的评标专家专业分类标准和管理办法的规定自主组建的评标专家人员名单。评标专家库应当具备下列条件：

①具有符合规定条件的评标专家，专家总数不得少于 500 人。

②有满足评标需要的专业分类。

③有满足异地抽取、随机抽取评标专家需要的必要设施和条件。

④有负责日常维护管理的专门机构和人员。

为了规范和统一评标专家分类标准，2010 年 7 月 15 日，国家发改委等十部门联合制定并印发了《评标专家专业分类标准（试行）》发改法规〔2010〕1538 号，要求在 2013 年 6 月 30 日前完成专家库的分类调整工作。评标专家分为工程、货物和服务三大类，每一大类又按 3 个级别进行分类。如工程类分为 9 个一级类别，其中 A06 工程造价又分为 A0601 土建工程和 A0602 安装工程 2 个二级类别；A0601 土建工程再分为 A060101 建筑等 25 个三级类别。2018 年 2 月 12 日，再次印发《公共资源交易评标专家专业分类标准》的通知（发改法规〔2018〕316 号）。

（2）评标专家的条件

入选评标专家库的专家，必须具备如下条件：

①从事相关专业领域工作满 8 年并具有高级职称或同等专业水平。

②熟悉有关招标投标的法律法规。

③能够认真、公正、诚实、廉洁地履行职责。

④身体健康，能够承担评标工作。

⑤法规规章规定的其他条件。

（3）入选评标专家库的方式

专家入选评标专家库，采取个人申请和单位推荐两种方式。采取单位推荐方式的，应事先征得被推荐人同意。个人申请书或单位推荐书应当存档备查。个人申请书或单位推荐书应当附有关证明材料，如高级职称证书、执业资格证书、学历证书、身份证等复印件。

5.2.3 评标程序

评标的目的是根据招标文件中确定的标准和方法，对每个投标文件进行评价和比较，以评出最符合招标文件要求的投标人。评标必须以招标文件为依据，不得采用招标文件规定以外的标准和方法进行评标。评标应按以下程序进行：

（1）评标准备

1）认真研究招标文件

评标委员会成员在评标前首先应研究招标文件，至少应了解和熟悉以下内容：①招标的目标；②招标项目的范围和性质；③招标文件中规定的主要技术要求、标准和商务条款；④招标文件规定的评标标准、评标方法和在评标过程中考虑的相关因素。

2）获得评标所需信息

这是指从招标人或者其委标代理的招标代理机构人员中获得评标所需的重要信息和数据，如招标文件的修改、澄清等。

3）熟悉供评标使用的相应表格

评委在评标前，还应熟悉评标使用的表格，特别是各评审项目的评审标准。评审表格一般有:形式评审表、响应性评审表、商务评审表、技术评审表、评标结果汇总表等。形式评审表、响应性评审表见表 5.3 和表 5.4。

表 5.3　形式评审表

形式评审记录表

项目名称及项目招标编号:＿＿＿＿＿＿＿＿＿＿＿　　　　时间:　　年　　月　　日

序号	评审因素	投标人名称及评审意见					
1	投标人名称						
2	投标函签字盖章						
3	投标文件格式						
4	联合体投标人						
5	报价唯一						
6	…						
是否通过评审							

［注:本表可根据评分办法的需要进行调整。］

评标委员会全体成员签名:　　　　　　　　　　　　　　日期:　　年　　月　　日

表 5.4　响应性评审表

响应性评审记录表

项目名称及项目招标编号:＿＿＿＿＿＿＿＿＿＿＿　　　　时间:　　年　　月　　日

序号	评审因素	投标人名称及评审意见						
1	投标内容							
2	工期							
3	工程质量							
4	投标有效期							
5	权利义务							
6	技术标准和要求							
7	投标价格							
8	分包计划(如有)							
9	已标价工程量清单							
10	…							
是否通过评审								

［注:本表可根据评分办法需要分为商务标响应性评审记录表和技术标响应性评审记录表。］

评标委员会全体成员签名:　　　　　　　　　　　　　　日期:　　年　　月　　日

（2）初步评审

初步评审，即对投标文件进行符合性审查，也就是说审查投标文件是否响应招标文件的实质性要求，包括形式评审、资格评审、响应性评审等。对符合招标文件要求的，方可进行详细评审。有下列情形之一的，评标委员会应当否决其投标：

①投标文件未经投标单位盖章和单位负责人签字。

②投标联合体没有提交共同投标协议。

③投标人不符合国家或者招标文件规定的资格条件。

④同一投标人提交两个以上不同的投标文件或者投标报价，但招标文件要求提交备选投标的除外。

⑤投标报价低于成本或者高于招标文件设定的最高投标限价。（商务标评委在详细评审时否决）

⑥投标文件没有对招标文件的实质性要求和条件作出响应。

⑦投标人有串通投标、弄虚作假、行贿等违法行为。

（3）详细评审

在完成初步评标以后，下一步就进入详细评审阶段。只有在初步评审中确定为合格的投标文件，才有资格进入详细评审阶段。评标委员会按照招标文件规定的具体评标方法对初审合格的投标文件区分商务部分和技术部分，分别由商务标评委和技术标评委进行详细评审，并按量化因素评定情况，按照由优到差的顺序评定出各投标人的排列次序。

地方有关规定，对工程造价在一定金额以下（如1 000万元及以下），具有通用技术、性能标准的一般建设工程项目，采用合理低价方法评审的，技术标评审满60分即为合格。

（4）编写并上报评标报告

详细评审结束后，商务标评委和技术标评委应集中，按照最终排名顺序，汇总确定评标结果，并撰写评标报告上交招标人，同时抄送有关行政监督主管部门。评标报告应当如实记录以下内容：

①基本情况和数据表。

②评标委员会成员名单。

③开标记录。

④符合要求的投标一览表。

⑤否决投标的情况说明。

⑥评标标准、评标方法或者评标因素一览表。

⑦经评审的价格或者评分比较一览表。

⑧经评审的投标人排序。

⑨推荐的中标候选人名单与签订合同前要处理的事宜。

⑩澄清、说明、补正事项纪要。

评标报告由评标委员会全体成员签字。对评标结论持有异议的评标委员会成员可以书面方式阐述其不同意见和理由。评标委员会成员拒绝在评标报告上签字且不陈述其不同意见和理由的，视为同意评标结论。评标委员会应当对此作出书面说明并记录在案。

5.2.4　评标的标准和方法

（1）评标标准

招标投标法规定,评标委员会应当按照招标文件确定的评标标准和方法,对投标文件进行评审和比较。也就是说,任何未在招标文件中采用的标准和方法,均不得作为评标依据。对招标文件已标明的标准和方法,也不得有任何改变。这是保证评标公正、公平的关键,也是国际通行的做法。

评标标准,一般而言包括价格标准和价格标准以外的其他标准(又称"非价格标准")。价格标准比较直观,都是以货币额表示的报价。非价格标准内容多而又复杂,在评标时应尽可能使非价格标准客观并由定性化转化为定量化,这样才能使评标具有可比性。评标中使用的非价格标准一般有:工期、工程质量、企业资质、信誉、项目管理机构情况等。

（2）初步评审标准

1）形式评审标准

形式评审标准包括以下内容:

①投标人名称,与营业执照、资质证书、安全生产许可证一致。

②投标函签字盖章,有法定代表人或其委托代理人签字和加盖单位公章。

③投标文件格式,符合招标文件规定的"投标文件格式"的要求。

④联合体投标人,提交联合体协议书,并明确联合体牵头人(如有)。

⑤报价唯一性,投标人只能有一个有效报价。

2）资格评审标准

对于进行资格预审的工程招标项目,以资格审查标准为准;对于未进行资格预审的工程,评审标准包括:

①营业执照,具有有效的营业执照,已参加年审。

②安全生产许可证,具备有效的安全生产许可证。

③资质等级,符合招标文件规定的要求。

④财务状况,符合招标文件规定的要求。

⑤类似项目业绩,符合招标文件规定的要求。

⑥信誉,符合招标文件规定的要求。

⑦项目经理,符合招标文件规定的资格要求。

⑧其他要求,符合招标文件规定的要求。

⑨联合体投标人,符合招标文件规定的对联合体要求。

3）响应性评审标准

响应性评审标准包括:

①投标内容、工期、工程质量、投标有效期、投标保证金等符合招标文件规定的要求。

②权利义务符合招标文件"合同条款及格式"规定。

③已标价工程量清单,符合招标文件"工程量清单"给出的范围及数量。

④技术标准和要求,符合招标文件"技术标准和要求"规定。

初步评审表格案例见表5.5。

表5.5 初步评审表

项目名称:(略)　　　　招标编号:(略)

序号	评审形式	评审内容	评审标准	投标人1	投标人2	…	投标人 n
1	形式评审	投标人名称	与营业执照、资质证书、安全生产许可证一致				
		投标函签字盖章	有法定代表人或其委托代理人签字或加盖单位公章				
		投标文件	提交所有文件且格式符合第八章"投标文件格式"的要求及第二章"投标人需知"第3.1项规定				
		报价唯一	只能有一个报价				
2	资格评审	营业执照	具备有效的营业执照				
		安全生产许可证	具备有效的安全生产许可证				
		资质等级	国内独立法人,具备房屋建筑工程施工总承包三级以上(含三级)资质				
		项目经理	拟派项目经理为二级以上(含二级)注册建造师(建筑工程专业)				
		信誉	近3年中不曾在任何合同中违约被驱逐或因任何原因而使任何合同被解除				
		其他要求	除项目经理外,须项目技术负责人(总工)及专职安全员并提供相关材料				
3	响应性评审	投标内容	建筑栋号 J1-J8 的土建、装饰、水电安装、消防、防雷等,总建筑面积为 7 218 m^2,二层框架结构;A1#—A4#、B1#—B3#轻钢房的土建、水电安装、消防、防雷等设计图纸规定的相应内容				
		工程工期	70 日历天				
		工程质量	达到国家施工验收规范合格标准				
		投标有效期	投标截止日期后 30 日历天				
		投标保证金	人民币拾伍万元(¥150 000 元)				
		工程报价	经评标委员会审核严重不合理的报价将不予接受				
		技术标准和要求	符合第七章"技术标准和要求"规定				
		安全防护、文明施工承诺	是否按招标文件要求提供				
		农民工工资保证金交纳和使用承诺	是否按招标文件要求提供				
		工程量清单	与招标文件所附工程量清单一致				
	结　论						

注:结论填写"合格"或"不合格"。初步评审不合格的投标人,不得进入下一步评审。

评委签名:　　　　　　　　　　　　　　　　　　　　　　　　　监督人签名:

4）施工组织设计和项目管理机构评审标准

当工程评标采用经评审的最低投标价法时，不再对技术标进行详细评审，只对施工组织设计和项目管理机构进行初步评审。内容包括施工方案与技术措施，质量管理体系与措施，安全管理体系与措施，环境保护管理体系与措施，工程进度计划与措施，资源配备计划，技术负责人，其他主要人员，施工设备以及试验、检测仪器设备等应能满足招标工程的需要。

（3）详细评审

采用经评审的最低投标价法的详细评审，只对商务标进行评审，按照招标文件规定的量化因素和标准进行价格折算，计算出评标价，并编制价格比较一览表。

采用综合评估法时，详细评审包括商务评审和技术评审两部分，一般根据事先确定商务标和技术标的分值构成和评分因素，分别对商务标和技术标进行评审，然后再将商务标得分与技术标得分加总，确定投标文件的最终得分。

技术标需要量化的因素包括施工组织设计因素和项目管理机构因素。

施工组织设计评分因素有：内容完整性和编制水平，施工方案与技术措施，质量管理体系与措施，安全管理体系与措施，环境保护管理体系与措施，工程进度计划与措施，资源配备计划等。

项目管理机构评分因素有：项目经理任职资格与业绩，技术负责人任职资格与业绩，其他主要人员情况，如施工员、质检员、安全员、材料员、预算员的配备情况。

评标委员会发现投标人的报价明显低于其他投标报价，或者在设有标底时明显低于标底，使得其投标报价可能低于其成本的，应当要求该投标人作出书面说明并提供相应的证明材料。投标人不能合理说明或者不能提供相应证明材料的，由评标委员会认定该投标人以低于成本报价竞标，其投标作废标处理。

商务标详细评审案例见表5.6。

表 5.6　商务标评审表

工程招标项目：

招标单位：				开标地点：			
开标时间：				招标代理单位：			
序号	投标人	投标总报价/元	自报工期（日历天）	自报质量等级	报价是否有效	评分原则	商务标得分（满分100分）
1		6 093 559.00	365	合格	有效	评审时以经评审的合理低价为最高分，采用内插法计算，投标人报价每高于合理低价1%的扣2分，每低于合理低价1%的扣1分。	99.69
2		6 111 302.42	365	合格	有效		99.10
3		6 106 751.13	365	合格	有效		99.25
4		6 083 995.52	365	合格	有效		100.00
上限控制价/元	6 113 811.58						
评委签字：							

采用综合评估法时，技术标施工组织设计评分案例见表5.7。

表 5.7 技术标打分表

项目名称:(略)　　　　　招标编号:　　　　　时间:

序号	投标单位名称	评审内容 施工组织设计分(满分21分)							综合得分
		a.施工组织机构和施工人员配备(6分),分三档打分,一档4~6分:组织机构设置合理,管理及施工人员配备齐全,满足项目要求;二档2~3.9分:组织机构设置基本合理,管理及施工人员配备基本齐全,基本满足项目要求;三档0~1.9分:组织机构设置不合理,管理及施工人员配备不齐,不能满足项目要求。打分前由评委集体讨论确定各投标人所属档次,再分别打分。	b.现场施工管理方案(5分),分三档打分,一档4~5分:现场施工管理方案的可操作性强、设置合理、恰当,满足项目要求;二档2~3.9分:现场施工管理方案的可操作性一般、设置基本合理,基本满足项目要求;三档0~1.9分:现场施工管理方案的可操作性差、设置不合理,不能满足项目要求。打分前由评委集体讨论确定各投标人所属档次,再分别打分。	c.施工进度计划(4分)分三档打分,一档3~4分:施工进度计划可行性强、计划合理、恰当,能提前完成施工任务,并且能具体提出完成施工任务的理由,满足项目要求;二档1~2.9分:施工进度计划可行性不强、计划基本合理,能按时完成项目,基本满足项目要求;三档0~0.9分:施工进度计划不可行、计划不合理,不能满足项目要求。打分前由评委集体讨论确定各投标人所属档次,再分别打分。		d.进入该工程的机械设备配备合理情况(1分)	e.保证工期、质量、安全、文明施工的技术措施(2分)	f.服务承诺(1分)	g.实现施工现场视频监控(2分)	
		档次	得分	档次	得分	档次	得分					
1	投标人1											
2	投标人2											
3	投标人3											
评委签字												

（4）评标方法

《评标委员会和评标方法暂行规定》规定,评标方法包括经评审的最低投标价法、综合评估法或者法律、行政法规允许的其他评标方法。

1）经评审的最低投标价法

这是指能够满足招标文件的实质性要求,并且经评审的最低投标价的投标,应当推荐为中标候选人的方法。采用此方法,评标委员会应当根据招标文件中规定评标价格调整方法,对所有投标人的投标报价以及投标文件的商务部分作必要的价格调整,无须对投标文件的技术部分进行价格折算。

经评审的最低投标价法一般适用于具有通用技术、性能标准或者招标人对其技术、性能没有特殊要求的招标项目。

根据评审的最低投标价法完成详细评审后,评标委员会应当拟定一份"标价比较表",连同书面评标报告提交招标人。"标价比较表"应当载明投标人的投标报价、对商务偏差的价格调整和说明以及经评审的最终投标价。

2）综合评估法

这是指最大限度地满足招标文件中规定的各项综合评价标准的投标,应当推荐为中标候选人的方法。采用此方法,应对技术部分和商务部分进行量化后,评标委员会对这两部分的量化结果进行加权,计算出每一投标的综合评估价或者综合评估分。

衡量投标文件是否最大限度地满足招标文件中规定的各项评价标准,可以采取折算为货币的方法、打分的方法或者其他方法。需量化的因素及其权重应当在招标文件中明确规定。

不宜采用经评审的最低投标价法的招标项目,一般应当采取综合评估法进行评审。

根据综合评估法完成评标后,评标委员会应当拟定一份"综合评估比较表",连同书面评标报告提交招标人。"综合评估比较表"应当载明投标人的投标报价、所作的任何修正、对商务偏差的调整、对技术偏差的调整、对各评审因素的评估以及对每一投标的最终评审结果。

（5）投标文件的澄清和补正

①在评标过程中,评标委员会可以书面形式要求投标人对所提交投标文件中不明确的内容进行书面澄清或说明,或者对细微偏差进行补正。问题澄清通知格式详见表5.8。评标委员会不接受投标人主动提出的澄清、说明或补正。

表5.8 问题澄清通知

问题澄清通知
编号:
_____（投标人名称）:
_____（项目名称）_____标段施工招标的评标委员会,对你方的投标文件进行了仔细的审查,现需你方对下列问题以书面形式予以澄清:
1.
2.
……
请将上述问题的澄清于_____年___月___日___时前递交至_____（详细地址）或传真至_____（传真号码）。采用传真方式的,应在_____年___月___日___时前将原件递交至_____（详细地址）。
评标工作组负责人:_____（签字）
_____年___月___日

②澄清、说明和补正不得改变投标文件的实质性内容(算术性错误修正的除外)。投标人的书面澄清、说明和补正属于投标文件的组成部分。投标人问题的澄清格式详见表5.9。

③评标委员会对投标人提交的澄清、说明或补正有疑问的,可以要求投标人进一步澄清、说明或补正,直至满足评标委员会的要求。

表5.9　问题的澄清

问题的澄清
编号:
_____(项目名称)_____标段施工招标评标委员会:
问题澄清通知(编号:_____)已收悉,现澄清如下:
1.
2.
……
投标人:_____(盖单位公章)
法定代表人或其委托代理人:_____(签字)
_____年____月____日

[课堂互动]

微课:工程评标简介
什么叫工程评标? 评标委员会的组建和构成的基本规定是什么?

任务5.3　工程中标

5.3.1　工程中标的条件和确定

(1)中标的条件

工程中标,也叫工程定标,即评标委员会完成评标后向招标人提出书面评标报告,并推荐合格的中标候选人,招标人确定中标人的过程。中标人的确定,招标人也可以授权评标委员会确定。中标人的投标应当符合下列条件之一:

1)能够最大限度满足招标文件中规定的各项综合评价标准

即当采用综合评估法评标时,投标价格最低的不一定能中标,能够中标的一定是按照价格标准和非价格标准对投标文件进行总体评估和比较后获得最佳综合评价的投标。

2)能够满足招标文件的实质性要求,并且经评审的投标价格最低

投标价格低于成本的除外,即采用经评审的最低投标价法时,投标报价最低的中标,但前提条件是该投标符合招标文件的实质性要求,且投标报价不低于企业成本。如果投标不符合招标文件的要求而被招标人所拒绝,则投标价格再低,也不在考虑之列。

(2)中标候选人的公示

根据招投标有关法律,招标人应当对中标候选人进行公示。对于依法必须进行招标的项目,招标人应当自收到评标报告之日起3日内公示中标候选人,公示期不少于3日。至于公示

的媒体,有关法规并未作明确的规定,一般来说,只要在能方便投标人获取信息的媒介上公示即可,并不一定要在发布该项目资格预审公告、招标公告的指定媒体上公示。

(3)中标的确定

1)确定中标人

中标候选人经公示无异议后,招标人应确定中标人。招标人应当接受评标委员会推荐的中标候选人,并确定中标人,不得在评标委员会推荐的中标候选人之外确定中标人。

国有资金占控股或者主导地位的依法必须进行招标的项目,招标人应当确定排名第一的中标候选人为中标人。排名第一的中标候选人放弃中标、因不可抗力提出不能履行合同、不按照招标文件的要求提交履约保证金,或者被查实存在影响中标结果的违法行为等情形,不符合中标条件的,招标人可以按照评标委员会提出的中标候选人名单排序依次确定其他中标候选人为中标人。依次确定其他中标候选人与招标人预期差距较大,或者对招标人明显不利的,招标人可以重新招标。

2)确定中标人的时限要求

投标人从投标到招标人确定中标人应有一个时限要求,超过这个期限,对投标人将失去约束力。这个期限,也就是投标有效期,是指招标人对投标人发出的要约作出承诺的期限,一般在招标文件中规定,通常为 90~120 天。

有关法规规定,评标和定标应当在投标有效期结束日 30 个工作日前完成。即一般情况下,确定中标人应当在投标有效期结束前 30 个工作日完成。如特殊情况,招标人不能在投标有效期内确定中标人的,招标人应当通知所有投标人延长投标有效期。拒绝延长投标有效期的投标人有权收回投标保证金。

有关地方法规规定,评标委员会提出书面评标报告后 15 日内,招标人应当确定中标人。

5.3.2 中标通知书及报告

(1)中标通知书

1)中标通知书的发出

中标人确定后,招标人应当向中标人发出中标通知书,同时向未中标人发出中标结果通知书,中标通知书格式详见表 5.10 ,中标结果通知书格式详见表 5.11。

表 5.10 中标通知书

中标通知书
＿＿＿＿＿＿＿＿＿＿(中标人名称):
你方于＿＿＿＿＿(投标日期)所递交的＿＿＿＿(项目名称)＿＿＿＿标段施工投标文件已被我方接受,被确定为中标人。
中标价:＿＿＿＿＿＿＿＿＿元。
工期:＿＿＿＿日历天。
工程质量:符合＿＿＿＿＿＿＿＿＿标准。
项目经理:＿＿＿＿＿＿＿(姓名)。
请你方在接到本通知书后的＿＿＿日内到＿＿＿＿＿＿＿＿＿＿(指定地点)与我方＿＿＿签订施工承包合同,在此之前按招标文件第二章"投标人须知"第7.3款规定向我方提交履约担保。
特此通知。
招标人:＿＿＿＿＿＿＿＿(盖单位公章)
法定代表人:＿＿＿＿＿＿(签字)
＿＿＿＿年＿＿月＿＿日

表 5.11　中标结果通知书

中标结果通知书

_____（未中标人名称）：

　　我方已接受_____（中标人名称）于_____（投标日期）所递交的_____
_____（项目名称）_____标段施工投标文件,确定_____（中标人名称）为中标人。

　　感谢你单位对我们工作的大力支持!

招标人:_____（盖单位公章）

法定代表人:_____（签字）

_____年____月____日

　　招标人应当与中标人在投标有效期内以及中标通知书发出之日起 30 日之内签订合同。由于招标人和中标人应在投标有效期内签订合同,所以中标通知书,应当在投标有效期届满前30 日发出。

　　依法必须进行施工招标的工程,招标人应当自确定中标人之日起 15 日内,向工程所在地的县级以上地方人民政府建设行政主管部门提交施工招标投标情况的书面报告。建设行政主管部门自收到书面报告之日起 5 日内未通知招标人在招标投标活动中有违法行为的,招标人可以向中标人发出中标通知书,并将中标结果通知所有未中标的投标人。

　　2)中标通知书的生效

　　中标通知书是招标人向中标人发出的告知其中标的书面文件,是招投标过程中非常重要的法律文件。是招标人对投标人要约的承诺。中标通知书在发出时即生效。

　　中标通知书对招标人和中标人具有法律效力。中标通知书发出后,招标人改变中标结果的,或者中标人放弃中标项目的,应当依法承担法律责任。

　　中标通知书的发出,并不意味着合同的成立。任何一方毁标,违背诚实信用原则,应承担缔约过失责任。

　　(2)签订合同

　　合同是工程招投标结果的最终体现。招标人和中标人应当自中标通知书发出之日起 30 日内,按照招标文件和中标人的投标文件订立书面合同。招标人和中标人不得再行订立背离合同实质性内容的其他协议。

　　工程施工中标人与招标人签订合同,应以招标文件提供的建设工程施工合同条款和格式为依据。签订的施工合同包括三部分内容:通用合同条款、专用合同条款和协议书。

　　招标人与中标人在法定期限内订立书面合同,属于强制性规定。也就是说,中标通知书发出后,招标人必须与中标人签订书面合同,否则将承担相应的法律责任。合同的具体内容详见后面有关模块。

　　(3)向行政监督部门书面报告

　　依法必须进行招标的项目,招标人应当自确定中标人之日起 15 日内,向有关行政监督部门提交招标投标情况的书面报告。依法必须进行施工招标的项目,提交招标投标情况的书面报告至少应包括下列内容:

　　①招标范围。

　　②招标方式和发布招标公告的媒介。

　　③招标文件中投标人须知、技术条款、评标标准和方法、合同主要条款等内容。

④评标委员会的组成和评标报告。

⑤中标结果。

5.3.3　中标无效

（1）中标无效的含义

所谓中标无效,是指招标人最终作出的中标决定没有法律约束力。即获得中标的投标人丧失与招标人签订合同的资格,招标人不再有与之签订合同的义务。在已签订合同的情况下,所签订的合同无效。

（2）导致中标无效的情况

根据招标投标法的相关规定,中标无效主要有以下几种情况:

①招标代理机构违反本法规定,泄露应当保密的与招标投标活动有关的情况和资料,或者与招标人、投标人串通损害国家利益、社会公共利益或者他人合法权益的行为影响中标结果的,中标无效。

②依法必须进行招标的项目的招标人向他人透露已获取招标文件的潜在投标人的名称、数量或者可能影响公平竞争的有关招标投标的其他情况,或者泄露标底的行为影响中标结果的,中标无效。

③投标人相互串通投标,与招标人串通投标的,或为谋取中标行贿的,中标无效。

④投标人以他人名义投标或者以其他方式弄虚作假、骗取中标的,中标无效。

⑤依法必须进行招标的项目招标人违法与投标人就投标价格、投标方案等实质性内容进行谈判的行为影响中标结果的,中标无效。

⑥招标人在评标委员会依法推荐的中标候选人以外确定中标人的,依法必须进行招标的项目在所有投标被评标委员会否决后自行确定中标人的,中标无效。

⑦依法必须进行招标的项目违反《招标投标法》和《招标投标法实施条例》及有关法规的规定,对中标结果造成实质性影响,且不能采取补救措施予以纠正的,中标无效。

《工程建设项目施工招标投标办法》对投标人相互串通投标和招标人与投标人串通投标作了界定,已在模块 4 中进行了讲解。

（3）中标无效的法律后果

1）尚未签订合同时中标无效的法律后果

依法必须进行招标的项目在中标无效后的处理办法有两种:

①应当依照规定的中标条件从其余投标人中重新确定中标人。

②依照《招标投标法》重新进行招标。

对于不是依法必须进行招标的项目在中标无效后的处理办法,法律法规没有明确的规定,招标人可以从其余投标人中重新确定中标人,也可以重新招标或者采取其他方式。

2）签订合同时中标无效的法律后果

招标人与中标人之间已经签订了书面合同的,所签合同无效。根据《民法典合同编》的规定,合同无效产生以下后果:

①恢复原状。所谓中标无效,在订立合同后实际上就是招标人与投标人之间根据招标程序订立的合同无效。根据《民法典合同编》的规定,无效的合同自始没有法律约束力。因该合同取得的财产,应当予以返还;不能返还或者没有必要返还的,应当折价补偿。

②赔偿损失。有过错的一方应当赔偿对方因此所受到的损失。双方都有过错的,应当各自承担相应的责任。具体到本条的规定而言,因为招标代理机构的违法行为而使中标无效的,

招标代理机构应当赔偿招标人、投标人因此所受的损失。如果招标人、投标人也有过错的,各自承担相应的责任。根据《民法典合同编》的规定,招标人知道招标代理机构从事违法行为而不作反对表示的,应当与招标代理机构一起对第三人负连带责任。

③重新确定中标人或者重新招标。

《招标投标法》第六十四条规定,中标无效的,应当依照本法规定的中标条件从其余投标人中重新确定中标人或者依照本法重新进行招标。

[**课堂互动**]

工程中标的概念、中标人的投标条件

什么是工程中标?中标人的投标应符合什么条件?

[**分组讨论**]

根据中标候选人的公示期规定以及导致中标无效的情况,结合招投标文件,你从中有什么心得?

任务 5.4 工程评标报告案例分析

5.4.1 案例 1 某工程施工招标评标案例

背景:某大型工程由于技术难度大,对施工单位的施工设备和同类工程施工经验要求高,而且对工期的要求也比较紧迫。建设单位在对有关单位和在建工程考察的基础上,仅邀请了 3 家国有一级施工企业参加投标,并预先与咨询单位和该 3 家施工单位共同研究确定了施工方案。业主要求投标单位将技术标和商务标分别装订报送。经招标领导小组研究确定的评标规定如下:

1.技术标共 30 分,其中施工方案 10 分(因已确定施工方案,各投标单位均得 10 分)、施工总工期 10 分、工程质量 10 分。满足业主总工期要求(36 个月)者得 4 分,每提前 1 个月加 1 分,不满足者不得分;自报工程质量合格者得 4 分,自报工程质量优良者得 6 分(若实际工程质量未达到优良将扣罚合同价的 2%),近三年内获鲁班工程奖每项加 2 分,获省优工程奖每项加 1 分。

2.商务标共 70 分。报价不超过标底(35 500 万元)的 ±5% 者为有效标,超过者为废标。报价为标底的 98% 者得满分(70 分),在此基础上,报价比标底每下降 1% 扣 1 分,每上升 1% 扣 2 分(计分按四舍五入取整)。各投标单位的有关情况列于表 5.12。

表 5.12 各投标单位标书主要数据表

投标单位	报价/万元	总工期/月	自报工程质量	鲁班工程奖	省优工程奖
A	35.642	33	优良	1	1
B	34.364	31	优良	0	2
C	33.867	32	合格	0	1

问题:

1.该工程采用邀请招标方式且仅邀请3家施工单位投标,是否违反有关规定?为什么?

2.请按综合得分最高者中标的原则确定中标单位。

3.若改变该工程评标的有关规定,将技术标增加到40分,其中施工方案20分(各投标单位均得20分),商务标减少为60分,是否会影响评标结果?为什么?若影响,应由哪家施工单位中标?

分析:

1.答:不违反(或符合)有关规定。因为根据有关规定,对于技术复杂的工程,允许采用邀请招标方式,邀请参加投标的单位不得少于3家。

2.解:(1)计算各投标单位的技术标得分,见表5.13。

表5.13 各投标单位技术标得分表

投标单位	施工方案	总工期	工程质量	合 计
A	10	4+(36-33)×1=7	6+2+1=9	26
B	10	4+(36-31)×1=9	6+1×2=8	27
C	10	4+(36-32)×1=8	4+1=5	23

(2)计算各投标单位的商务标得分,见表5.14。

表5.14 各投标单位商务标得分表

投标单位	报价/万元	报价与标底的比例/%	扣 分	得 分
A	35.642	35 642/35 500=100.4	(100.4-98)×2≈5	70-5=65
B	34.364	34 364/35 500=96.8	(98-96.8)×1≈1	70-1=69
C	33.867	33 867/35 500=95.4	(98-95.4)×1≈3	70-3=67

(3)计算各投标单位的综合得分,见表5.15。

表5.15 各投标单位综合得分表

投标单位	技术标得分	商务标得分	综合得分
A	26	65	91
B	27	69	96
C	23	67	90

3.答:这样改变评标办法不会影响评标结果,因为各投标单位的技术标得分均增加10分(20-10),而商务标得分均减少10分(70-60),综合得分不变。

5.4.2 案例2 广西××区Ⅰ期(地块三)主体施工招标评标报告案例

广西××区Ⅰ期(地块三)主体施工

[×××××]

施工招标评标工作报告

受招标人××委托,本评标委员会对以下项目进行评标,评标过程如下:

一、项目名称

略。

二、评标委员会组成(包括商务标评委、技术标评委及业主评委)

周×、韦××、熊×、黄某(组长)、梁××

业主评委:杨××(商务评委)、黄××(技术评委)

三、评标情况

1. 评标标准、评标方法

本次评标采用综合评估法。评标委员会对满足招标文件实质性要求的投标文件,按照本章 2.2 条款进行评审,并按得分由高到低的顺序推荐中标候选人,或根据招标人授权直接确定中标人,但投标报价低于成本的除外。投标人最终得分(该投标人的商务得分+企业诚信行为得分)相等时,以投标报价低的优先;投标价也相等时,以企业用于该项工程投标的资质高的优先;企业用于该项工程投标的资质也相等的,由评标委员会采用记名投票方式确定。

2. 资格评审

至本项目截标时间,共收到 16 家投标人远程解密递交的投标文件,16 家投标人投标文件均解密成功。工作人员把成功解密的有效投标文件导入评标系统,评委对投标单位投标文件进行资格评审,资格评审保证项目,审查投标人是否符合法律、法规、规章及招标文件对企业资质、业绩等规定的资格条件和其他强制性标准,是否处于正常经营状况等情况。本阶段不符合任何一项资格评审标准的投标人将被拒绝,不得进入下一阶段的评审。经评审,所有投标人的资格审查均合格通过。依据招标文件第三章评标办法中的资格评审标准,资格后审总分满分为 100 分,总分 60 分及以上为合格。按得分由高到低的顺序选择 9 家投标单位作为合同投标人进入本工程下阶段的评审。经评审,中国××集团有限公司等共 9 家投标单位进入本工程下一阶段的评审,并进入唱标报价阶段。唱标报价表见表 5.16。

表 5.16　唱标报价表

序号	投标人名称	投标报价(元)	自报工期(日历日)	自报质量等级
1	投标人 1	255 654 509.07	1 200	市优
2	投标人 2	255 915 575.75	1 200	市优
3	投标人 3	255 938 356.80	1 200	市优
4	投标人 4	259 810 195.29	1 200	市优
5	投标人 5	259 810 484.73	1 200	市优
6	投标人 6	259 810 498.36	1 200	市优
7	投标人 7	253 575 052.68	1 200	市优
8	投标人 8	256 133 053.51	1 200	市优
9	投标人 9	255 956 388.67	1 200	市优
本项目开标会现场抽取 K 值为 0.97;企业信誉实力分值权重为 8%。				
本项目招标上限控制价为:人民币贰亿伍仟玖佰捌拾壹万零伍佰零肆元叁角玖分(￥259 810 504.39)				

3. 形式审查

9 家投标人均通过形式审查。

4.响应性审查

9家投标人均通过响应性审查。

5.详细评审

进入详细评审的9家投标人均通过详细审查。

6.评标结果

经评委评审,××集团第×工程有限公司工期合理、施工方案可行,综合得分最高(95.80分)。因此,评委一致推荐该公司为第一中标候选人,报价为:253 575 052.68元;广西××建筑工程有限责任公司综合得分次高(92.35分),为第二中标候选人,报价为:255 915 575.75元;广西××有限公司综合得分第三高(91.06分),为第三中标候选人,报价为:255 938 356.80元。

评标专家签字:略

附件(略):

1.开标记录表、开标会情况登记表(一)、评标会情况登记表(二)、评标会情况登记表(三)(详见下表)

2.评委签到表

3.资格评审汇总表、详细评分汇总表、符合性评审(商务标)汇总表、符合性评审(技术标)汇总表、技术评审汇总表、商务评审汇总表、定标情况标、企业信誉实力评分汇总表、否决投标通知书、专家廉洁自律承诺书。

评标会情况表(三)

项目名称及项目招标编号:_____(项目名称) 　　时间: 　年 　月 　日

序号	投标人名称	投标总价(元)	初步评审			详细评审			总得分(满分100分)	排序(由低至高)
			资信审查是否合格	形式评审是否合格	响应性评审是否合格	技术标加权平均得分(满分×××分)	商务标得分			
							报价分加权得分(满分×××分)	企业信誉实力加权得分(满分×××分)		
1	投标人1	255 654 509.07	9.06	合格	合格	19.25	54.802 1	7.643 9	90.76	4
2	投标人2	255 915 575.75	9.5	合格	合格	20.35	54.712 5	7.784 4	92.35	2
3	投标人3	255 938 356.80	9.4	合格	合格	19.15	54.704 8	7.807 4	91.06	3
4	投标人4	259 810 195.29	9	合格	合格	17.75	53.376 6	7.725 6	87.85	6
5	投标人5	259 810 484.73	8.851 7	合格	合格	16.75	53.376 5	5.953 1	84.93	8
6	投标人6	259 810 498.36	9.035	合格	合格	16.3	53.376 5	4.315 4	83.03	9
7	投标人7	253 575 052.68	9.665	合格	合格	23.1	55.515 5	7.521 2	95.80	1
8	投标人8	256 133 053.51	9.14	合格	合格	17.25	54.638	6.292 9	87.32	7
9	投标人9	255 956 388.67	9.614 3	合格	合格	15.85	54.698 6	7.820 2	87.98	5

续表

序号	投标人名称	投标总价（元）	初步评审			详细评审				
			资信审查是否合格	形式评审是否合格	响应性评审是否合格	技术标加权平均得分（满分×× 分）	商务标得分		总得分（满分100分）	排序（由低至高）
							报价分加权得分（满分×× 分）	企业信誉实力加权得分（满分×× 分）		
最终推荐的中标候选人及其排序	第一名:投标人七									
	第二名:投标人二									
	第三名:投标人三									

注:本表可根据第二章投标人须知确定的中标候选人推荐数量等实际情况进行调整。

评标委员会全体成员签名:

[项目实训]

根据模块4实训模拟投标用的招标文件,从各组中抽出人员组成开标会参加人员,对模块4完成的投标文件模拟进行现场开标,同时,从各组抽出人员组成评标委员会进行评标,最后撰写出评标报告。

[案例分析]

【背景】某一工程货物采购招标中,该招标文件中有这样一句话:资格要求,具有工商审批资质的独立法人资格,注册资金在100万元以上。共有3个投标单位递交了投标文件并通过了开标。评委在评标过程中发现:投标人有一家为个人独资企业,一家为个体工商户,一家为一个自然人投资的有限责任公司。

问题:

1. 工商登记是审批吗?

2. 工商登记出具的是资质证明吗?

3. 何为独立法人资格?

4. 招标文件可以随意设定注册资本的条件吗?

5. 面对不合法的招标文件,评标专家的权利是什么?

6. 评委如何界定三家企业性质?

7. 本项目如何评标?

小　结

工程开标,就是工程招标单位按照规定和要求宣布参加工程投标活动单位的过程。开标应当在招标文件确定的提交投标文件截止时间的同一时间公开进行;开标地点应当为招标文件中预先确定的地点。开标应当以会议的形式公开进行。参加开标会的有主持人、参与人(投标人)、监标人、公证人和其他工作人员。但评标委员会成员不参加开标会。

开标应遵循一定的程序进行,一般工程开标程序是:①出席开标会的代表签到;②招标人检查递交投标文件的投标单位数;③主持人宣布开标会开始,并宣布开标会纪律、开标会程序和拒绝投标的规定;④招标人再次确认参加开标会的投标人;⑤确定并介绍出席开标会的有关人员;⑥主持人介绍招标情况;⑦检查投标书密封情况;⑧主持人宣布开标和唱标顺序;⑨按顺序依次开标并唱标;⑩各方在开标记录表上签字确认;⑪主持人宣布开标会结束。

工程评标,就是评标人员按照规定和要求,对投标文件进行审查、评审和比较,对符合工程招标文件要求的投标人进行排序,并向招标人推荐中标候选人或直接推荐中标人的过程。评标之前,首先要依法组建评标委员会,评标委员会由招标人的代表和有关技术、经济等方面的专家组成,成员人数为 5 人以上单数,其中技术、经济等方面的专家不得少于成员总数的 2/3。评标委员会成员如有禁止规定情形之一的,应当主动提出回避。省级及以上人民政府有关部门或者依法成立的招标代理机构应当组建评标专家库,以满足评标时随机抽取评标专家,入库评标专家必须符合国家的有关规定。

评标的目的是根据招标文件中确定的标准和方法,对每个投标文件进行评价和比较,以评出最符合招标文件要求的投标人。评标应遵循一定的程序进行:①评标准备;②初步评标;③详细评审;④编写并上报评标报告。

评标委员会应当按照招标文件确定的评标标准和方法,对投标文件进行评审和比较。初步评审,包括形式评审、资格评审和响应性评审以及对施工组织设计和项目管理机构评审。详细评审有两种方法,采用经评审的最低投标价法的详细评审,只对商务标进行评审;采用综合评估法时,详细评审包括商务评审和技术评审两部分。在评标过程中,评标委员会可以书面形式要求投标人对所提交投标文件中不明确的内容进行书面澄清或说明,或者对细微偏差进行补正。

工程中标,也叫工程定标,即评标委员会完成评标后,向招标人提出书面评标报告,并推荐合格的中标候选人,招标人确定中标人的过程。中标人的投标应当符合一定的条件。中标候选人经公示无异议后,招标人才能确定中标人。

招标人应当在确定中标人后的规定时限内,向中标人发出中标通知书,并与之通过谈判签订合同。依法必须进行招标的项目,招标人应当自确定中标人之日起 15 日内,向有关行政监督部门提交招标投标情况的书面报告。

发出中标通知书和签订了合同,并不意味着某投标人必然中标,也可能会出现中标无效的情况。中标无效是指招标人最终作出的中标决定没有法律约束力。中标无效的法律后果因是否签订合同而有各异。

知识扩展链接

1. 关于印发《公共资源交易评标专家专业分类标准》的通知(发改法规〔2018〕316号)

https://www.ndrc.gov.cn/fzggw/jgsj/fgs/sjdt/201803/t20180315_1107095.html? code=&state=123

中华人民共和国国家发展和改革委员会官网 https://www.ndrc.gov.cn/

2. 中国招标投标协会

http://www.ctba.org.cn/index.jsp

复习思考与练习

一、填空题

1. 所谓_____,就是工程招标单位按照规定和要求宣布参加工程投标活动单位的过程。

2. 在截标时间前递交投标文件的投标人少于____家的,招标无效,开标会即告结束,招标人应当依法重新组织招标。

3. 所谓_____,就是评标人员按照规定和要求,对投标文件进行审查、评审和比较,对符合工程招标文件要求的投标人进行排序,并向招标人推荐中标候选人或直接推荐中标人的过程。

4. _____是依法组建,负责评标活动,向招标人推荐中标候选人或者根据招标人的授权直接确定中标人的临时组织。

5. 投标文件有下列情形之一的,招标人应当拒收:①_____;②_____。

6. 评标标准包括_____和价格标准以外的其他标准(又称"非价格标准")。

7. 采用综合评估法时,详细评审包括_____和_____两部分。

8. 技术标需要量化的因素包括_____和_____。

9. _____,是指最大限度地满足招标文件中规定的各项综合评价标准的投标,应当推荐为中标候选人的方法。

10. 招标人应当与中标人在投标有效期内以及中标通知书发出之日起_____之内签订合同。

二、单选题

1. 关于开标时间和地点,不正确的说法是(   )。

A. 开标应当在招标文件确定的提交投标文件截止时间的同一时间公开进行

B. 开标地点应当为招标文件中预先确定的地点

C. 招标人更改招标时间,应事先口头通知到每一个购买招标文件的投标人

D. 招标人更改招标地点,应事先书面通知到每一个购买招标文件的投标人

2. 根据《招标投标法》的规定,依法必须进行招标的项目,其评标委员会由招标人的代表和有关技术、经济等方面的专家组成,成员人数为( ),其中技术、经济等方面的专家不得少于成员总数的 2/3。

 A. 5 人以上双数 B. 5 人以上单数 C. 7 人以上单数 D. 7 人以上双数

3. 关于详细评审,说法错误的是( )。

 A. 只有在初评中确定为合格的投标文件,才有资格进入详细评审阶段

 B. 分别由商务标评委和技术标评委进行详细评审

 C. 国家有关规定,对工程造价在一定金额以下、建筑面积在一定规模以下,具有通用技术、性能标准的一般建设工程项目,可不进行技术标评审,只进行商务标评审

 D. 包括形式评审、资格评审、响应性评审等

4. 关于评标标准,下列说法有误的是( )。

 A. 任何在招标中可以采用的标准和方法,均可作为评标依据

 B. 任何未在招标文件中采用的标准和方法,均不得作为评标依据

 C. 评标标准包括价格标准和非价格标准

 D. 评标中使用的非价格标准一般有工期、工程质量、企业资质、信誉等

5. 运用综合评估法评标时,下列说法不正确的是( )。

 A. 对技术部分和商务部分进行量化

 B. 可采取折算为货币的方法、打分的方法或者其他方法

 C. 一般适用于具有通用技术、性能标准或者招标人对其技术、性能没有特殊要求的招标项目

 D. 评标委员会应当拟定一份"综合评估比较表",连同书面评标报告提交招标人

6. 关于评标过程中投标文件的澄清和补正,错误的是( )。

 A. 评标委员会不会接受投标人主动提出的澄清、说明或补正

 B. 投标人的书面澄清、说明和补正属于投标文件的组成部分

 C. 评标委员会对投标人提交的澄清、说明或补正有疑问的,可以要求投标人进一步澄清、说明或补正,直至满足评标委员会的要求

 D. 投标人澄清、说明和补正时,可以改变投标文件的实质性内容,包括大幅度修改报价

7. 根据招投标有关法律,招标人应当自收到评标报告之日起( )日内公示中标候选人,公示期不少于( )日。

 A. 3,4 B. 3,3 C. 6,6 D. 2,1

8. 有关法规规定,评标和定标应当在投标有效期结束日( )个工作日前完成。

 A. 15 B. 25 C. 30 D. 45

9. 依法必须进行招标的项目,招标人应当自确定中标人之日起( )日内,向有关行政监督部门提交招标投标情况的书面报告。

 A. 15 B. 25 C. 30 D. 45

10. 关于中标无效的法律后果,不正确的是( )。

 A. 尚未签订合同时,可依照规定的中标条件从其余投标人中重新确定中标人

 B. 尚未签订合同时,可依照《招标投标法》重新进行招标

C. 招标人与中标人之间已经签订了书面合同的,所签合同无效

D. 由投标人赔偿损失

三、多选题

1. 参加开标会的有(　　)。

A. 主持人　　　　　　B. 监标人　　　　　　C. 评标委员会成员　　　　D. 投标人

2. 有下列(　　)情形的,不得担任评标委员会成员。

A. 投标人或者投标主要负责人的近亲属

B. 项目主管部门或者行政监督部门的人员

C. 与投标人有经济利益关系,可能影响对投标公正评审的

D. 曾因在招标、评标以及其他与招标投标有关活动从事违法行为而受过行政处罚或刑事处罚的

3. 在初步评标中,(　　)行为会导致评标委员会否决其投标。

A. 投标文件未经投标单位盖章和单位负责人签字

B. 投标人不符合国家或者招标文件规定的资格条件

C. 同一投标人提交两个以上不同的投标文件或者投标报价,但招标文件要求提交备选投标的除外

D. 投标人有串通投标、弄虚作假、行贿等违法行为

4. 《评标委员会和评标方法暂行规定》规定,评标方法包括(　　)。

A. 经评审的最低投标价法

B. 综合评估法

C. 法律、行政法规允许的其他评标方法

D. 理论分析法

5. 下列行为属于投标人串通投标的有(　　)。

A. 投标人之间相互约定抬高或压低投标报价

B. 投标人之间相互约定,在招标项目中分别以高、中、低价位报价

C. 投标人之间先进行内部竞价,内定中标人,然后再参加投标

D. 招标人向投标人泄露标底、评标委员会成员等信息

模块 6 工程招标投标投诉与处理

[模块概述]

随着我国招标投标法律法规的建立健全,建筑产品交易市场趋于更加规范和有序,但招投标过程中的违法违规行为很难在短期内杜绝。为规范招投标活动,保护国家利益、社会公共利益和招标投标人的合法权益,《招标投标法》赋予了投标人及利害关系人招投标投诉的权利,招投标投诉处理也就成为招投标行政监督部门的一项重要工作内容。本模块主要讲述工程招投标活动中投诉与处理的方法、程序和相关法律依据。

[学习目标]

掌握 工程招标投标投诉与处理的法律依据、投诉主体资格、投诉程序。

熟悉 工程招标投标活动中投诉的受理单位、受理和处理程序。

了解 工程招标投标活动中常见的投诉事项。

[能力目标]

1. 能够识别工程招标投标活动中常见的违法行为。

2. 能够针对具体的投诉事项正确书写投诉书内容并按规定时效向行政监督部门提交投诉书。

3. 能够按照法律规定受理投诉人的投诉,根据核实情况依法正确作出投诉处理决定。

[素质目标]

1. 具备法制意识和维权意识。

2. 具备社会责任感和社会公益心。

3. 具有良好的心理素质和克服困难的能力。

4. 具有团队精神和沟通协作精神。

[案例导入]

某工程项目的投诉与处理

20××年10月,××市某建设工程在市建设工程交易中心公开开评标。洪某、范某、吴某、周某等四位专家,在对投标文件商务标的评审过程中,未按招标文件的要求进行评审,以"投标文件中工程量清单封面没有盖投标单位及法人代表章"为由,将两家投标单位随意废标,导致评标结果出现重大偏差,导致该项目不得不重新评审,严重影响了招标人正常招标流程和整个项目的进度。

模块6 案例辨析
按工程招投标相关规定,你认为该事件应如何处理? 你从中学到了什么?

任务6.1 投 诉

6.1.1 招标投标质疑

质疑(异议)是投标人认为招标文件、招标过程和中标结果使自己的权益受到损害,以书面形式向招标人或招标代理机构提出疑问主张权利的行为。质疑和异议是同一概念,只是不同法律体系的不同称谓,《政府采购法》采用"质疑"的称谓,而在《招标投标法》中采用了"异议"的称谓。由于立法思路的不同,招投标异议和政府采购质疑在有权提出主体、提出时限、提出和答复的方式、受理人和答复对象等方面存在差异。异议或质疑作为法律明确规定的招标采购人具有的维权手段,对于在基本不影响效率的情况下维护投标人或供应商的权益,减轻后序行政监督部门受理和处理投诉的工作具有非常重要的意义。

《招标投标实施条例》第六十条规定,投标人和其他利害关系人就招标文件内容违法或者不当、开标活动违法或者不当、评标结果不公的事项投诉,应当先向招标人提出异议,异议答复期间不计算在投诉时限内。

(1)《招标投标实施条例》对异议的规定

①潜在投标人或者其他利害关系人对资格预审文件有异议的,应当在提交资格预审申请文件截止时间2日前提出;对招标文件有异议的,应当在投标截止时间10日前提出。招标人应当自收到异议之日起3日内作出答复;作出答复前,应当暂停招标投标活动。

②招标人应当按照招标文件规定的时间、地点开标。投标人对开标有异议的,应当在开标现场提出,招标人应当场作出答复,并制作记录。

③投标人或者其他利害关系人对依法必须进行招标的项目的评标结果有异议的,应当在中标候选人公示期间提出。招标人应当自收到异议之日起3日内作出答复;作出答复前,应暂停招标投标活动。

按照上述规定,招标人应当在收到异议后,除对开标提出的异议需要当场答复外,其余异议必须在 3 日内作出答复。如果投标人不服异议答复,或招标人未在规定时限内答复,投标人可以就异议事项向行政监督部门投诉。招标人需要对招标文件进行澄清或者修改的,依法进行处理。未对异议作出答复的,招标人不得进行开标、评标或者发出中标通知书。

（2）对招标投标质疑的要求

1）招标投标质疑的当事人

在招标投标活动中享有权利和承担义务的供应商有权提出质疑。被质疑人则包括招标人或招标代理机构。如果是招标人自行招标的项目,则被质疑人只能是招标人,如果招标人委托代理机构代理招标的,供应商可以选择以招标人或者招标代理机构为被质疑人。

2）招标投标质疑的时限要求

政府采购活动中,供应商认为自己的权益受到损害的,可以在知道或者应知其权益受到损害之日起 7 个工作日内,以书面形式向采购人提出质疑。

3）可以进行招标投标质疑的内容

可以质疑的内容主要包括三项:招标文件、招标过程和中标结果。

4）投标异议函

投标异议函的内容应至少包括以下内容:

①招标人或招标代理人及基本情况;

②异议人参加的招标采购项目名称、编号及时间;

③异议事项并附相关证明材料;

④异议人签章及联系方式。

工程投标异议函的参考规范格式,见表 6.1。

表 6.1　工程投标异议函规范格式

投标异议函

招标人(或招标代理人)：＿＿＿＿＿＿＿＿＿＿

法定代表人：＿＿＿＿＿＿＿＿＿　　职务：＿＿＿＿＿

地址：＿＿＿＿＿＿＿＿＿＿＿　　邮编：＿＿＿＿＿

电话：＿＿＿＿＿＿＿＿＿＿＿

我公司依法参与了(招标代理机构或招标人)于＿＿＿＿年＿＿月＿＿日组织的工程招投标活动。根据《中华人民共和国招标投标法》《中华人民共和国招标投标法实施条例》《工程建设项目招标投标活动投诉处理办法》和有关规定,我公司认为(招标项目名称及编号)项目的招标活动中,该项目(招标文件、招标过程、中标结果)损害了我公司合法权益,特提出异议。

一、异议事项一：

(写明异议事项事实理由、依据并附上相关证明材料)。

二、异议事项二：

(写明异议事项事实理由、依据并附上相关证明材料)。

……

我公司要求就上述异议事项调查核实后作出回复并予以处理,以维护我公司的合法权益。

异议人：(公章)　　　　　　　　　　法定代表人：(签字、盖章)

地址：＿＿＿＿　　电话：＿＿＿＿　　邮箱：＿＿＿＿＿＿

电子邮箱：＿＿＿＿＿＿＿＿＿　　　传真：＿＿＿＿＿＿＿＿＿

（3）有关工程招标质疑（异议）的一般规定

①投标截止时间 10 日前。投标人不在规定期限内提出异议，招标人有权不予答复，或答复后投标截止时间由招标人确定是否顺延。澄清和答复须通过当地电子招标投标系统进行。

②投标人应仔细阅读和检查招标文件的全部内容，如有疑问或异议，应在投标人须知前附表规定的时间前通过当地电子招标投标系统进行网上投标询疑，要求招标人（招标代理）对招标文件予以澄清。

③投标人对开标有异议的，应当在开标现场提出；招标人应当场作出答复，并制作记录。

④如在封存期间当事人提出异议或者投诉时需要启封评标资料的，应按当地招投标监督管理部门规定的程序启封。

⑤投标人或者其他利害关系人对评标结果有异议的，应当在中标候选人公示期间提出。招标人自收到异议之日起 3 日内作出答复。对招标人答复不满意或招标人拒不答复的，投标人可按照规定程序向有关行政监督部门投诉。

⑥投诉事项应先提出异议。没有提出异议的，不予受理。

（4）减少招标投标质疑的措施

在实际工作中，投标人质疑主要有两种情况：一是对招标文件提出质疑，认为招标文件有歧视性、排他性的不合理条款；二是对评标结果提出质疑，认为评委会未严格按照招标文件规定的打分办法公正打分。具体表现为投标人认为自己的投标文件完全响应招标文件的商务、技术条款，且根据招标文件中规定的打分办法，自己应该得分最高，而结果却不是这样；或者是投标人认为中标人的投标文件存在重大或一般商务、技术偏离，而评委会却未予废标或在打分时未相应扣分。针对上述情况，应当采取以下措施减少招标投标质疑：

①编制招标文件时要进行充分地市场调研，对招标工程的规模、技术难度，对拟招标货物的主要生产厂家、主要技术参数、性能指标、加工工艺、制造周期等要做到心中有数。

②评标办法尽可能客观、公正、明确、细致，可操作性强，努力降低人为因素，力争做到招标文件无歧视性、排他性的不合理条款。

③评标委员会应严格按照招标文件规定的打分办法客观、公正、独立地打分。

④做好评标过程的保密工作。评标工作最好能在封闭的环境中进行，无关人员不得进入评标现场，评委要签订保密协议，手机集中交给公证处保管。评标结果公示结束前，投标文件最好集中保管。

[课堂互动]

微课：招标投标质疑

什么是招标投标质疑（异议）？可质疑（异议）的事项有哪些？应如何提出？

6.1.2 招标投标投诉的法律依据及事项

招标投标投诉，是指投标人和其他利害关系人认为招标投标活动不符合法律、法规和规章规定，依法向有关行政监督部门提出意见并要求相关主体改正的行为。建立招标投诉制度的目的是保护国家利益、社会公共利益和招标投标当事人的合法权益，公平、公正处理招标投诉的基本要求。《招标投标法》第六十五条规定，"投标人和其他利害关系人认为招标投标活动不符合本法有关规定的,有权向招标人提出异议或者依法向有关行政监督部门投诉"。

工程建设项目招标投标活动的投诉和处理,主要适用《工程建设项目招标投标活动投诉处理办法》。招标投标投诉可以在招标投标活动的各个阶段提出,包括招标、投标、开标、评标、中标以及签订合同等。

(1)招标投标投诉的投诉人

《工程建设项目招标投标活动投诉处理办法》第三条规定,有权提出投诉的主体是投标人和其他利害关系人。投标人和其他利害关系人认为招标投标活动不符合法律、法规和规章规定的,有权依法向有关行政监督部门投诉。此处所称的其他利害关系人是指投标人以外的,与招标项目或者招标活动有直接和间接利益关系的法人、其他组织和自然人。

在行政监督部门处理投诉人的投诉时,首先应对投诉人是否具有合格的主体资格进行判定。《工程建设项目招标投标活动投诉处理办法》(简称《办法》)第十二条规定,投诉人不是所投诉招标投标活动的参与者,或者与投诉项目无任何利害关系的,行政机关不予受理。《办法》第十条规定,投诉人可以自己直接投诉,也可以委托代理人办理投诉事务。代理人办理投诉事务时,应将授权委托书连同投诉书一并提交给行政监督部门。授权委托书应当明确有关委托代理权限和事项。

(2)招标投标投诉的法律依据

招标投标投诉的法律依据有《招标投标法》及其配套的法规和部门规章,同时包括《政府采购法》《建筑法》《民法典》《反不正当竞争法》等。工程招标投标投诉的主要法律依据为:

1)《招标投标法》

《招标投标法》第六十五条规定,投标人和其他利害关系人认为招标投标活动不符合本法有关规定的,有权向招标人提出异议或者依法向有关行政监督部门投诉,从法律上保障了投标人和其他利害关系人就招标投标活动的违法行为依法投诉的权利。

2)《招标投标实施条例》

《招标投标实施条例》第六十条规定,投标人或者其他利害关系人认为招标投标活动不符合法律、行政法规规定的,可以自知道或者应当知道之日起10日内向有关行政监督部门投诉。投诉应当有明确的请求和必要的证明材料。对投标人或其他利害关系人已提出异议的,异议答复期间不计算在前款规定的期限内。该条例进一步明确了投诉、投诉受理和处理的时限。

3)《工程建设项目招标投标活动投诉处理办法》

七部委于2004年联合颁布的《工程建设项目招标投标活动投诉处理办法》是投标人或者其他利害关系人对招标投标活动中的违法行为进行投诉的直接法律依据。该办法对投诉人的主体资格、投诉受理部门、投诉的时限和程序、投诉受理和处理机制以及恶意投诉的法律责任进行了详细的规定。

4)工程招投标相关的地方性法规

各地政府依据《工程建设项目招标投标活动投诉处理办法》,结合本地实际制定了招标投标活动投诉处理办法,如《云南省招标投标活动投诉处理办法》《北海市房屋建筑和市政工程招标投标活动投诉处理办法》(北建施〔2019〕588号)。

[课堂互动]

《招标投标法实施条例》对异议的提出和答复有哪些规定?减少和避免招标投标质疑的措施有哪些?

（3）招标投标投诉的投诉事项

招标投标投诉的事项是指投诉人投诉的与招标投标活动有关的单位或个人在招投标过程中违反法律、法规和规章规定的行为。在招投标过程（包括招标、投标、开标、评标、中标以及签订合同）中的违法违规行为，通常有泄露保密资料、泄露标底、串通招标、串通投标、歧视排斥投标等违法活动。招标投标的投诉事项按发生的时间划分，可以分为投标前事项、投标中事项和中标结果公示后的事项；按投诉对象划分，可以分为对招标人的投诉、对其他投标人的投诉、对招标代理机构的投诉、对评标委员会的投诉。

1）对招标人提出的投诉事项

对招标人提出的投诉事项包括招标人规避招标、限制和排斥投标人、串通投标、中标以及签订合同违规等招标人的违法违规行为。

①招标人规避招标的行为。

a. 必须进行招标的项目而不招标。

b. 将必须进行招标的项目化整为零以规避招标。

c. 变公开招标为邀请招标。

d. 采取其他方法规避招标。其他规避招标的行为如隐瞒事实真相，故意混淆资金和建设项目性质，或者利用各种手段提供假信息，以项目技术复杂、供应商和承包商有限为借口等以达到规避公开招标的目的。

②招标人限制和排斥投标人的行为。

《招标投标法实施条例》第三十二条规定，招标人有下列行为之一的，属于以不合理条件限制、排斥潜在投标人或者投标人：

a. 就同一招标项目向潜在投标人或者投标人提供有差别的项目信息。

b. 设定的资格、技术、商务条件与招标项目的具体特点和实际需要不相适应或者与合同履行无关。

c. 依法必须进行招标的项目以特定行政区域或者特定行业的业绩、奖项作为加分条件或者中标条件。

d. 对潜在投标人或者投标人采取不同的资格审查或者评标标准。

e. 限定或者指定特定的专利、商标、品牌、原产地或者供应商。

f. 依法必须进行招标的项目非法限定潜在投标人或者投标人的所有制形式或者组织形式。

g. 以其他不合理条件限制、排斥潜在投标人或者投标人。

③招标人串通招标的行为。

《招标投标法实施条例》第四十一条规定，下列情形属于招标人与投标人串通投标：

a. 招标人在开标前开启投标文件并将有关信息泄露给其他投标人。

b. 招标人直接或者间接向投标人泄露标底、评标委员会成员等信息。

c. 招标人明示或者暗示投标人压低或者抬高投标报价。

d. 招标人授意投标人撤换、修改投标文件。

e. 招标人明示或者暗示投标人为特定投标人中标提供方便。

f. 招标人与投标人为谋求特定投标人中标而采取的其他串通行为。

④招标人在公示中标结果以及签订合同过程中的违规行为。

a. 无正当理由不发出中标通知书。

b. 不按照规定确定中标人。

c. 中标通知书发出后无正当理由改变中标结果。

d. 无正当理由不与中标人订立合同。

e. 在订立合同时向中标人提出附加条件。

2）对其他投标人提出的投诉事项

对其他投标人提出的投诉事项是指投诉人对参与投标竞争的其他投标人的违法违规行为，包括串通投标、以他人名义投标或以其他方式弄虚作假骗取中标等提起投诉的事项。

①投标人串通投标的行为。

《招标投标法实施条例》第三十九条规定，有下列情形之一的，属于投标人相互串通投标：

a. 投标人之间协商投标报价等投标文件的实质性内容。

b. 投标人之间约定中标人。

c. 投标人之间约定部分投标人放弃投标或者中标。

d. 属于同一集团、协会、商会等组织成员的投标人按照该组织要求协同投标。

e. 投标人之间为谋取中标或者排斥特定投标人而采取的其他联合行动。

《招标投标法实施条例》第四十条规定，有下列情形之一的，视为投标人相互串通投标：

a. 不同投标人的投标文件由同一单位或者个人编制。

b. 不同投标人委托同一单位或者个人办理投标事宜。

c. 不同投标人的投标文件载明的项目管理成员为同一人。

d. 不同投标人的投标文件异常一致或者投标报价呈规律性差异。

e. 不同投标人的投标文件相互混装。

f. 不同投标人的投标保证金从同一单位或者个人的账户转出。

②投标人以他人名义投标的行为。

以他人名义投标的行为是指《招标投标法实施条例》第四十二条规定，使用通过受让或者租借等方式获取的资格、资质证书投标的行为。

③投标人以其他方式弄虚作假的行为。

《招标投标法实施条例》第四十二条规定，投标人有下列情形之一的，属于招标投标法第三十三条规定的以其他方式弄虚作假的行为：

a. 使用伪造、变造的许可证件。

b. 提供虚假的财务状况或者业绩。

c. 提供虚假的项目负责人或者主要技术人员简历、劳动关系证明。

d. 提供虚假的信用状况。

e. 其他弄虚作假的行为。

3）对招标代理机构的投诉事项

对招标代理机构的投诉事项是指《招标投标法实施条例》第四十二条规定，招标代理机构在所代理的招标项目中投标、代理投标或者向该项目投标人提供咨询的，接受委托编制标底的中介机构参加受托编制标底项目的投标或者为该项目的投标人编制投标文件、提供咨询的违法行为。对代理机构的投诉事项还包括代理机构泄露机密、代理机构与投标人、招标人相互串通投标的行为。

4)对评标委员会的投诉事项

对评标委员会的投诉事项是指《招标投标法实施条例》第七十一条规定的评标委员会成员的违法和不当行为,主要有:

①应当回避而不回避。

②擅离职守。

③不按照招标文件规定的评标标准和方法评标。

④私下接触投标人。

⑤向招标人征询确定中标人的意向或者接受任何单位或者个人明示或者暗示提出的倾向或者排斥特定投标人的要求。

⑥对依法应当否决的投标不提出否决意见。

⑦暗示或者诱导投标人作出澄清、说明或者接受投标人主动提出的澄清、说明。

⑧其他不客观、不公正履行职务的行为。

除上述规定外,对评标委员会的投诉事项还包括对评标委员会的合法性和成员资格的投诉,主要是指违反七部委关于《评标委员会和评标方法暂行规定》的行为。

[课堂互动]

微课:招标投标投诉与处理

什么是招标投标投诉?可以投诉的事项主要有哪些?

6.1.3 招标投标投诉的投诉程序及投诉书

(1)招标投标投诉的程序

《招标投标实施条例》第六十条规定,投标人或者其他利害关系人认为招标投标活动不符合法律、行政法规规定的,可以自知道或者应当知道之日起10日内向有关行政监督部门投诉。投诉应当有明确的请求和必要的证明材料。投诉人就招标文件内容违法或者不当、开标活动违法或者不当、评标结果不公事项投诉的,应当先向招标人提出异议,异议答复期间不计算在前款规定的期限内。按此规定,招标投标的投诉程序为:

①法律法规规定投诉人应当先向招标人提出异议的事项,包括招标文件内容违法或者不当、开标活动违法或者不当、评标结果不公,投诉人应当先向招标人提出异议。

②如果招标人未答复或未在规定时限内答复,或投诉人对答复结果不满意的,投诉人即可向行政监督部门投诉。除上述情况以外的事项,投诉人应在投诉事项可以自知道或者应当知道之日起10日内向有关行政监督部门投诉。

③投诉人提交投诉书。《工程建设项目招标投标活动投诉处理办法》第七条规定,投诉人投诉时,应当提交投诉书。投诉书应当包括下列内容:

a.投诉人的名称、地址及有效联系方式。

b.被投诉人的名称、地址及有效联系方式。

c.投诉事项的基本事实。

d. 相关请求及主张。

e. 有效线索和相关证明材料。

对《招标投标法实施条例》规定应先提出异议的事项进行投诉的,应当附提出异议的证明文件。已向有关行政监督部门投诉的,应当一并说明。投诉人是法人的,投诉书必须由其法定代表人或者授权代表签字并盖章;其他组织或自然人投诉的,投诉书必须由其主要负责人或投诉人本人签字,并附有效身份证明复印件。投诉书有关材料是外文的,投诉人应当同时提供其中文译本。

工程招投标投诉书参考规范格式,见表6.2。

表 6.2　工程招投标投诉书规范格式

投诉书

(建设主管部门)＿＿＿＿＿＿＿＿＿＿＿＿:

投诉人:＿＿＿＿　　法定代表人:＿＿＿＿　　职务:＿＿＿＿＿＿

单位地址:＿＿＿＿　电话:＿＿＿＿＿＿　　邮编:＿＿＿＿＿＿

电子邮箱:＿＿＿＿＿＿＿＿＿＿　　　　　传真:＿＿＿＿＿＿

　　我公司依法参与了＿＿＿＿年＿＿月＿＿日被投诉人(招标代理机构或招标人)组织的(招标项目名称及编号)的工程招投标活动。我公司认为该工程项目(招标文件、招标过程、中标结果)损害了我公司权益,对此,我公司于＿＿＿＿年＿＿月＿＿日向<u>(招标代理机构或招标人)</u>提出了异议(见我公司异议函),对其作出的答复我公司不满意,特向贵主管机关投诉:1.(写明投诉事项事实理由、依据并附上相关证明材料);2.(写明异议事项事实理由、依据并附上相关证明材料)。

　　……

　　我公司认为,上述事项的发生使我公司的合法权益受到了侵害,特向贵机关提起投诉,请求贵机关电厂处理,以维护我公司的正当合法权益。

　　本投诉书正本两份,副本＿＿＿＿＿份

　　附:异议材料相关复印件＿＿＿＿＿份,共＿＿＿＿＿页

法定代表人:<u>(签字、盖章)</u>
＿＿＿＿＿年＿＿月＿＿日

(2)投诉书的书写要求

投诉人提交的投诉书一定要符合上述法律规定,否则虽然具备投诉前提,又符合投诉范围,但最终还是以败诉而结束。书写投诉书应注意:

1)投诉书格式要规范

首先,必须是书面格式的投诉书,口头投诉不具有法律效力。其次,用 A4 纸书写或者打印,或用 A3 纸对折书写或者打印。再次,投诉书段落结构不能颠倒。第一段是投诉人、被投诉人各自的名称、法人代表、地址等情况简介;第二段是投诉请求;第三段是基本事实和理由;第四段是投诉人落款(签名和盖章)。另正文上还须写上附件资料(证件)的项目名称及数量等。

2)投诉请求要明确

是请求暂停招标,还是请求取消有关供应商的中标资格;是请求采购人赔偿投诉人损失,还是请求采购代理机构赔偿投诉人损失等,都应在投诉书中写得清清楚楚,而不能含糊其辞,

不写明具体要求,这样就达不到投诉目的。

3)投诉内容要完整

一是基本事实叙述要完整;二是将何时向采购人或采购代理机构提出质疑的主要内容,以及采购人或采购代理机构书面答复的内容在投诉书中加以说明。

4)投诉证据要充分

投诉人提供的证据资料要符合以下4个要求:①据以定性的证据,均以查证属实。②投诉事实均有必要的证据予以证明。③能合理排除证据之间,证据与基本事实之间可能被人提出的质疑。如投诉人说中标人与其他3个投标人串标,仅有其他3个投标人说他们与中标人串标的书证是不够的,因为现实中就有其他未中标的投标人合起伙来诬陷中标人与他们串标的情况,所以还应有足以证明中标人与其他3个投标人一起串标的人证、物证,尤其需要有照片、录音等音像证据。④通过证据得出的结论应是唯一的。

[课堂互动]

投诉书的书写有哪些要求?

(3)恶意投诉的法律责任

恶意投诉是指投诉人捏造事实伪造材料进行投诉、未按要求方式投诉、恶意缠诉或在网络等媒体上进行失实报道的违法行为。《工程建设项目招标投标活动投诉处理办法》第八条规定,投诉人不得以投诉为名排挤竞争对手,不得进行虚假、恶意投诉,阻碍招标投标活动的正常进行。第二十六条规定,投诉人故意捏造事实、伪造证明材料或者以非法手段取得证明材料进行投诉,给他人造成损失的,依法承担赔偿责任。

随着招投标工作的开展,投诉人主体的法律意识和维权意识不断提升以及投诉渠道广泛和投诉成本较低,使招投标恶意投诉事件的发生率和复杂性不断提高,严重干扰了招投标交易市场秩序,影响建设项目正常按时开展。行政监督部门对恶意投诉应严肃处理,增加恶意投诉"成本"。同时投标人应当清楚,质疑、投诉是招标投标管理部门赋予投标人保护自己合法权益的一种权力,但一定要要慎用这种权力,否则同样会受到招标投标管理部门的处罚。

[分组讨论]

常见招投标投诉案例剖析

请通过一些常见招投标投诉案例剖析,讨论权利和义务是什么? 我们在平时的生活和学习中如何正确使用自己的权利?

任务6.2　投诉受理及处理

6.2.1　招标投标投诉受理

招标投标投诉受理是招标投标行政监督的重要内容。行政监督的部门、职责、监督内容等已在前面讲述,本节主要依据《工程建设项目招标投标活动投诉处理办法》,讲述对投诉受理人、投诉受理程序的法律规定。

(1)招标投标投诉受理人

招标投标投诉受理人是招标投标的行政监督部门。各级发展改革、工业和信息化、住房城乡建设、水利、交通运输、铁道、商务、民航等招标投标活动行政监督部门,依照《国务院办公厅印发国务院有关部门实施招标投标活动行政监督的职责分工的意见的通知》(国办发〔2000〕34 号)和地方各级人民政府规定的职责分工,受理投诉并依法作出处理决定。对国家重大建设项目(含工业项目)招标投标活动的投诉,由国家发展改革委受理并依法作出处理决定。对国家重大建设项目招标投标活动的投诉,有关行业行政监督部门已经收到的,应当通报国家发展改革委,国家发展改革委不再受理。

(2)投诉受理程序和要求

《工程建设项目招标投标活动投诉处理办法》第八条规定,行政监督部门收到投诉书后,应当在 3 个工作日内进行审查,视情况分别作出以下处理决定:

①不符合投诉处理条件的,决定不予受理,并将不予受理的理由书面告知投诉人;

②对符合投诉处理条件,但不属于本部门受理的投诉,书面告知投诉人向其他行政监督部门提出投诉。

对于符合投诉处理条件并决定受理的,收到投诉书之日即为正式受理。

有下列情形之一的投诉,不予受理:

①投诉人不是所投诉招标投标活动的参与者,或者与投诉项目无任何利害关系;

②投诉事项不具体,且未提供有效线索,难以查证的;

③投诉书未署具投诉人真实姓名、签字和有效联系方式的,以法人名义投诉的,投诉书未经法定代表人签字并加盖公章的;

④超过投诉时效的;

⑤已经作出处理决定,并且投诉人没有提出新的证据的;

⑥投诉事项应先提出异议没有提出异议、已进入行政复议或行政诉讼程序的。

(3)关于回避的规定

投诉受理后,首先应确定具体的工作人员,行政监督部门负责投诉处理的工作人员有下列情形之一的,应主动回避:

①近亲属是被投诉人、投诉人,或者是被投诉人、投诉人的主要负责人;

②在近三年内本人曾经在被投诉人单位担任高级管理职务;

③与被投诉人、投诉人有其他利害关系,可能影响对投诉事项公正处理的。

(4)对投诉人要求撤回投诉的处理

投诉处理决定作出前,投诉人要求撤回投诉的,应当以书面形式提出并说明理由,由行政监督部门视以下情况,决定是否准予撤回:

①已经查实有明显违法行为的,应当不准撤回,并继续查处直至作出处理决定;

②撤回投诉不损害国家利益、社会公共利益或其他当事人合法权益的,应当准予撤回,投诉处理过程终止。投诉人不得以同一事实和理由再提出投诉。

[课堂互动]

行政监督部门不予受理的投诉情形有哪些?

6.2.2 招标投标投诉处理

行政监督部门收到投诉书后,应遵照上述有关投诉受理的规定对投诉书进行严格核实,决定投诉受理与否。对符合投诉处理条件并决定受理的,应当及时启动投诉处理程序。

(1)招标投标投诉处理程序

1)明确投诉处理的工作人员

对投诉的处理,行政监督部门应指派两名以上行政执法人员进行。为杜绝行政监督部门工作人员在投诉处理过程中徇私舞弊、滥用职权,确保投诉处理的公平、公正,《工程建设项目招标投标活动投诉处理办法》第十三条规定,行政监督部门负责投诉处理的工作人员有下列情形之一的,应当主动回避。

①近亲属是被投诉人、投诉人,或者是被投诉人、投诉人的主要负责人;

②在近三年内本人曾经在被投诉人单位担任高级管理职务;

③与被投诉人、投诉人有其他利害关系,可能影响对投诉事项公正处理的。

2)对投诉事项进行调查、核实

行政监督部门受理投诉后,应当调取、查阅有关文件,调查、核实有关情况。对情况复杂、涉及面广的重大投诉事项,有权受理投诉的行政监督部门可以会同其他有关的行政监督部门进行联合调查,共同研究后由受理部门作出处理决定。

行政监督部门调查取证时,应当由两名以上行政执法人员进行并做笔录,交被调查人签字确认。在投诉处理过程中,行政监督部门应当听取被投诉人的陈述和申辩,必要时可通知投诉人和被投诉人进行质证。行政监督部门负责处理投诉的人员应当严格遵守保密规定,对在投诉处理过程中所接触到的国家秘密、商业秘密应当予以保密,也不得将投诉事项透露给与投诉无关的其他单位和个人。

行政监督部门处理投诉时,有权查阅、复制有关文件、资料,调查有关情况,相关单位和人员应当予以配合。必要时,行政监督部门可以责令暂停招标投标活动。对行政监督部门依法进行的调查,投诉人、被投诉人以及评标委员会成员等与投诉事项有关的当事人应当予以配合,如实提供有关资料及情况,不得拒绝、隐匿或伪报。

3)依法作出处理决定

行政监督部门应当根据调查和取证情况,对投诉事项进行审查,按照下列规定作出处理决定:

①缺乏事实根据或者法律依据的,或者投诉人捏造事实、伪造材料或者以非法手段取得证明材料进行投诉的,驳回投诉;

②投诉情况属实,招标投标活动确实存在违法行为的,依据《中华人民共和国招标投标法》《中华人民共和国招标投标法实施条例》及其他有关法规、规章作出处罚。

负责受理投诉的行政监督部门应当自受理投诉之日起30个工作日内,对投诉事项作出处理决定,并以书面形式通知投诉人、被投诉人和其他与投诉处理结果有关的当事人。情况复杂,不能在规定期限内作出处理决定的,经本部门负责人批准,可以适当延长,并告知投诉人和被投诉人。

为避免投诉人对投诉处理决定不满而提起行政复议或行政诉讼,行政监督部门提出的处理意见要恰当,既要严格执行法律法规的规定,又要实事求是、灵活处理,力求最佳处理效果;制作的投诉处理决定书内容要完整、规范。另外,注意时限要求,即自受理投诉之日起至发出投诉处理决定书,并以书面形式送达当事人各方之日止,不能超过 30 个工作日。由于政府采购投诉处理工作是一项比较复杂的工作,涉及的法律法规是多方面的,因此在投诉处理决定书发出前,要向上级政府采购监督管理部门汇报,要与财政内部法制管理机构、政府监察部门,以及法院负责行政诉讼的机构等联系。

(2)投诉处理决定书的内容

《工程建设项目招标投标活动投诉处理办法》第八条规定,投诉处理决定应当包括下列主要内容:

①投诉人和被投诉人的名称、住址;

②投诉人的投诉事项及主张;

③被投诉人的答辩及请求;

④调查认定的基本事实;

⑤行政监督部门的处理意见及依据。

照此规定,行政监督部门作出的投诉处理书内容要完整,必须含有以下内容:

①投诉人和被投诉人的姓名或者名称、住所等;

②委托代理人办理的,代理人的姓名、职业、住地、联系方式等;

③处理决定的内容及事实根据和法律依据;

④告知投诉人有行政复议申请权和诉讼权利;

⑤作出处理决定的日期。

(3)投诉处理过程中的纪律要求

①行政监督部门工作人员在处理投诉过程中徇私舞弊、滥用职权或者玩忽职守,对投诉人打击报复的,依法给予行政处分;构成犯罪的,依法追究刑事责任。

②行政监督部门在处理投诉过程中,不得向投诉人和被投诉人收取任何费用。

[分组讨论]

招投标投诉决定书范例

通过招投标投诉决定书范例,谈一谈对招投标法律法规的认识,当代大学生应该具备怎样的社会责任感和社会责任心?

任务 6.3　投诉案例分析

微课:投标文件盖章签字问题的投诉案例

6.3.1　案例 1　投标文件盖章签字问题

一、基本情况

某依法必须进行招标的房屋建筑工程施工项目,投诉人因其投标文件中授权委托书的法定代表人签字处未加盖法定代表人章,被评标委员会判定投标文件无效,未通过资格审查。

投诉人认为不能单就这一问题判定其投标文件无效,认为其完全响应招标文件要求。

通过调查查明:评标办法中集中列示的授权委托书审查条件只要求加盖投标单位公章和法定代表人手写签名。

招标文件中给出的授权委托书(格式)中要求的签章格式有"投标人(公章)、法人章和签名"栏,在格式下方标注,"未按照要求及格式填写的将视为没有对招标文件的实质性要求作出响应,投标无效。无加盖投标人单位公章和签章的投标无效。"该文件对授权委托书的格式和签章要求做了规定,格式本身存在对"法人章"涵义的表述不准确,在授权委托书无效的规定中也并未明确"法定代表人盖章"为必需。

二、案例分析

根据《房屋建筑和市政基础设施工程标准施工招标文件》(2010年版)及国家系列标准招标文件的使用说明,评标办法前附表应列明全部评审因素和评审标准,并在评标办法前附表及正文中标明或者以附件的方式在评标办法中集中列示投标人不满足要求即否决其投标的全部条款。本例评标办法中集中列示的否决条件中仅要求授权委托书加盖法人单位公章和法定代表人手写签名,与格式文件中"无加盖投标人单位公章和签章的投标无效"表述不一致。由于是在投标文件提交截止时间之后发现问题,应由招标人按照"平衡各方权利、义务的关系,做到公平合理"的原则,负责对招标文件作出解释,解释应倾向有利于投标人进行。

本例中招标文件中的投标文件格式用词不准,混淆了"法人章"和"法定代表人章"概念。

依据《中华人民共和国民法典》第一编总则,第三章法人,第一节一般规定,第五十七条,"法人是具有民事权利能力和民事行为能力,依法独立享有民事权利和承担民事义务的组织"。据此可知,法人在法律上是一个组织形式,而非自然人形式,"法人章"即为法人组织的印章。

依据《中华人民共和国民法典》第一编总则,第三章法人,第一节一般规定,第六十一条,"依照法律或法人组织章程规定,代表法人行使职权的负责人,是法人的法定代表人"。据此,法人单位负责人在法律上的概念称为"法定代表人",简称为"法人代表"。格式中要求的"法人章"从字面意思来理解,是指"法人"的"印章",而非"法定代表人"的"印章"。

本例中,评标委员会对投诉人因授权委托书上"法人章和签名"处未加盖法定代表人章而判定其投标文件无效。评标委员会未按照招标文件确定的评标标准和方法来评审文件,其评审结论是不正确的,属于"评审结论无效"。

《中华人民共和国招标投标法实施条例》第四十九条【对评标委员会成员评标要求】规定,"评标委员会成员应当依照招标投标法和本条例的规定,按照招标文件规定的评标标准和方法,客观、公正地对投标文件提出评审意见。招标文件没有规定的评标标准和方法不得作为评标的依据"。

另外,《中华人民共和国招标投标法实施条例》第五十一条【否决投标的情形】第(一)款"投标文件未经投标单位盖章和单位负责人签字",其立法本意及条文释义为:否决投标的前提是既未经投标单位盖章,也没有单位负责人签字。换言之,二者具备其中之一就不应当否决其投标,以减少否决投标情况的发生。实践中,招标人对投标文件提出既要盖章又要签字的要求(甚至有要求法定代表人既签字又盖章的情况),不符合鼓励交易的原则。建议招标人(招标代理机构)今后应以《中华人民共和国招标投标法实施条例》的立法本意及条文释义为立足点,规范招标文件相关内容的要求。

三、处理建议

本例中,评标委员会未按招标文件确定的评标标准和方法来评审文件,违反了相关规定,致使评审结果无效,责令改正。

四、法规链接

《中华人民共和国民法典》第一编总则,第三章法人,第一节一般规定,第五十七条,第六十一条。

《中华人民共和国招标投标法实施条例》第四十九条、第五十一条。

6.3.2　案例 2　非当事人或利害关系人的投诉

一、基本情况

某依法必须招标的房屋建筑工程施工招标项目,投标人共 9 家,在中标候选人公示期内,张××(自称为挂靠某施工企业参与本次投标的个人承包者)就评标结果向招标人提出书面异议。异议如下:参加本次招标活动的投标人除第一中标候选人外,有 7 家投标人的投标报价异常接近,其中 2 家投标人投标报价一致。故认为包括第一中标候选人在内的 8 家投标人存在串通投标行为,本次招标应为无效招标,要求对这 8 家投标人依法依规予以处罚。

招标人对异议事项进行了核查和研究后,认为无法自行处理该异议,需要向当地招标投标行政监督部门(以下简称"监督部门")反映并请示处理办法。因此招标人在收到异议之后的第 3 日,以书面形式答复张××。张××对招标人的答复不满意,于收到答复的次日就原异议事项向监督部门提出投诉。

监督部门经过多次核查,未发现 2 家投标人投标报价一致的事实,也未发现投诉人所述的串通投标行为,据此作出如下处理决定:投诉人为自然人无投诉资格;投诉事项缺乏事实依据,驳回投诉。

二、案例分析

根据《招标投标法实施条例》第六十条第二款的规定,投标人或者其他利害关系人对资格预审文件、招标文件、评标结果提出投诉,应当事先提出异议。

除招标人外,异议是其他厉害关系人投诉的前置条件。未提出异议,相关部门不接受投诉。仅就先异议后投诉的程序而言,本案是符合程序规定的。

本案属于自然人对评标结果提出异议和投诉,但需证明评标结果与自己有利害关系。根据《招标投标法实施条例》第五十四条第二款规定,投标人或者其他利害关系人对依法必须进行招标的项目的评标结果有异议的,应当在中标候选人公示期间提出。在《招标投标法实施条例》关于第二十二条的释义中,"其他利害关系人是指投标人以外的,与招标项目或者招标活动有直接或者间接关系的法人、其他组织和自然人"。自然人包括投标人的项目经理等。

本案提出异议和投诉的张××不属于法定的"其他利害关系人",故其不具备提起异议和投诉的主体资格,监督部门驳回其投诉的做法正确,但是以"自然人无投诉资格"为由驳回理由不正确。

本例中,招标人没有对张××的异议主体资格进行甄别即受理异议的做法不妥。抛开异议主体资格问题,仅就异议处理程序而论,招标人在收到异议后对异议事项开展复核工作的做法是没问题的,在收到异议之日起 3 日内作出答复也是符合《招标投标法实施条例》第五十四条"招标人应当自收到异议之日起 3 日内作出答复"之规定的。

本案中,经查实未发现 2 家投标人投标报价一致。故该投诉人投诉的内容与事实不符,该行为应属虚假投诉行为,违反了《工程建设项目招标投标活动投诉处理办法》第八条"……不得进行虚假、恶意投诉,阻碍招标投标活动的正常进行"。

三、处理建议

本案例中,异议人及投诉人不属于法定的异议或投诉主体。处理建议如下:

1. 招标人以异议人不具备法定的异议主体资格为由驳回其异议。

2. 招标监督部门应按《工程建设项目招标投标活动投诉处理办法》第二十条规定驳回投诉。

四、法规链接

《中华人民共和国招标投标法实施条例》第五十四条、第五十五条、第六十条。

《工程建设项目招标投标活动投诉处理办法》第八条、第二十条。

6.3.3 案例3 投诉书不规范案例

一、基本情况

某依法必须进行公开招标的房屋建筑工程施工项目,经评标委员会评审,评标委员会推荐了综合得分排在前三名的投标人为本项目的中标候选人。

在中标候选人公示期间,某投标人向项目所在地行政监督部门递交了投诉函。投诉人认为:投诉人的投标报价得分最高,且资信业绩等方面与其他投标人相比都较有优势,却为何没有中标?

当地行政监督部门根据投诉人提供的投诉书进行核查,发现投诉人投诉书形式不符合要求,要求投诉人对其投诉书进行修改、补充完整资料后再进行投诉,同时向投诉人递送了《不予受理投诉决定书》。

二、案例分析

根据《工程建设项目招标投标活动投诉处理办法》第七条规定,"……投诉人是法人的,投诉书必须由其法定代表人或者授权代表签字并盖章;其他组织或者个人投诉的,投诉书必须由主要负责人或者投诉人本人签字,并附有效身份证明复印件。"

《工程建设项目招标投标活动投诉处理办法》第十二条【有下列情形之一的投诉,不予受理】规定"……(三)投诉书未署具投诉人真实姓名、签字和有效联系方式的;以法人名义投诉的,投诉书未经法定代表人签字并加盖公章的……(六)投诉事项应先提出异议没有提出异议、已进入行政复议或行政诉讼程序的。"

《中华人民共和国招标投标法实施条例》第六十条规定:"投标人或者其他利害关系人认为招标投标活动不符合法律、行政法规规定的,可以自知道或者应当知道之日起 10 日内向有关行政监督部门投诉。投诉应当有明确的请求和必要的证明材料。就本条例第二十二条、第四十四条、第五十四条规定事项投诉的,应当先向招标人提出异议,异议答复期间不计算在前款规定的期限内。"

本例中,投诉人的投诉书形式不符合要求,且对提出异议的事项进行投诉的,应当附提出异议的证明材料。

三、处理建议

本例中,投诉人的投诉书形式不符合要求,因此行政监督部门驳回其投诉资料,并向投诉人递送了《不予受理投诉决定书》。投诉人的投诉事项针对的是"评标结果",应对此投诉事项的投诉书进行修改、补充完整材料后在投诉时效内再进行投诉。补充的材料包括该投标人在中标候选人公示期间向招标人提出的异议及招标人对异议的答复情况等。

四、法规链接

《工程建设项目招标投标活动投诉处理办法》第七条、第十二条。

《中华人民共和国招标投标法实施条例》第六十条。

6.3.4　案例4　不满足资格要求的投诉

一、基本情况

某依法必须进行招标的房屋建筑工程施工项目,在评标结果公示期间代理机构收到某投标人提交的书面异议函,认为第一中标候选人的项目经理有在建工程,不满足资格要求。

因第一中标候选人在投标时其拟投入项目经理的"广西建筑市场诚信卡"已通过刷卡验证,代理机构收到异议后,对项目经理信息在网络上进行了搜索并发现该项目经理在外省的某工程招标结果公示中也被列为项目经理,且按工期计算该外省工程还应处于施工期间。代理机构随即向第一中标候选人发出了书面函件,要求其说明其拟投入的项目经理是否在外省某工程中担任项目经理并提供相关证明材料,并声明证明材料将提请行政监督部门进行核验。第一中标候选人回复该外省工程确实还未结束但已进入收尾阶段,该项目经理无须驻场且在广西区域内无在建工程可以通过诚信卡验证,应视为满足要求。

招标代理机构随即经请示行政监督部门后组织原评标委员会对上述材料进行了核查,评标委员会一致认为虽然该项目可以通过诚信卡验证,但根据本项目招标文件"本项目不接受有在建、已中标未开工或已列为其他项目中标候选人第一名的建造师作为项目经理(符合《广西壮族自治区建筑市场诚信卡管理暂行办法》第十六条第一款除外)"的规定,第一中标候选人不满足招标文件的资格要求,其投标应予否决。并建议招标人根据招标文件的规定,按照评标委员会提出的中标候选人名单排序依次确定其他中标候选人为中标人或重新招标,招标代理机构将评标委员会的核查结果上报行政监督部门备案。

行政监督部门做出处理决定:原第一中标候选人在明知项目经理有外省在建工程的情况下仍将其作为本项目拟投入的项目经理,不符合投标人资格要求,属于对招标文件的实质性要求和条件没有作出响应的情形,其投标应当无效。

二、案例分析

根据《中华人民共和国招标投标法》第二十七条规定,投标人应当按照招标文件的要求编制投标文件。投标文件应当对招标文件提出的实质性要求和条件作出响应。本项目招标文件对不接受项目经理的情形已经进行了明确定义,即有在建、已中标未开工或已列为其他项目中标候选人第一名的建造师不被接受。投标人不能以工程已进入收尾阶段或无需驻场为由来决定是否可以作为拟投入项目经理,而必须按招标文件规定确定人选。特别是不能以诚信卡锁卡只能限制在广西行政区域内来钻空子,将在外省有在建工程的项目经理作为拟投入项目经理参与投标。作为本项目的潜在投标人,在购买招标文件后,没有按照招标文件所设置的投标人资格要求来编制投标文件,从而导致其投标文件不响应招标文件要求。

三、处理建议

根据招标文件规定的资格要求,本项目不接受有在建、已中标未开工或已列为其他项目中标候选人第一名的建造师作为项目经理(符合《广西壮族自治区建筑市场诚信卡管理暂行办法》第十六条第一款除外）。因此行政监督部门应认可评标委员会作出的否决原第一中标候选人资格的决定。

四、法规链接

《中华人民共和国招标投标法》第二十七条。

《中华人民共和国招标投标法实施条例》第五十一条。

[分组讨论]

通过以上的案例分析，分组总结招投标投诉的处理的法律依据都有哪些？我们在从事相关专业工作时应该如何提高法律意识？

小　结

质疑（异议）是投标人认为招标文件、招标过程和中标结果使自己的权益受到损害的，以书面形式向招标人或招标代理机构提出疑问主张权利的行为。投标人和其他利害关系人就招标文件内容违法或者不当、开标活动违法或者不当、评标结果不公的事项投诉，应当先向招标人提出异议。招标人应当在收到异议后，除对开标提出的异议需要当场答复外，对其余异议必须在 3 日内作出答复。

招标投标投诉，是指投标人和其他利害关系人认为招标投标活动不符合法律、法规和规章规定，依法向有关行政监督部门提出意见并要求相关主体改正的行为。有权提出投诉的主体是投标人和其他利害关系人，投诉主体资格不符合规定的投诉行政监督部门不予受理。招标投标投诉的事项是指投诉人投诉的与招标投标活动有关的单位或个人在招投标过程中违反法律、法规和规章规定的行为。投诉对象包括对招标人的投诉、对其他投标人的投诉、对招标代理机构和评标委员会的投诉。投诉人必须在规定的实效内就投诉事项向行政监督部门提交内容格式合法的投诉书。

招标投标投诉受理人是招标投标的行政监督部门。根据行业不同，招标投标的监督部门不同，一般在开标和评标现场都有政府纪检、监察部门人员，现场宣布监督部门的联系方式。行政监督部门收到投诉书后，应当在 3 个工作日内进行审查，视情况分别作出受理与否的决定。

行政监督部门对符合投诉处理条件并决定受理的，应当及时启动投诉处理程序。投诉处理人员对投诉事项进行调查、核实，依法作出投诉处理决定。负责受理投诉的行政监督部门应当自受理投诉之日起 30 个工作日内，对投诉事项作出处理决定，并以书面形式通知投诉人、被投诉人和其他与投诉处理结果有关的当事人。行政监督部门作出的处理决定书具有可诉性，投诉人对处理决定不满可以申请行政复议或提起行政诉讼。

知识扩展链接

1. 中华人民共和国招标投标法实施条例_行政法规库_中国政府网

　http://www.gov.cn/zhengce/2020-12/27/content_5574548.htm

2. 工程建设项目招标投标活动投诉处理办法

https://zfxxgk.ndrc.gov.cn/web/iteminfo.jsp? id=18474

3. 《政府采购质疑和投诉办法》公布

http://www.gov.cn/xinwen/2018-01/02/content_5252624.htm

复习思考与练习

一、填空题

1. _____是投标人认为招标文件、招标过程和中标结果使自己的权益受到损害的，以书面形式向招标人或招标代理机构提出疑问主张权利的行为。

2. 质疑人不服招标投标质疑答复的，可以在答复期满后 15 个工作日内向同级政府采购监督管理部门_____。

3. _____是指投标人和其他利害关系人认为招标投标活动不符合法律、法规和规章规定，依法向有关行政监督部门提出意见并要求相关主体改正的行为。

4. 投诉人投诉时，应当提交_____。

5. 投诉书必须是_____格式的，投诉书段落结构不能_____。

6. _____是指投诉人捏造事实伪造材料进行投诉、未按要求方式投诉、恶意缠诉或在网络等媒体上进行失实报道的违法行为。

7. _____是招标投标的行政监督部门。

二、单选题

1. 《招标投标实施条例》中对异议的规定不正确的是（　　）。

　　A. 潜在投标人对招标文件有异议的，应当在投标截止时间 10 日前提出

　　B. 投标人对开标有异议的，应当在开标现场提出，招标人应当场作出答复，并制作记录

　　C. 投标人对评标结果有异议的，应当在中标候选人公示期间提出

　　D. 招标人应当自收到异议之日起 5 日内作出答复；作出答复前，应当暂停招标投标活动

2. 下列关于招标投标投诉的表述，不正确的是（　　）。

　　A. 招标投标投诉在招标、投标、开标、评标、中标以及签订合同等阶段都可以提出

　　B. 有权提出投诉的主体是投标人和其他利害关系人

　　C. 投诉人不是所投诉招标投标活动的参与者，或者与投诉项目无任何利害关系的，行政机关都必须给予受理

　　D. 投诉人可以自己直接投诉，也可以委托代理人办理投诉事务

3. 下面属于招标人规避招标的行为的有（　　）。

　　A. 对潜在投标人或者投标人采取不同的资格审查或者评标标准

　　B. 变公开招标为邀请招标

　　C. 招标人授意投标人撤换、修改投标文件

D. 不按照规定确定中标人

4. 关于招标投标投诉受理,下面说法不正确的是(   )。

A. 行政监督部门负责投诉处理的工作人员,如近亲属是被投诉人,应主动回避

B. 投诉人要求撤回投诉的,如查实有明显违法行为的不准撤回,并继续查处直至作出处理决定

C. 行政监督部门调查取证时,可由一名行政执法人员进行并做笔录,交被调查人签字确认

D. 投诉人捏造事实、伪造材料或者以非法手段取得证明材料进行投诉的,驳回投诉

三、多选题

1. 政府采购中,可以进行招标投标质疑的内容是(   )。

A. 招标文件　　　B. 招标过程　　　C. 投标文件　　　D. 中标结果

2. 以下(   )措施可以减少招标投标质疑。

A. 评标办法尽可能客观、公正　　　B. 评标委员会打分客观、公正、独立

C. 做好评标过程的保密工作　　　D. 编制招标文件时要进行充分的市场调研

3. 招标投标投诉的主要法律依据有(   )。

A.《招标投标法》

B.《招投标实施条例》

C.《工程建设项目招标投标活动投诉处理办法》

D. 工程招投标相关的地方性法规

4. 下面属于对招标人提出的投诉事项的是(   )。

A. 招标人规避招标

B. 限制和排斥投标人

C. 中标通知书发出后无正当理由改变中标结果

D. 投标人之间约定中标人

5. 下列(   )情形的投诉,招标投标投诉受理人不予受理

A. 投诉人不是所投诉招标投标活动的参与者,或者与投诉项目无任何利害关系

B. 投诉事项不具体,且未提供有效线索,难以查证的

C. 已经作出处理决定,投诉人又提出新的证据的

D. 没超过投诉时效的

模块 **7**

建设工程合同

[模块概述]

建设工程合同是承包人进行工程建设,发包人支付价款的合同。建设工程合同在经济活动、社会生活中具有重要作用,也是工程招标文件的重要组成部分。熟悉建设工程合同,对于工程招投标及中标后的履约具有重要意义。本模块首先介绍了合同的基本法律知识,包括合同的概念及特征,合同的类型及合同的履行、变更、转让和终止等;接着,介绍了建设工程合同的基本知识,包括:建设工程合同概念、特征及建设工程合同分类;最后,介绍了建设工程合同中的最重要的合同——建设工程施工合同,包括:施工合同的含义和特征、施工合同的订立、《建设工程施工合同(示范文本)》(GF—2017—0201)简介及施工合同当事人。

[学习目标]

掌握 合同的概念、合同的变更;建设工程合同的概念;建设工程施工合同的含义和特征。

熟悉 合同的法律特征、合同的主要内容和形式;建设工程合同的特征和分类;建设工程施工合同当事人。

了解 合同的基本原则、合同的类型,合同的履行、变更、转让和终止;建设工程施工合同的订立、《建设工程施工合同(示范文本)》。

[能力目标]

能利用法律法规知识识别各类建设工程合同,为进一步订立和履行建设工程合同特别是施工合同打下坚实的基础。

[素质目标]

培养学生的建设工程合同法律意识,树立契约精神,增强专业及职业素养。理解工作中劳动合同的重要意义。

[案例引入]

建设工程合同纠纷案例
承包人以承包合同约定的工程价款低于"成本价"等要求变更合同价款。

任务7.1　合同概述

7.1.1　合同的概念及特征

（1）合同的概念

合同，又称契约、协议，是当事人之间设立、变更、终止民事权利义务关系的协议。它是一个跨越部门法的法律名称，其范围可以包括民事合同、行政合同、劳动合同。

合同作为一种民事法律行为，是当事人协商一致的产物，是两个以上的意思表示相一致的协议。只有当事人所作出的意思表示合法，合同才具有法律约束力。依法成立的合同从成立之日起生效，具有法律约束力。

在民法中，合同有广义和狭义之分。广义的合同是指两个以上的民事主体之间设立、变更、终止民事权利义务关系的协议。广义的合同除了民法中的债权合同之外，还包括物权合同、身份合同以及行政法中的行政合同和劳动法中的劳动合同等。

狭义的合同是指债权合同，即两个以上的民事主体之间设立、变更、终止债权债务关系的协议。本书所称的合同是《中华人民共和国民法典合同编》（以下简称《民法典合同编》）所调整的合同，是狭义上的合同。根据《民法典合同编》第四百六十四条之规定，合同是民事主体之间设立、变更、终止民事法律关系的协议。

（2）合同的法律特征

根据合同的概念和法律内涵可以归纳得出，合同具有如下主要法律特征：

①合同是法律地位平等的当事人意思表示一致的协议。即签订合同的当事人，无论是自然人、法人还是其他组织，其法律地位都是平等的，没有领导和服从的关系，任何一方都不得把自己的意志强加给对方。

②合同以设立、变更或终止债权债务关系为目的。合同当事人签订合同的目的，在于各自的经济利益或共同的经济利益，必然会形成债权债务关系，合同当事人为了实现或保证各自的经济利益或共同的经济利益，以合同的方式来设立、变更、终止债权债务的民事权利义务关系。

③合同是一种民事法律行为，即以设立、变更、终止民事权利和民事义务为目的的具有法律约束力的合法民事行为。所谓法律约束力，是指合同的当事人必须遵守合同的规定，如果违反，就要承担相应的法律责任。合同的法律约束力主要体现在以下两个方面：一是不得擅自变

更或解除合同;二是违反合同应当承担相应的违约责任。

（3）合同的基本原则

《民法典合同编》是调整平等主体的自然人、法人、其他组织之间设立、变更、终止民事权利义务关系的法律规范总称。《民法典合同编》的基本原则既是合同当事人在合同的订立、履行、变更、解除、转让、承担违约责任时应遵守的基本原则，又是人民法院、仲裁机构在审理、仲裁合同纠纷时应遵循的原则。

1）平等原则

《民法典合同编》规定，合同当事人的法律地位平等。即享有民事权利和承担民事义务的资格是平等的，一方不得将自己的意志强加给另一方。合同中的双方当事人意思表示必须是完全自愿的，任何一方当事人均不享有特权，平等原则是合同关系的本质特征，是对《民法典合同编》的必然要求，是调整合同关系的基础。

平等原则具体表现为：①自然人的民事权利能力一律平等；②不同的民事主体参与民事关系适用同一法律，具有平等地位；③民事主体在民事法律关系中必须平等协商。

2）自愿原则

这是《民法典合同编》的重要原则之一。自愿原则也称意思自治原则，即合同当事人在法律规定的范围内，可以按照自己的意愿设定、变更、终止民事法律关系。不受任何单位和个人的非法干预。

自愿原则具体表现为：①缔结合同的自由；②选择相对人的自由；③决定合同内容的自由；④变更解除合同的自由；⑤决定合同方式的自由。合同自由不是绝对的自由，它要受到国家法律、法规的限制。

3）公平原则

合同当事人应当遵循公平原则确定各方的权利和义务。在合同的订立和履行中，合同当事人应当正当行使合同权利和履行合同义务，兼顾他人利益，使当事人的利益能够均衡；当事人变更、解除、终止合同关系也不能导致不公平的结果出现。

4）诚实信用原则

合同当事人行使权力、履行义务应当遵循诚实信用原则。这是市场经济活动中形成的道德规则，它要求人们在订立和履行合同中讲究信用，信守诺言，诚实不欺。在合同关系终止后，当事人也应当遵循诚实信用原则履行通知、协助和保密等义务。

5）遵守法律法规和公序良俗原则

当事人订立、履行合同应当遵守法律、行政法规，只有将合同的订立纳入法律的轨道，才能保障经济活动的正常秩序。

公序良俗即公共秩序和善良风俗。善良风俗应当是以道德为核心的，是某一特定社会应有的道德准则，公序良俗原则要求当事人在订立、履行合同时不仅遵守法律而且应当尊重社会道德，不得扰乱社会经济秩序，损害社会公共利益。

6）对当事人具有法律约束力原则

《民法典合同编》第四百六十五条依法成立的合同，仅对当事人应当按照约定履行自己的义务，不得擅自变更或者解除合同。当事人应当按照约定履行自己的义务，不得擅自变更或者解除合同。

7.1.2　合同的类型

不同种类的合同具有不同的用途,《民法典合同编》分则部分将合同分为买卖合同;供用电、水、气、热力合同;赠与合同;借款合同;租赁合同;融资租赁合同;承揽合同;建设工程合同;运输合同;技术合同;保管合同;仓储合同;委托合同;行纪合同;居间合同等 15 类合同。这是对合同的基本分类,《民法典合同编》中对每一类合同都作了较为详细的规定。

从不同的角度还可以对合同作不同的分类:

(1)计划合同与非计划合同

计划合同是指依据国家有关部门下达的计划签订的合同;非计划合同则是当事人依据市场需求和自己的意愿订立的合同。虽然在市场经济中,依计划订立的合同的比重降低了,但仍然有一部分合同是依据国家有关计划订立的。计划合同和非计划合同在合同的签订、履行、变更、解除等方面都存在很大的差别:计划合同在以上各方面都要符合有关计划的要求,而非计划合同则完全取决于当事人自愿。

(2)双务合同与单务合同

根据当事人双方权利和义务的分担方式,可把合同分为双务合同和单务合同。双务合同是指合同当事人双方相互享有权利,承担义务的合同。如买卖、互易、租赁、承揽、运送、保险等合同为双务合同。单务合同是指当事人一方享有权利,另一方只承担义务的合同,如赠予、借用合同就是单务合同。

(3)诺成合同与实践合同

根据合同的成立是否以交付标的物为要件,可将合同分为诺成合同和实践合同。诺成合同又称不要物合同,是指当事人意思表示一致即可成立的合同。实践合同又称要物合同,是指当事人意思表示一致外,还必须交付标的物方能成立的合同。在现代经济生活中,大部分合同都是诺成合同。这种合同分类的目的在于确立合同的生效时间。

(4)主合同与从合同

根据合同间是否有主从关系,可将合同分为主合同与从合同。主合同是指不依赖其他合同而能够独立存在的合同。从合同是指须以主合同的存在为前提而存在的合同。主合同的无效、终止将导致从合同的无效、终止,但从合同是否有效不会影响主合同的效力。担保合同是典型的从合同。

(5)有偿合同与无偿合同

根据当事人取得权利是否以偿付为代价,可将合同分为有偿合同与无偿合同。有偿合同是指当事人一方享有合同权利须向另一方偿付相应代价的合同。有些合同只能是有偿合同,如买卖、互易、租赁等合同;有些合同只能是无偿的,如赠与合同;有些合同既可以是有偿也可以是无偿的,由当事人协商确定,如委托、保管等合同。双务合同都是有偿合同,单务合同原则为无偿合同,但有的单务合同也可以为有偿合同,如有息贷款合同。

(6)要式合同与不要式合同

根据合同的成立是否需要特定的形式,可将合同分为要式合同与不要式合同。要式合同是根据法律要求必须具备一定的形式和手续的合同。不要式合同是指法律不要求必须具备一定形式和手续的合同。

（7）格式合同与非格式合同

格式合同,也称定式合同、定型化合同、标准合同,是指合同条款由当事人一方预先拟定,对方只能表示全部同意或者不同意合同,亦即一方当事人要么整体接受合同条件,要么不订立合同。

非格式合同,是格式合同以外的其他合同,是指合同条款全部由双方当事人在订立合同时协商确定的合同。它是法律未对合同内容作出直接规定的合同,实践中绝大多数的合同均属此类。

7.1.3　合同的主要内容和形式

当事人依程序订立合同,意思表示一致,便形成合同条款,构成作为法律行为的合同内容。合同的形式是当事人合意的表现形式,是合同内容的外部表现,是合同内容的载体。

（1）合同的内容

当事人约定的合同内容,一般包括以下条款:

1）当事人的名称（或姓名）和住所

当事人由其名称（或姓名）及住所加以特定化、固定化,所以草拟时具体合同条款必须写清当事人的名称（或姓名）和住所。

2）标的

标的是合同权利和义务指向的对象。标的是一切合同的主要条款。标的条款必须清楚地写明标的名称,以使标的特定化,从而能够界定权利和义务量。标的一般分为四类:有形财产、无形财产、劳务和工作成果。

3）质量和数量

质量和数量是确定合同标的的具体条件,是这一标的区别于同类另一标的的具体特征。质量需订得详细具体,如技术指标、质量要求、规格等都要明确,数量要确切。首先应选择双方共同接受的计量单位,其次要确定双方认可的计量方法,最后应允许规定合理的磅差或尾差。

4）价款或酬金

价款或酬金是有偿合同的条款。价款是取得标的物所支付的代价,酬金是获得服务所应支付的代价。价款,通常指标的物本身的价款,但因商业上的大宗买卖一般是异地交货,便产生了运费、保险费、装卸费、保管费、报关费等一系列额外费用。它们由哪一方支付,须在价款条款中写明。

5）履行期限

履行期限直接关系到合同义务完成的时间,涉及当事人的期限利益,也是确定违约与否的因素之一,因而是重要的条款。履行期限可以规定为即时履行,也可以规定为定时履行,还可以规定为在一定期限内履行。如果是分期履行,还应写明每期的准确时间。履行期限若能通过有关规则及方式推定出来,则合同欠缺它也不影响其成立。

6）履行地点和方式

履行地点是确定验收地点的依据,是确定运输费用由谁负担、风险由谁承受的依据,有时是确定标的物所有权是否转移、何时转移的依据,是确定诉讼管辖的依据之一。对于涉外合同纠纷,它是确定法律适用的一项依据,故十分重要。履行方式事关当事人的物质利益,合同应写明,但对于大多数合同来说,它不是主要条款。履行的地点、方式若能通过有关方式推定,合同即使欠缺它们,也不影响成立。

7)违约责任

它是促使当事人履行债务,使守约方免受或少受损失的法律措施,对当事人的利益关系重大,合同对此应予以明确。违约责任是法律责任,即使合同中没有违约责任条款,只要未依法免除违约责任,违约方仍应负责。

8)解决争议的方法

这是指有关解决争议运用什么程序、适用何种法律、选择哪家检验或鉴定机构等内容。

(2)合同的条款

合同的条款可分为主要条款和普通条款。

1)合同的主要条款

这是指合同必须具备的条款。欠缺它,合同就不成立。它决定着合同的类型,确定着当事人各方权利和义务的质与量。合同的主要条款有时是法律直接规定的,当法律直接规定某种特定合同应当具备某些条款时,这些条款就是主要条款。合同的主要条款也可以由当事人约定产生。

2)合同的普通条款

它是指合同主要条款以外的条款,包括以下两种类型:

①法律未直接规定,也不是合同类型和性质要求必须具备的,当事人无意使之成为主要条款的合同条款。例如关于包装物返还的约定和免责条款等均属此类。

②当事人未写入合同中,甚至从未协商过,但基于当事人的行为,或基于合同的明示条款,或基于法律的规定,理应存在的合同条款。

(3)合同的形式

合同的形式,又称合同的方式,是当事人合意的表现形式,是合同内容的外部表现,是合同内容的载体。我国《民法典合同编》规定,"当事人订立合同,有书面形式、口头形式和其他形式。""法律、行政法规采用书面形式的,应当采用书面形式。当事人约定采用书面形式的,应当采用书面形式。"

《民法典合同编》还规定,"书面形式是指合同书、信件和数据电文等可以有形地表现所载内容的形式"。合同书,是指记载合同内容的文件,有标准合同书与非标准合同书之分。标准合同书是指合同条款由当事人一方预先拟定,对方只能表示全部同意或者不同意的合同书;非标准合同书是指合同条款完全由当事人双方协商一致所签订的合同书。信件,是指当事人就要约与承诺所作的意思表示的普通文字信函。信件的内容一般记载于书面纸张上,因而与通过计算机及其网络手段而产生的信件不同,后者被称为电子邮件。数据电文,是指与现代通信技术相联系的文件,包括电报、电传、传真、电子数据交换和电子邮件等。电子数据交换是一种由电子计算机及通信网络处理业务文件的技术,作为一种新的电子化贸易工具,又称电子合同。

特别提示,合同立法的主要宗旨就是保护交易的安全、有序和便捷。在社会活动中,采用书面合同形式更具有安全性。发生纠纷时,签有书面合同的,可以此为凭。但订立书面合同时,要按特定的程序草拟文书和合同条文,认真审查并经签字盖章后,方可具有法律效力。相对而言,在当今市场经济活动中,采用书面形式有时会丧失商机。

7.1.4　合同的履行、变更、转让和终止

（1）合同的履行

1）合同履行的概念

合同履行，是指合同当事人双方依据合同条款的规定，实现各自享有的权利，并承担各自负有的义务。合同的履行就其实质来说，是合同当事人在合同生效后，全面、适当地完成合同义务的行为。如果当事人只完成了合同规定的部分义务，称为合同的部分履行或不完全履行；如果合同的义务全部没有完成，称为合同未履行或不履行合同。

合同履行，是合同法律约束力的首要表现，是合同活动中的关键。有关合同履行的规定，是《民法典合同编》的核心内容。

2）合同履行的原则

这是指法律规定的所有种类合同的当事人在履行合同的整个过程中所必须遵循的一般准则。

当事人订立合同，是为了达到或实现经济目的。合同签订后，当事人能否按照合同约定履行自己的义务，关系着其经济目的能否达到或实现。合同的履行就成了合同依法成立后的关键。只有通过合同的履行，当事人在合同中约定的权利才能实现，从而达到或实现其经济目的，合同的担保、违约责任的规定，都是为了保障合同的履行。为了使合同能够得到很好的履行，我国《民法典合同编》对合同的履行问题作了明确规定。合同履行应当遵循以下原则：

①全面、适当履行原则。合同订立后，当事人应当按照合同约定，全面履行自己的义务，包括履行义务的主体、标的、数量、质量、价款或者报酬以及履行的期限、地点、方式等。适当履行是指合同当事人在适当的时间、适当的地点以适当的方式，按照合同约定的数量和质量标准履行合同中约定的义务。全面、适当履行的原则要求当事人恪守承诺，讲究信用，全面、适当地履行合同约定的义务，以保障当事人的合法权益。

②诚实信用的原则。在订立合同时，当事人要诚实信用，即要把真实情况告诉对方，不能提供虚假情况，使对方产生误解。在履行合同义务时，更需诚实信用，要按照合同约定全面、适当地履行义务。诚实信用就是要求当事人要守信用，讲实话，办实事，要有善意，双方当事人才能在合同履行中相互配合与协作，以利于合同更好地履行。我国《民法典合同编》规定：当事人应当根据合同的性质、目的和交易习惯履行义务。这就要求当事人根据不同合同的不同情况，按照诚实信用原则履行自己的义务。如有的合同需要提供必要的条件和说明；有的合同需要协作；有的合同需要及时通知对方，以便做好准备；有的合同需要保密等。

③公平合理、促进合同履行的原则。为了使合同能够更好地履行，在订立合同时，合同条款不仅要齐全，而且要详细、准确、具体。在订立合同时，由于当事人的疏忽，有的问题没有约定或者约定不明确的，应以公平合理的原则采取补救措施，由双方当事人协商一致，签订补充条款加以解决。若当事人协商不成，就应按照合同有关条款或者交易习惯确定。如果还不能确定，就应按我国《民法典合同编》关于当事人就有关合同内容约定不明确的规定履行，以保证合同公平合理地履行。

（2）合同的变更

1）合同变更的概念

合同变更是指合同依法订立后，在尚未履行或尚未完全履行时，当事人依法经过协商，对

合同的内容进行修订或调整并达成协议。合同变更时,当事人应当通过协商,对原合同的部分内容条款作出修改、补充或增加。例如,对原合同中规定的标的数量、质量、履行期限、地点和方式、违约责任、解决争议的方法等作出变更。当事人对合同内容变更取得一致意见时方为有效。

2)合同变更的条件

我国《民法典合同编》第五百四十三条规定,"当事人协商一致,可以变更合同。我国《民法典合同编》第五百四十四条规定,"当事人对合同变更的内容约定不明确的,推定为未变更。"可见,合同变更需要满足以下条件:

①原合同已生效。如果原合同未生效或者根本没有合同,就根本谈不上变更合同的问题。

②原合同未履行或者未完全履行。

③当事人需要协商一致,即对变更的内容协商一致。合同的订立需要协商一致,变更也需要协商一致。

④当事人对变更合同的内容约定明确。只有内容约定明确才能断定当事人变更的真实意思,才便于履行。如果变更的内容不明确,则无法断定当事人的意思,这种变更也就不能否定原合同的效力,所以只能推定为未变更。

⑤遵守法定程序。这是针对那些以批准、登记等手续为生效条件的合同而言的。其生效应经批准、登记,其变更也必须办理批准、登记等手续才能生效。

(3)合同的转让

1)合同转让的概念

这是指当事人一方将其合同权利、合同义务或者合同权利义务,全部或者部分转让给第三人。合同的转让,也就是合同主体的变更,准确地说是合同权利、义务的转让,即在不改变合同关系内容的前提下,使合同的权利主体或者义务主体发生变动。

2)合同转让的分类

根据转让内容的不同,合同转让包括了合同权利的转让、合同义务的转让以及合同权利和义务的概括转让三种类型。

①合同权利的转让。这是指不改变合同权利的内容,由债权人将权利转让给第三人。债权人既可以将合同权利全部转让,也可以将合同权利部分转让。合同权利全部转让的,原合同关系消灭,产生一个新的合同关系,受让人取代原债权人的地位,成为新的债权人。合同权利部分转让的,受让人作为第三人加入原合同关系中,与原债权人共同享有债权。

②合同义务的转移。这是指债务人经债权人同意,将合同的义务全部或者部分地转让给第三人。正如债权人可以全部或者部分转让权利一样,债务人也可以将合同的义务转移给第三人。转移合同义务也是法律赋予债务人的一项权利。合同义务转移分为两种情况:一是合同义务的全部转移,在这种情况下,新的债务人完全取代了旧的债务人,新的债务人负责全面地履行合同义务;另一种情况是合同义务的部分转移,即新的债务人加入原债务中,和原债务人一起向债权人履行义务。债务人不论转移的是全部义务还是部分义务,都需要征得债权人同意。

③合同权利和义务的概括转让。权利和义务一并转让又称为概括转让,是指合同一方当事人将其权利和义务一并转移给第三人,由第三人全部承受这些权利和义务。不同于权利转让和义务转让的是,它是合同一方当事人对合同权利和义务的全面处分,其转让的内容实际上

包括权利的转让和义务的转让两部分内容。权利义务概括转让的后果,导致原合同关系的消灭,第三人取代了转让方的地位,产生出一种新的合同关系。合同权利义务的概括转让除遵守合同转让的一般条件和要求外,必须经对方当事人同意,否则无效。

3)合同的终止

合同的性质,决定合同是有期限的民事法律关系,不可能永恒存在,有着从设立到终止的过程。合同的权利义务终止,指依法生效的合同,因具备法定情形和当事人约定的情形,合同债权、债务归于消灭,债权人不再享有合同权利,债务人也不必再履行合同义务。有下列情形之一的,合同终止。

①债务已经按照约定履行。债务已经按照约定履行,指债务人按照约定的标的、质量、数量、价款或者报酬、履行期限、履行地点和方式全面履行。

②合同解除。指合同有效成立后,当具备法律规定的合同解除条件时,因当事人一方或双方的意思表示而使合同关系归于消灭的行为。

③债务相互抵消。指当事人互负到期债务,又互享债权,以自己的债权充抵对方的债权,使自己的债务与对方的债务在等额内消灭。

④债务人依法将标的物提存。提存,是指由于债权人的原因,债务人无法向其交付合同标的物时,债务人将该标的物交给提存机关而消灭合同的制度。债务的履行往往需要债权人的协助,如果债权人无正当理由而拒绝受领或者不能受领,债权人虽应负担受领迟延的责任,但债务人的债务却不能消灭,债务人仍得随时准备履行,这显然有失公平。因此,《民法典》将提存作为合同权利义务终止的法定原因之一,规定了提存的条件、程序和法律效力。

⑤债权人免除债务,指债权人放弃自己的债权。债权人可以免除债务的部分,也可以免除债务的全部。

⑥债权和债务同归于一人,指由于某种事实的发生,使一项合同中原本由一方当事人享有的债权,而由另一方当事人负担的债务,统归于一方当事人,使得该当事人既是合同的债权人,又是合同的债务人。

⑦法律规定或者当事人约定终止的其他情形。除了前述合同的权利义务终止的情形,出现了法律规定终止的其他情形的,合同的权利义务也可以终止。比如,委托人或者受托人死亡、丧失民事行为能力或者破产的,委托合同终止。

[课堂互动]

什么是合同? 合同有哪些类型? 劳动合同属于什么类型?

[课程育人]

通过对合同的讨论,谈一谈如何理解合同权利与义务的相关特点? 联系实际谈一谈契约精神应该如何体现? 为什么说劳动是社会中每个人不可避免的义务?

任务 7.2　建设工程合同

7.2.1　建设工程合同的概念及特征

（1）建设工程合同的概念

《民法典合同编》第七百八十六条规定，建设工程合同是承包人进行工程建设，发包人支付价款的合同。在建设工程合同中，发包人委托承包人进行建设工程的勘察、设计、施工，承包人接受委托并完成建设工程的勘察、设计、施工任务，发包人为此向承包人支付价款。

从合同理论上说，建设工程合同是广义承揽合同的一种，也是承包人（承揽人）按照发包人（定做人）的要求完成工作，交付工作成果，发包人给付报酬的合同。但由于建设工程合同在经济活动、社会生活中的重要作用，以及在国家管理、合同标的等方面均有别于一般的承揽合同，我国一直将建设工程合同列为单独的一类重要合同。但考虑到建设工程合同毕竟是从承揽合同中分离出来的，《民法典合同编》规定：建设工程合同中没有规定的，适用承揽合同的有关规定。

由此可以看出，建设工程合同实质上是一种承揽合同，或者说是承揽合同的一种特殊类型。

（2）建设工程合同的特征

建设工程合同具有以下几个特征：

1）建设工程合同的标的具有特殊性

建设工程合同是从承揽合同中分化出来的，也属于一种完成工作的合同。与承揽合同不同的是，建设工程合同的标的为不动产建设项目。也正由于此，使得建设工程合同又具有内容复杂，履行期限长，投资规模大，风险较大等特点。

2）建设工程合同的当事人具有特定性

作为建设工程合同当事人一方的承包人，一般情况下只能是具有从事勘察、设计、施工资格的法人。这是由建设工程合同的复杂性所决定的。

3）建设工程合同具有一定的计划性和程序性

由于建设工程合同与国民经济建设及人民群众生活都有着密切的关系，因此该合同的订立和履行，必须符合国家基本建设计划的要求，并接受有关政府部门的管理和监督。

4）建设工程合同是要式合同

《民法典合同编》第七百八十九条规定，建设工程合同应当采用书面形式。某些建设工程合同须采取批准形式，如《民法典合同编》第七百九十二条规定，国家重大建设工程合同应当根据国家规定的程序和国家批准的投资计划、可行性研究报告等文件订立。

与承揽合同相同，建设工程合同也是双务合同、有偿合同和诺成合同。

7.2.2　建设工程合同的分类

建设工程项目的实施需要许多单位来共同参与建设，不同的进度任务由不同的单位来承担，建设工程合同按照完成的工程任务的内容来进行划分，有勘察合同、设计合同、施工承包合同、设备材料采购合同、工程监理合同、咨询合同、代理合同等。根据《民法典合同编》，勘察合同、设计合同、施工承包合同属于建设工程合同,工程监理合同、咨询合同等属于委托合同。为便于更好地认识建设工程合同,建设工程合同还可以按其他方式进行分类。

(1)按照工程建设阶段分类

建设工程的建设过程大体经过勘察、设计、施工 3 个阶段,围绕不同阶段订立相应合同。《民法典合同编》规定了建设工程合同的工程勘察、设计、施工合同,就是按建设阶段分类的。

1)建设工程勘察

这是指根据建设工程的要求,查明、分析、评价建设场地的地质地理环境特征和岩土工程条件,编制建设工程勘察文件的活动。建设工程勘察合同即发包人与勘察人就完成商定的勘察任务明确双方权利和义务的协议。

2)建设工程设计

这是指根据建设工程的要求,对建设工程所需的技术、经济、资源和环境等条件进行综合分析、论证,编制建设工程设计文件的活动。建设工程设计合同即发包人与设计人就完成商定的工程设计任务明确双方权利和义务的协议。建设工程设计合同实际上包括两个合同:一是初步设计合同,即在建设工程立项阶段承包人为项目决策提供可行性资料的设计而与发包人签订的合同;二是施工设计合同,是指在承包人与发包人就具体施工设计达成的协议。

3)建设工程施工

这是指根据建设工程设计文件的要求,对建设工程进行新建、扩建、改建的活动。建设工程施工合同即发包人与承包人为完成商定的建设工程项目的施工任务明确双方权利义务的协议。施工合同主要包括建筑和安装两方面内容,这里的建筑是指对工程进行营造的行为。安装主要是指与工程有关的线路、管道和设备等设施的装配。

(2)按照承发包方式(范围)分类

1)勘察、设计或施工总承包合同

勘察、设计或施工总承包,是指发包人将全部勘察、设计或施工的任务分别发包给一个勘察、设计单位或一个施工单位作为总承包人,经发包人同意,总承包人可以将勘察、设计或施工任务的一部分分包给其他符合资质的分包人。据此明确各方权利义务的协议即为勘察、设计或施工总承包合同。在这种模式中,发包人与总承包人订立总承包合同,总承包人与分包人订立分包合同,总承包人与分包人就工作成果对发包人承担连带责任。

2)单位工程施工承包合同

单位工程施工承包,是指在一些大型、复杂的建设工程中,发包人可以将专业性很强的单位工程发包给不同的承包人,与承包人分别签订土木工程施工合同、电气与机械工程承包合同等,这些承包人之间为平行关系。单位工程施工承包合同常见于大型工业建筑安装工程及大型、复杂的建设工程,据此明确各方权利和义务的协议即为单位工程施工承包合同。

3)工程项目总承包合同

工程项目总承包,是指建设单位将包括工程设计、施工、材料和设备采购等一系列工作全部发包给一家承包单位,由其进行实质性设计、施工和采购工作,最后向建设单位交付具有使用功能的工程项目。工程项目总承包实施过程可依法将部分工程分包。据此明确各方权利义务的协议即为工程项目总承包合同。按照规定可分包的工程有:

①工程的次要部分。

②群体工程(指结构技术要求相同的)半数以下的单位工程。

③门窗制作安装等。

(3)按照承包工程计价方式(或合同价格形式)分类

住房和城乡建设部第 16 号令,即《建筑工程施工发包与承包计价管理办法》第十三条规定,可以采用单价方式、总价方式和成本加酬金的方式确定合同价款。2017 年 10 月 1 日实施的《建设工程施工合同(示范文本)》(GF—2017—0201)按照合同价格形式将合同分为总价合同、单价合同及其他方式合同。

1)单价合同

这是指合同当事人约定以工程量清单及其综合单价进行合同价格计算、调整和确认的建设工程施工合同,在约定的范围内合同单价不作调整。合同当事人应在专用合同条款中约定综合单价包含的风险范围和风险费用的计算方法,并约定风险范围以外的合同价格的调整方法。故单价合同的含义单价是相对固定的。实行工程量清单计价的工程,应采用单价合同。

2)总价合同

这是指合同当事人约定以施工图、已标价工程量清单或预算书及有关条件进行合同价格计算、调整和确认的建设工程施工合同,在约定的范围内合同总价不作调整。合同当事人应在专用合同条款中约定总价包含的风险范围和风险费用的计算方法,并约定风险范围以外的合同价格的调整方法。故总价合同的含义总价也是相对固定的。技术简单、规模偏小、工期较短的项目,且施工图设计已审查批准的,可采用总价合同。

3)其他价格形式

合同当事人可在专用合同条款中约定其他合同价格形式。由于原来的成本加酬金合同形式的实践应用不具有典型性,故归入其他方式合同,其他方式合同中还包含了采用定额计价的合同。紧急抢险、救灾以及施工技术特别复杂,可采用成本加酬金合同。

(4)按合同签约各方的承包关系划分

1)总包合同

这是指建设单位(发包人)将工程项目建设全过程或其中某个阶段的全部工作,发包给一个承包单位总包,发包人与总包方签订的合同称为总包合同。总包合同签订后,总承包单位可以将若干专业性工作交给不同的专业承包单位去完成,并统一协调和监督它们的工作。一般情况下,建设单位仅同总承包单位发生法律关系,而不同各专业承包单位发生法律关系。

2)分包合同

这是指总承包人与发包人签订总包合同之后,将若干专业性工作分包给不同的专业承包单位去完成,总包方分别与几个分包方签订的分包合同。对于大型工程项目,有时也可由发包人直接与每个承包人签订合同,而不采取总包形式。这时每个承包人都处于同样的地位,各自独立完成本单位所承包的任务,并直接向发包人负责。

(5)建设工程有关的其他合同

1)建设工程委托监理合同

建设工程监理合同是指委托人(发包人)与监理人签订,为了委托监理人承担监理业务而明确双方权利和义务关系的协议。

2）建设工程物资采购合同

建设工程物资采购合同是指出卖人转移建设工程物资所有权于买受人，买受人支付价款的明确双方权利和义务关系的协议。

3）建设工程保险合同

建设工程保险合同是指发包人或承包人为防范特定风险而与保险公司明确权利和义务关系的协议。

4）建设工程担保合同

建设工程担保合同是指义务人（发包人或承包人）或第三人（或保险公司）与权利人（承包人或发包人）签订为保证建设工程合同全面、正确履行而明确双方权利和义务关系的协议。

建设工程委托监理合同的标的是"服务"，建设工程物资采购合同属于"买卖合同"，其合同标的是"货物"，建设工程担保合同属于从合同。

［**课堂互动**］

建设工程合同有哪些类型？其特征是什么？

任务7.3 建设工程施工合同

7.3.1 建设工程施工合同的含义和特征

（1）建设工程施工合同的含义

建设工程施工合同，又称建筑安装工程承包合同，是指发包方（建设单位）和承包方（施工单位）为完成商定的施工工程，明确相互权利、义务的协议。施工合同的当事人是发包人和承包人，双方是平等的民事主体。承发包双方签订施工合同，必须具备相应资质条件和履行施工合同的能力。依照施工合同，施工单位应完成建设单位交给的施工任务，建设单位应按照规定提供必要条件并支付工程价款。

施工合同是建设工程合同的一种，它与其他建设工程合同一样是双务有偿合同，在订立时应遵循自愿、公平、诚实信用等原则。

（2）建设工程施工合同的作用

建设工程施工合同是承包人进行工程建设施工，发包人支付价款的合同，是工程建设质量控制、进度控制、投资控制的主要依据，具有以下主要作用：

1）合同确定了工程实施和工程管理的主要目标，是控制工程质量、进度和造价的重要依据

合同在工程实施前签订，确定了工程所要达到的目标以及和目标相关的所有主要和细节的问题。合同确定的工程目标主要有3个方面：

①工期。包括工程开始、工程持续时间、工程结束的日期，由双方一致同意的详细的进度计划等决定。

②工程质量、工程规模和范围。详细而具体的质量、技术和功能等方面的要求,如建筑面积、项目要达到的生产能力、建筑材料、设计、施工等质量标准和技术规范等。它们由合同条件、图纸、规范、工程量表、供应单等定义。

③工程造价。包括工程总造价,各分项工程的单价和总造价等,由工程报价单、中标函或合同协议等确定。这是承包人按合同要求完成工程责任所应取得的费用(包括承包人的应得利润)。

2)合同是协调双方经济关系的重要依据

合同一经签订,合同双方便结成了一定的经济关系。合同规定了双方在合同实施过程中的经济责任、利益和权利,促使双方加强经营管理。承包人只有认真做好施工准备工作,合理组织人力、财力、物力,按照合同分工完成自己应承担的义务,才能取得较好的经济效果;发包人只有充分做好建设前期工作,严格施工中的检查与监督,才能促使工程顺利进行。

3)合同是工程过程中双方的最高行为准则

工程施工过程中的一切活动都是为了履行合同,必须按合同办事。双方的行为主要靠合同来约束,所以,工程管理的核心就是合同管理。

合同一经签订,只要合同合法,双方必须全面地完成合同规定的责任和义务。如果不能认真履行自己的责任和义务,甚至单方撕毁合同,则必须接受经济甚至法律的处罚。除了遇到特殊情况(如不可抗力因素等)使合同不能实施外,合同当事人即使亏本,甚至破产也不能摆脱这种法律约束力。

4)合同是协调工程各参加者行为的重要依据

合同将工程所涉及的生产、材料和设备供应、运输、各专业设计和施工的分工协作关系联系起来,协调并统一工程各参加者的行为。一个参加单位在工程中承担的角色,它的任务和责任,就是由与它相关的合同所限定的。

5)合同是工程过程中双方争执解决的依据

由于双方经济利益的不一致,在工程过程中争执是难免的。合同争执是经济利益冲突的表现,它常常起因于双方对合同理解的不一致、合同实施环境的变化、有一方违反合同或未能正确地履行合同等。合同对争执的解决有两个决定性作用:

①争执的判定以合同作为法律依据,即以合同条文判定争执的性质,谁对争执负责,应负什么样的责任等。

②争执的解决方法和解决程序由合同规定。

(3)建设工程施工合同的特征

建设工程施工合同是建设工程的主要合同之一,其订立目的是将设计图纸变为满足功能、质量、进度、投资等发包人投资预期目的的建筑产品。建设工程施工合同具有以下基本特征:

1)合同标的的特殊性

施工合同的标的并非一般的加工定作成果,而是基本建设工程,是各类建筑产品。建筑产品是不动产,建造过程中往往受到自然条件、地质水文条件、社会条件、人为条件等因素的影响。这就决定了每个施工合同的标的物不同于工厂批量生产的产品,具有单件性的特点。所谓"单件性",指不同地点建造的相同类型和级别的建筑,施工过程中所遇到的情况不尽相同,在甲工程施工中遇到的困难在乙工程不一定发生,而在乙工程施工中可能出现甲工程没有发生过的问题,相互间具有不可替代性。

2)合同的主体资格的严格性

合同标的的特殊性,决定了不是任何一个单位或个人能够完成建设工程施工的。为了保证建设工程的质量和施工安全,法律对承包人的资质作了严格的要求,明确了工程施工承包人必须具备相应的工程施工承包资质。

3)合同履行期限的长期性

由于建筑物结构复杂、体积大,且施工时所用建筑材料类型多、工作量大,建筑物的施工工期都较长(与一般工业产品的生产相比)。在较长的合同期内,双方履行义务往往会受到不可抗力、履行过程中法律法规政策的变化、市场价格的浮动等因素的影响,必然导致合同的内容约定、履行管理相当复杂。所以,合同履行,需要合同当事人双方较长时期的通力协作。

4)合同内容的复杂性

虽然施工合同的当事人只有两方,但履行过程中涉及的主体却有许多种,内容的约定还需与其他相关合同相协调,如设计合同、供货合同、本工程的其他施工合同等。

5)合同形式的法定性和规范性

建设工程施工合同应采用书面形式,且鼓励使用标准示范文本。

[课堂互动]

微课:建设工程施工合同的概念及其特征

什么是建设工程施工合同?它有哪些特征?

7.3.2　建设工程施工合同的订立

(1)订立施工合同应具备的条件

①初步设计已经批准。

②工程项目已经列入年度建设计划,并正式批准报建。

③有能够满足施工需要的设计文件和有关技术资料。

④建设资金和主要建筑材料设备来源已经落实。

⑤实行招标投标的工程,中标通知书已经下发。

(2)订立施工合同的约定注意事项

订立施工合同,应注意下列约定事项:

①工程发包与承包范围,工程质量标准,安全生产、文明施工目标要求,工期目标及工期调整的要求。

②工程计量和计价依据,合同价款及其支付结算,调整要求及方法。

③工程分包的内容、范围、工程量及要求。

④材料和设备的供应方式与标准。

⑤工程洽商、变更的方式和要求。

⑥中间交工工程的范围和竣工时间。

⑦竣工结算与竣工验收。

⑧其他应在合同中明确约定的内容。

建设工程施工合同标的物特殊,合同执行期长,关于专利技术使用、发现地下障碍和文物、不可抗拒力、工程有无保险、工程停建或缓建等问题,都是建设工程施工合同约定的注意事项。

(3)订立施工合同的程序

《民法典合同编》规定,合同的订立必须经过要约和承诺两个阶段。所谓要约,是希望与他人订立合同的意思表示。所谓承诺,是受要约人接受要约的意思表示。施工合同的订立也应经过要约和承诺两个阶段。其订立方式有两种:直接发包和招标发包。这两种方式实际上都包含要约和承诺的过程。如果没有特殊情况,建设工程的施工都应通过招标和投标确定施工企业。在工程招标—投标过程中,投标人根据发包人提供的招标文件在约定的投标截止期内发出的投标文件即为要约,招标人通过评标,向投标人发出中标通知书即为承诺。一般订立程序如下:

①接受中标通知书。

②组成包括项目经理的谈判小组。

③草拟合同协议书和专用条款。

④谈判。

⑤参照发包人拟定的合同条件或建筑工程施工合同示范文本与发包人订立建设工程施工合同。

⑥合同双方在合同管理部门备案并缴纳印花税。

7.3.3 《建设工程施工合同(示范文本)》(GF—2017—0201)简介

(1)概述

1)执行时间

中华人民共和国住房城乡建设和国家工商行政管理总局于 2017 年 9 月 22 日印发了《建设工程施工合同(示范文本)》(GF—2017—0201)(以下简称《合同示范文本》),并于 2017 年 10 月 1 日起执行。

微课:《建设工程施工合同(示范文本)》(GF—2017—0201)简介

2)适用范围

它适用于房屋建筑工程、土木工程、线路管道和设备安装工程、装修工程等建设工程的施工承发包活动。合同当事人可结合建设工程具体情况,根据《合同示范文本》订立合同,并按照法律法规规定和合同约定承担相应的法律责任及合同权利义务。

3)法律地位

《合同示范文本》为非强制性使用文本,尽管《合同示范文本》不具备强制性,但它充分考虑到工程建设领域的现状,着眼未来发展,通过条文安排,解决以往工程合同中的顽症,必将推动良性交易习惯的形成,引导施工合同走向合法、公平与高效。《合同示范文本》的法律地位是我国以市场方式从事工程承包行业的交易习惯。

(2)《建设工程施工合同(示范文本)》的组成

《建设工程施工合同(示范文本)》由合同协议书、通用合同条款和专用合同条款三部分组成。

1）合同协议书

合同协议书,是指由合同当事人发包人和承包人共同签署的,约定合同主要内容的称为"合同协议书"的书面文件。合同协议书共计 13 条,主要包括:工程概况、合同工期、质量标准、签约合同价和合同价格形式、项目经理、合同文件构成、承诺以及合同生效条件等重要内容,集中约定了合同当事人基本的合同权利义务。合同协议书参考格式见表 7.1。

表 7.1　合同协议书格式

第一部分　合同协议书
发包人(全称):＿＿＿＿＿＿＿＿＿＿＿＿＿＿＿＿＿＿＿＿＿＿＿＿＿＿
承包人(全称):＿＿＿＿＿＿＿＿＿＿＿＿＿＿＿＿＿＿
根据《中华人民共和国民法典》《中华人民共和国建筑法》及有关法律规定,遵循平等、自愿、公平和诚实信用的原则,双方就＿＿＿＿＿＿＿＿＿工程施工及有关事项协商一致,共同达成如下协议:
一、工程概况
1.工程名称:＿＿＿＿＿＿＿＿＿＿＿＿＿＿＿＿＿＿。
2.工程地点:＿＿＿＿＿＿＿＿＿＿＿＿＿＿＿＿＿＿。
3.工程立项批准文号:＿＿＿＿＿＿＿＿＿＿＿＿＿。
4.资金来源:＿＿＿＿＿＿＿＿＿＿＿＿＿＿＿＿。
5.工程内容:＿＿＿＿＿＿＿＿＿＿＿＿＿＿＿＿。
群体工程应附《承包人承揽工程项目一览表》(附件1)。
6.工程承包范围:＿＿＿＿＿＿＿＿＿＿＿＿＿＿＿＿＿＿＿。
二、合同工期
计划开工日期:＿＿＿＿年＿＿月＿＿日。
计划竣工日期:＿＿＿＿年＿＿月＿＿日。
工期总日历天数:＿＿＿天。工期总日历天数与根据前述计划开竣工日期计算的工期天数不一致的,以工期总日历天数为准。
三、质量标准
工程质量符合＿＿＿＿＿＿＿＿＿＿＿＿标准。
四、签约合同价与合同价格形式
1.签约合同价为:
人民币(大写)＿＿＿＿＿＿＿＿＿＿(￥＿＿＿＿＿＿＿元)。
其中:
(1)安全文明施工费:
人民币(大写)＿＿＿＿＿＿＿＿＿(￥＿＿＿＿＿元);
(2)材料和工程设备暂估价金额:
人民币(大写)＿＿＿＿＿＿＿＿＿(￥＿＿＿＿＿元);
(3)专业工程暂估价金额:
人民币(大写)＿＿＿＿＿＿＿＿＿(￥＿＿＿＿＿元);
(4)暂列金额:
人民币(大写)＿＿＿＿＿＿＿＿＿(￥＿＿＿＿＿元)。
2.合同价格形式:＿＿＿＿＿＿＿＿＿＿＿。
五、项目经理
承包人项目经理:＿＿＿＿＿＿＿＿＿＿＿。
六、合同文件构成
本协议书与下列文件一起构成合同文件:

续表

(1)中标通知书(如果有);

(2)投标函及其附录(如果有);

(3)专用合同条款及其附件;

(4)通用合同条款;

(5)技术标准和要求;

(6)图纸;

(7)已标价工程量清单或预算书;

(8)其他合同文件。

在合同订立及履行过程中形成的与合同有关的文件均构成合同文件组成部分。

上述各项合同文件包括合同当事人就该项合同文件所作出的补充和修改,属于同一类内容的文件,应以最新签署的为准。专用合同条款及其附件须经合同当事人签字或盖章。

七、承诺

1.发包人承诺按照法律规定履行项目审批手续、筹集工程建设资金并按照合同约定的期限和方式支付合同价款。

2.承包人承诺按照法律规定及合同约定组织完成工程施工,确保工程质量和安全,不进行转包及违法分包,并在缺陷责任期及保修期内承担相应的工程维修责任。

3.发包人和承包人通过招投标形式签订合同的,双方理解并承诺不再就同一工程另行签订与合同实质性内容相悖离的协议。

八、词语含义

本协议书中词语含义与第二部分通用合同条款中赋予的含义相同。

九、签订时间

本合同于_____年____月____日签订。

十、签订地点

本合同在_____签订。

十一、补充协议

合同未尽事宜,合同当事人另行签订补充协议,补充协议是合同的组成部分。

十二、合同生效

本合同自_____生效。

十三、合同份数

本合同一式____份,均具有同等法律效力,发包人执____份,承包人执____份。

发包人:(公章)　　　　　　承包人:　(公章)

法定代表人或其委托代理人:　　　　　法定代表人或其委托代理人:

(签字)　　　　　　　　　　　　　(签字)

组织机构代码:_____　　　　组织机构代码:_____

地　　址:_____　　　　　地　　址:_____

邮政编码:_____　　　　　邮政编码:_____

法定代表人:_____　　　　法定代表人:_____

委托代理人:_____　　　　委托代理人:_____

电　　话:_____　　　　　电　　话:_____

传　　真:_____　　　　　传　　真:_____

电子信箱:_____　　　　　电子信箱:_____

开户银行:_____　　　　　开户银行:_____

账　　号:_____　　　　　账　　号:_____

2）通用合同条款

通用合同条款是合同当事人根据《中华人民共和国建筑法》《中华人民共和国民法典合同编》等法律法规的规定,就工程建设的实施及相关事项,对合同当事人的权利义务作出的原则性约定。即反映合同的正常履行环境,以及合同双方对权利义务的合理性安排。

通用合同条款共计 20 条,具体条款分别为:一般约定、发包人、承包人、监理人、工程质量、安全文明施工与环境保护、工期和进度、材料与设备、试验与检验、变更、价格调整、合同价格、计量与支付、验收和工程试车、竣工结算、缺陷责任与保修、违约、不可抗力、保险、索赔和争议解决。前述条款安排既考虑了现行法律法规对工程建设的有关要求,也考虑了建设工程施工管理的特殊需要。

3）专用合同条款

专用合同条款是对通用合同条款原则性约定的细化、完善、补充、修改或另行约定的条款。合同当事人可以根据不同建设工程的特点及具体情况,通过双方的谈判、协商对相应的专用合同条款进行修改补充。但原则上,对专用合同条款的使用应当尊重通用合同条款的原则要求和权利义务的基本安排。即在使用专用合同条款时,应注意以下事项:

①专用合同条款的编号应与相应的通用合同条款的编号一致;

②合同当事人可以通过对专用合同条款的修改,满足具体建设工程的特殊要求,避免直接修改通用合同条款;

③在专用合同条款中有横道线的地方,合同当事人可针对相应的通用合同条款进行细化、完善、补充、修改或另行约定;如无细化、完善、补充、修改或另行约定,则填写"无"或画"/"。

4）附件

附件,是对施工合同当事人的权利、义务的进一步明确。《示范文本》共有 11 个附件,其中协议书附件 1 个,专用合同条款附件 10 个,具体附件如下:

①协议书附件。

附件 1:承包人承揽工程项目一览表。

②专用合同条款附件。

附件 2:发包人供应材料设备一览表。

附件 3:工程质量保修书。

附件 4:主要建设工程文件目录。

附件 5:承包人用于本工程施工的机械设备表。

附件 6:承包人主要施工管理人员表。

附件 7:分包人主要施工管理人员表。

附件 8:履约担保格式。

附件 9:预付款担保格式。

附件 10:支付担保格式。

附件 11:暂估价一览表。

（3）合同文件的优先顺序

因工程建设项目投资大、技术复杂,构成合同的组成文件种类较多,且合同文件之间有可能存在不一致甚至相互矛盾,从而影响合同理解和履行,且容易产生争议。因此,有必要按照一定的规则,对各合同文件的优先顺序进行约定,以便在合同文件内容出现不一致或矛盾时,尽快确定合同文义,以保证合同的顺利履行。

组成合同的各项文件应互相解释,互为说明。除专用合同条款另有约定外,解释合同文件的优先顺序是:①合同协议书;②中标通知书(如果有);③投标函及其附录(如果有);④专用合同条款及其附件;⑤通用合同条款;⑥技术标准和要求;⑦图纸;⑧已标价工程量清单或预算书;⑨其他合同文件。

上述各项合同文件包括合同当事人就该项合同文件所作出的补充和修改,属于同一类内容的文件,应以最新签署的为准。在合同订立及履行过程中形成的与合同有关的文件均构成合同文件组成部分,并根据其性质确定优先解释顺序。

[课堂互动]

《合同示范文本》规定,组成合同的各项文件的解释顺序是如何排列的?

(4)新增合同管理制度

与1999年版施工合同相比,2017版施工合同增加了八项新的制度,完善了合同价格类型;2017版进一步完善缺陷责任和质量保证金的规定。八项新制度是:

①双方互为担保制度。明确规定,"发包人要求承包人提供履约担保的,发包人应当向承包人提供支付担保"。

②合理调价制度。规定了因人工、材料、设备和机械台班等价格波动影响合同价格时调整合同价格及3种具体调整方式,即采用价格指数进行价格调整、采用造价信息进行价格调整和专用合同条款约定的其他方式。

③违约双倍赔偿制度。规定发包人逾期支付的,按照中国人民银行发布的同期同类贷款基准利率支付违约金;逾期支付超过56天的,按照中国人民银行发布的同期同类贷款基准利率的两倍支付违约金。

④两项工程移交证书制度。即工程接收证书和缺陷责任期终止证书。规定竣工验收合格的,发包人应在验收合格后14天内向承包人签发工程接收证书。发包人应在收到缺陷责任期届满通知后14天内,向承包人颁发缺陷责任期终止证书。

⑤缺陷责任定期制度。缺陷责任期是指承包人按照合同约定承担缺陷修复义务,且发包人扣留质量保证金的期限。规定缺陷责任期从工程通过竣工验收之日(即实际竣工日期)起计算,合同当事人应在专用合同条款约定缺陷责任期的具体期限,但该期限最长不超过24个月。

⑥工程系列保险制度。规定了工程保险、工伤保险、其他保险的投保规定。

⑦索赔过期作废制度。规定,"发包人应在知道或应当知道索赔事件发生后28天内通过监理人向承包人提出索赔意向通知书,发包人未在前述28天内发出索赔意向通知书的,丧失要求赔付金额和(或)延长缺陷责任期的权利。"

⑧争议过程评审制度。规定了"争议评审"的争议解决方式及评审规则。

7.3.4　建设工程施工合同当事人

合同当事人是指发包人和承包人,双方按合同约定在合同中享有权利和履行合同义务。熟悉合同当事人是下一步进行建设工程施工管理的基础。

（1）发包人

发包人是指与承包人签订合同协议书的当事人及取得该当事人资格的合法继承人。

1）许可或批准

①发包人办理法律规定由其办理的许可、批准或备案，包括但不限于建设用地规划许可证、建设工程规划许可证、建设工程施工许可证、施工所需临时用水、临时用电、中断道路交通、临时占用土地等许可和批准。

②发包人应协助承包人办理法律规定的有关施工证件和批件。

因发包人原因未能及时办理完毕前述许可、批准或备案，由发包人承担由此增加的费用和（或）延误的工期，并支付承包人合理的利润。

2）发包人代表和发包人人员

发包人代表，是指由发包人任命并派驻施工现场在发包人授权范围内行使发包人权利的人。发包人人员包括发包人代表及其他由发包人派驻施工现场的人员。

①发包人应明确其派驻施工现场的发包人代表（以前称作工程师）的姓名、职务、联系方式及授权范围等事项。

②发包人代表在发包人的授权范围内，负责处理合同履行过程中与发包人有关的具体事宜。

③发包人代表在授权范围内的行为由发包人承担法律责任。

④发包人更换发包人代表的，应提前7天书面通知承包人。

⑤发包人代表不能按照合同约定履行其职责及义务，并导致合同无法继续正常履行的，承包人可以要求发包人撤换发包人代表。

⑥发包人应要求在施工现场的发包人人员遵守法律及有关安全、质量、环境保护、文明施工等规定，并保障承包人免于承受因发包人人员未遵守上述要求给承包人造成的损失和责任。

3）施工现场、施工条件和基础资料的提供

施工现场、施工条件和基础资料是保证承包人进场正常施工的基本前提，关系到合同工期的起算时间，因此无论是发包人还是承包人，均应当加以重视。

①提供施工现场。除专用合同条款另有约定外，发包人应最迟于开工日期7天前向承包人移交施工现场。施工现场，应当包括工程施工场地以及为保证施工需要的其他场地。

②提供施工条件。除专用合同条款另有约定外，发包人应负责提供施工所需要的条件，包括：

a.将施工用水、电力、通信线路等施工所必需的条件接至施工现场内；

b.保证向承包人提供正常施工所需要的进入施工现场的交通条件；

c.协调处理施工现场周围地下管线和邻近建筑物、构筑物、古树名木的保护工作，并承担相关费用；

d.按照专用合同条款约定应提供的其他设施和条件。

③提供基础资料。基础资料是指施工现场及工程施工所必需的毗邻区域内供水、排水、供电、供气、供热、通信、广播电视等地下管线资料，气象和水文观测资料，地质勘察资料，相邻建筑物、构筑物和地下工程等有关基础资料。

发包人应当在移交施工现场前向承包人提供有关基础资料，并对所提供资料的真实性、准确性和完整性负责。

按照法律规定,确需在开工后方能提供的基础资料,发包人应尽其努力及时地在相应工程施工前的合理期限内提供,合理期限应以不影响承包人的正常施工为限。

④逾期提供的责任。因发包人原因未能按合同约定及时向承包人提供施工现场、施工条件、基础资料的,由发包人承担由此增加的费用和(或)延误的工期。

4)支付合同价款及组织竣工验收

发包人应按合同约定履行合同价款支付义务和及时组织竣工验收义务。

5)现场统一管理协议

为解决由发包人直接发包某些专业工程情况下施工现场统一管理问题,发包人应与承包人、由发包人直接发包的专业工程的承包人签订施工现场统一管理协议,明确各方的权利义务。施工现场统一管理协议作为专用合同条款的附件。

(2)承包人的一般义务

承包人是指与发包人签订合同协议书,具有相应工程施工承包资质的当事人及取得该当事人资格的合法继承人。法律对承包人的资质作出了严格的要求。

承包人在履行合同过程中应遵守法律和工程建设标准规范,并履行以下义务:

①办理法律规定应由承包人办理的许可和批准,并将办理结果书面报送发包人留存。

②按法律规定和合同约定完成工程,并在保修期内承担保修义务。

③按法律规定和合同约定采取施工安全和环境保护措施,办理工伤保险,确保工程及人员、材料、设备和设施的安全。

④按合同约定的工作内容和施工进度要求,编制施工组织设计和施工措施计划,并对所有施工作业和施工方法的完备性和安全可靠性负责。

⑤在进行合同约定的各项工作时,不得侵害发包人与他人使用公用道路、水源、市政管网等公共设施的权利,避免对邻近的公共设施产生干扰。承包人占用或使用他人的施工场地,影响他人作业或生活的,应承担相应责任。

⑥按照环境保护条款约定负责施工场地及其周边环境与生态的保护工作。

⑦按安全文明施工条款约定采取施工安全措施,确保工程及其人员、材料、设备和设施的安全,防止因工程施工造成的人身伤害和财产损失。

⑧将发包人按合同约定支付的各项价款专用于合同工程,且应及时支付其雇用人员工资,并及时向分包人支付合同价款。

⑨按照法律规定和合同约定编制竣工资料,完成竣工资料立卷及归档,并按专用合同条款约定的竣工资料的套数、内容、时间等要求移交发包人。

⑩应履行的其他义务。

(3)对项目经理的基本要求

项目经理是指由承包人任命并派驻施工现场,在承包人授权范围内负责合同履行,且按照法律规定具有相应资格的项目负责人。对项目经理的基本要求有:

①项目经理经承包人授权后代表承包人负责履行合同。

②项目经理应是承包人正式聘用的员工,承包人应向发包人提交项目经理与承包人之间的劳动合同,以及承包人为项目经理缴纳社会保险的有效证明。

③项目经理应常驻施工现场,且每月在施工现场时间不得少于专用合同条款约定的天数。

④项目经理不得同时担任其他项目的项目经理。

⑤项目经理确需离开施工现场时,应事先通知监理人,并取得发包人的书面同意。项目经理的通知中应当载明临时代行其职责的人员的注册执业资格、管理经验等资料,该人员应具备履行相应职责的能力。

(4)监理人

监理人是指在专用合同条款中指明的,受发包人委托按照法律规定进行工程监督管理的法人或其他组织。监理人不是合同当事人,是发包人的委托代理人,其权力来源于发包人授权和法律规定的职责与义务。

1)监理人的一般规定

工程实行监理的,发包人和承包人应在专用合同条款中明确监理人的监理内容及监理权限等事项。监理人应当根据发包人授权及法律规定,代表发包人对工程施工相关事项进行检查、查验、审核、验收,并签发相关指示,但监理人无权修改合同,且无权减轻或免除合同约定的承包人的任何责任与义务。

除专用合同条款另有约定外,监理人在施工现场的办公场所、生活场所由承包人提供,所发生的费用由发包人承担。

2)监理人员

监理人员包括总监理工程师及监理工程师。监理人应将授权的总监理工程师和监理工程师的姓名及授权范围以书面形式提前通知承包人。更换总监理工程师的,监理人应提前 7 天书面通知承包人;更换其他监理人员,监理人应提前 48 小时书面通知承包人。

3)监理人的指示

监理人的任何指示均应当在发包人的授权范围内进行,并且指示应当采用书面形式。在紧急情况下,可以作出口头指示,但必须在发出口头指示后 24 小时内补发书面监理指示。

4)商定或确定

商定或确定是在合同履行过程中的一种便捷的争议解决机制。

①总监理工程师的权力。合同当事人进行商定或确定时,总监理工程师应当会同合同当事人尽量通过协商达成一致,不能达成一致的,由总监理工程师按照合同约定审慎作出公正的确定。

②商定或确定的效力。总监理工程师应将确定以书面形式通知发包人和承包人,并附详细依据。合同当事人对总监理工程师的确定没有异议的,按照总监理工程师的确定执行。任何一方合同当事人有异议,按照争议解决约定处理。争议解决前,合同当事人暂按总监理工程师的确定执行;争议解决后,争议解决的结果与总监理工程师的确定不一致的,按照争议解决的结果执行,由此造成的损失由责任人承担。

[课堂互动]

《建设工程施工合同(示范文本)》(GF—2017—0201)规定,合同当事人指的是谁?

[课程育人]

《建设工程施工合同(示范文本)》(GF—2017—0201)的作用
通过对《建设工程施工合同(示范文本)》(GF—2017—0201)的讲解及讨论,请谈一谈《建设工程施工合同(示范文本)》(GF—2017—0201)的作用是什么?同学们在未来的工作中执行相关合同时,应该怎样做?

[项目实训]

模拟一个工程项目和中标施工企业,请根据《建设工程施工合同(示范文本)》格式,签订一份合同协议书。

小 结

合同,又称契约、协议,是当事人之间设立、变更、终止民事权利义务关系的协议。它是一个跨越部门法的法律名称,其范围可以包括民事合同、行政合同、劳动合同。合同有广义和狭义之分。本教材所称的合同是狭义上的合同,即指债权合同,是平等主体的自然人、法人、其他组织之间设立、变更、终止民事权利义务关系的协议。

合同的基本原则是平等原则、自愿原则、公平原则、诚实信用原则、遵守法律法规和公序良俗原则,对当事人具有法律约束力原则。

不同种类的合同具有不同的用途,《民法典合同编》将合同分为19类,还可以从其他角度对合同进行分类。

当事人依程序订立合同,意思表示一致,便形成合同条款,构成作为法律行为的合同内容。合同的形式是当事人合意的表现形式,是合同内容的外部表现,是合同内容的载体。

合同履行,是指合同当事人双方依据合同条款的规定,实现各自享有的权利,并承担各自负有的义务。合同还可以变更、转让和终止。

建设工程合同是广义承揽合同的一种,是承包人进行工程建设,发包人支付价款的合同,具有一些显著特征。

建设工程合同按照完成的工程任务的内容来进行划分,有勘察合同、设计合同、施工承包合同、设备材料采购合同、工程监理合同、咨询合同、代理合同等。根据《民法典合同编》,勘察合同、设计合同、施工承包合同属于建设工程合同,工程监理合同、咨询合同等属于委托合同。

建设工程施工合同,又称建筑安装工程承包合同,是指发包方(建设单位)和承包方(施工单位)为完成商定的施工工程,明确相互权利、义务的协议。

建设工程施工合同的作用有:是控制工程质量、进度和造价的重要依据;是协调双方经济关系的重要依据;是工程过程中双方的最高行为准则;是协调工程各参加者行为的重要依据;是工程过程中双方争执解决的依据。

建设工程施工合同具有以下基本特征:合同标的的特殊性、主体资格的严格性、履行期限的长期性、内容的复杂性、形式的法定性和规范性。

订立施工合同应具备一定的条件;订立方式有两种:直接发包和招标发包;订立遵循一定的程序。

《建设工程施工合同(示范文本)》(GF—2017—0201)是一个我国经济管理体制进一步改革在建设领域的重要变化,是全面梳理我国现行工程建设方面的法律、行政法规、部门规章及规范性文件,充分吸收了十余年来我国建设工程领域的立法成果。对于规范建筑市场秩序、理顺建设工程承包活动的各方权利义务、保障施工合同参与主体的合法权益、促进建筑市场健康有序和谐发展将发挥重要作用。

《示范文本》由合同协议书、通用合同条款和专用合同条款三部分组成。增加了八项新的制度,完善了合同价格类型。

建设工程施工合同当事人指发包人和承包人,双方按合同约定在合同中享有权利和履行合同义务。监理人不是合同当事人,是发包人的委托代理人,其权力来源于发包人授权和法律规定的职责与义务。

知识扩展链接

1.《中华人民共和国民法典》

http://www.npc.gov.cn/npc/c30834/202006/75ba6483b8344591abd07917e1d25cc8.shtml

2.住房城乡建设部工商总局关于印发建设工程施工合同(示范文本)的通知

https://www.mohurd.gov.cn/gongkai/fdzdgknr/tzgg/201710/20171030_233757.html

复习思考与练习

一、填空题

1.在民法中,合同有广义和狭义之分。狭义的合同是指_____,即两个以上的民事主体之间设立、变更、终止_____的协议。

2._____合同是指合同当事人双方相互享有权利,承担义务的合同。

3._____合同是根据法律要求必须具备一定的形式和手续的合同。

4.合同立法的主要宗旨就是保护交易的____、_____和_____。

5._____,是合同法律约束力的首要表现,是合同活动中的关键,有关_____的规定,是《民法典合同编》的核心内容。

6.根据转让内容的不同,合同转让包括了_____、_____和_____三种类型。

7.合同变更时,当事人应当通过协商,对原合同的部分内容条款作出修改、_____的条款。

8._____指合同有效成立后,当具备法律规定的合同解除条件时,因当事人一方或双方的意思表示而使合同关系归于消灭的行为。

9._____,是指建设单位将包括工程设计、施工、材料和设备采购等一系列工作全部发包给一家承包单位,由其进行实质性设计、施工和采购工作,最后向建设单位交付具有使用功能的工程项目。

10.建设工程施工合同确定了工程实施和工程管理的主要目标,是控制_____的重要依据。

11.建设工程施工合同的订立方式有两种:_____。

12.2013 版施工合同增加了八项新的制度,其中双方互为担保制度明确规定,"发包人要求承包人提供_____担保的,发包人应当向承包人提供_____担保"。

二、单选题

1.根据合同的概念和法律内涵可以归纳得出,合同具有主要法律特征。以下哪个不是合同的法律特征。(   )

    A.合同是法律地位平等的当事人意思表示一致的协议。

    B.合同以设立、变更或终止债权债务关系为目的。

    C.合同是一种民事法律行为。

    D.合同需经有关部门鉴证后生效。

2.以下哪一项不是合同履行的原则(   )。

    A.全面、适当履行原则　　　　　　　B.诚实信用的原则

    C.自愿原则　　　　　　　　　　　　D.公平合理,促进合同履行的原则

3.以下不是建设工程施工合同的基本特征的是(   )。

    A.合同标的的普遍性　　　　　　　　B.合同的主体资格的严格性

    C.合同履行期限的长期性　　　　　　D.合同内容的复杂性

4.工程管理的核心是(   )。

    A.质量管理　　　　B.进度管理　　　　C.造价管理　　　　D.合同管理

5.《建设工程施工合同(示范文本)》(GF—2017—0201)由《合同协议书》《通用合同条款》《专用合同条款》三部分组成,并附有11个附件,以下哪一项不属于11个附件之一(   )。

    A.《承包人承揽工程项目一览表》　　　B.《发包人供应材料设备一览表》

    C.《工程量清单》　　　　　　　　　　D.《工程质量保修书》

6.《建设工程施工合同(示范文本)》(GF—2017—0201)的《合同协议书》共计13条,以下哪一条不是合同协议书的条款(   )。

    A.项目经理　　　　B.承诺　　　　C.违约责任　　　　D.合同生效

7.《合同示范文本》对项目经理的基本要求,不包括(   )。

    A.项目经理经承包人授权后,代表承包人负责履行合同

    B.项目经理必须常驻施工现场

    C.项目经理不得同时担任其他项目的项目经理

    D.项目经理应是承包人正式聘用的员工

8.《合同示范文本》规定,组成合同的各项文件应互相解释,互为说明。除专用合同条款另有约定外,以下正确的解释合同文件的优先顺序是(   )。

    A.①已标价工程量清单或预算书②中标通知书(如果有)③投标函及附录(如果有)④图纸

    B.①中标通知书(如果有)②投标函及附录(如果有)③图纸④已标价工程量清单或预算书

    C.①中标通知书(如果有)②投标函及附录(如果有)③已标价工程量清单或预算书④图纸

    D.①已标价工程量清单或预算书②图纸③中标通知书(如果有)④投标函及附录(如果有)

9.《合同示范文本》规定,发包人逾期支付的,按照中国人民银行发布的同期同类贷款基准利率支付违约金;逾期支付超过(　　)天的,按照中国人民银行发布的同期同类贷款基准利率的两倍支付违约金。

A.28　　　　　　B.42　　　　　　C.56　　　　　　D.84

10.《合同示范文本》规定,更换总监理工程师的,监理人应提前7天书面通知承包人;更换其他监理人员,监理人应提前(　　)书面通知承包人。

A.3天　　　　　　B.5天　　　　　　C.24小时　　　　　　D.48小时

三、多选题

1.合同当事人在合同的订立、履行、变更、解除、转让、承担违约责任时应遵守的基本原则包括(　　)。

A.平等原则、自愿原则　　　　　　B.公开原则

C.公平原则和诚实信用原则　　　　D.遵守法律法规和公序良俗原则

2.从不同角度对合同进行分类,建设工程合同是(　　)。

A.双务合同　　B.有偿合同　　C.诺成合同　　D.实践合同

3.合同的形式,又称合同的方式,主要有(　　)。

A.书面形式　　B.口头形式　　C.约定形式　　D.其他形式

4.我国《民法典合同编》第五百四十三条规定:"当事人协商一致,可以变更合同。合同变更需要满足的条件包括(　　)。

A.原合同已生效

B.原合同未履行或者未完全履行

C.当事人需要协商一致,即对变更的内容协商一致

D.当事人对变更合同的内容约定明确

5.《民法典合同编》中的建设工程合同包括(　　)。

A.勘查合同　　B.设计合同　　C.施工承包合同　　D.工程监理合同

6.住房和城乡建设部第16号令,即《建筑工程施工发包与承包计价管理办法》第十三条规定了确定合同价款的3种方式,以下哪一项不是16号令规定的方式。(　　)

A.单价方式　　　　　　B.总价方式

C.成本加酬金的方式　　D.其他方式

7.《建设工程施工合同(示范文本)》(GF—2017—0201)的适用范围包括(　　)。

A.房屋建筑工程　　　　　　B.土木工程

C.线路管道和设备安装工程　D.装修工程

8.建设工程施工合同的当事人包括(　　)。

A.发包人　　B.承包人　　C.监理人　　D.监督部门

9.《合同示范文本)》(GF—2017—0201)规定了发包人办理法律规定由其办理的许可、批准或备案,包括(　　)。

A.建设工程规划许可证

B.建设工程施工许可证

C.施工所需临时用水、临时用电的许可和批准

D. 中断道路交通、临时占用土地等许可和批准

10. 2013 版施工合同增加了八项新的制度,其中包括( )。

A. 合理调价制度

B. 违约四倍赔偿制度

C. 索赔过期作废制度

D. 争议过程评审制度

模块 **8**
建设工程施工合同管理

[模块概述]

建设工程施工合同管理是相关部门和合同当事人及监理人对合同依法进行的一系列活动。可以分为两个层次：政府的监督管理和企业的实施管理。本模块主要讲述企业的实施管理。首先，介绍了施工合同的质量、进度和造价管理，包括施工合同质量管理的质量要求、质量保证措施、隐蔽工程检查等；施工合同进度管理的施工组织设计、施工进度计划、开工与测量放线等；施工合同造价管理的预付款、工程进度付款、竣工结算等。接着，介绍了施工合同的变更及其他管理，包括变更管理、不可抗力、保险和担保的管理及违约和争议的解决。最后，介绍了合同履行过程中的跟踪与控制，包括施工合同跟踪、合同实施的偏差分析和合同实施偏差处理。

[学习目标]

掌握 工程质量要求；施工组织设计的报送；施工合同造价管理；施工合同变更管理。

熟悉 工程质量保证措施；不可抗力、保险和担保的管理；违约和争议的解决。

了解 隐蔽工程检查、不合格工程的处理、质量争议检测、缺陷责任与保修、施工合同进度管理；施工合同跟踪与控制。

[能力目标]

具备签订一般施工合同的能力；初步具备编制施工合同条文本的能力以及施工合同管理、变更和分析能力。

[素质目标]

培养学生的施工合同、施工风险意识，树立诚信品质，增强专业及职业素养，提高学生的学习能力。

让学生懂得，不劳则无获。

模块 8 案例辨析
建设工程施工合同无效的认定及其处理

建设工程施工合同的管理,是指各级工商行政管理机关、建设行政主管机关和金融机构,以及工程发包人、监理人、承包人依据法律和行政法规、规章制度,采取法律的、行政的手段,对建设工程施工合同关系进行组织、指导、协调及监督,保护合同当事人的合法权益,调解合同纠纷,防止和制裁违法行为,保证合同法规的贯彻实施等一系列法定活动。简单地说,就是建设工程施工合同管理的相关部门和合同当事人及监理人对合同依法进行的一系列活动。

可将这些管理划分为以下两个层次:第一层次为国家机关及金融机构对建设工程施工合同的监督管理;第二层次为合同当事人及监理人对建设工程施工合同的实施管理。本书只介绍第二层次的实施管理。

发包人、监理人、承包人对建设工程施工合同的实施管理体现在合同从订立到履行的全过程中,包括施工合同的质量管理、进度管理、造价管理和安全管理,贯穿施工准备阶段、施工过程和竣工验收阶段。本模块结合《建设工程施工合同(示范文本)》(GF—2017—0201)对合同订立和履行过程中的一些重点和难点进行介绍。

任务 8.1　施工合同的质量、进度和造价管理

8.1.1　施工合同质量管理

(1)工程质量要求
1)工程质量标准

工程质量标准必须符合现行国家有关工程施工质量验收规范和标准的要求。有关工程质量的特殊标准或要求由合同当事人在专用合同条款中约定。

工程质量标准必须符合国家或者行业质量验收规范和标准,这是国家的强制性规定。虽然合同当事人可以在专用条款中约定标准或要求,但约定标准或要求不应低于国家标准中的强制性标准。

2)不达标准增加费用的承担规定

①因发包人原因造成工程质量未达到合同约定标准的,由发包人承担由此增加的费用和(或)延误的工期,并支付承包人合理的利润。

②因承包人原因造成工程质量未达到合同约定标准的,发包人有权要求承包人返工直至工程质量达到合同约定的标准为止,并由承包人承担由此增加的费用和(或)延误的工期。

（2）工程质量保证措施

1）发包人的质量管理

发包人应按照法律规定及合同约定完成与工程质量有关的各项工作。主要包括：

①发包人应将施工图设计文件报县级以上人民政府建设行政主管部门或其他有关部门审查。

②办理工程规划许可手续。

③开工前向政府主管部门办理工程质量监督手续。

④领取施工许可证。

⑤做好图纸会审。

⑥不得压缩合理工期。

⑦在施工中应委托监理人及时对工程材料进行检验。

⑧对分部分项工程进行验收，对隐蔽工程进行验收，竣工验收及备案等。

2）承包人的质量管理

承包人按照施工组织设计约定向发包人和监理人提交工程质量保证体系及措施文件，建立完善的质量检查制度，并提交相应的工程质量文件。承包人的主要合同义务就是使工程质量达到合同约定标准，向发包人交付符合要求的工程。具体质量管理义务有：

①对于发包人和监理人的错误指示，承包人有权拒绝实施。

②对施工人员质量管理方面。承包人应对施工人员进行质量教育和技术培训，定期考核施工人员的劳动技能，严格执行施工规范和操作规程。

③对材料、工程设备以及工程的所有部位及其施工工艺的质量管理方面。承包人应进行全过程的质量检查和检验，并作详细记录，编制工程质量报表，报送监理人审查。此外，承包人还应按照法律规定和发包人的要求，进行施工现场取样试验、工程复核测量和设备性能检测，提供试验样品、提交试验报告和测量成果以及其他工作。

3）监理人的质量检查和检验

①监理人质量检查和检验的范围。监理人有进入工程现场的权利，按照法律规定和发包人授权对工程的所有部位及其施工工艺、材料和工程设备进行检查和检验。监理人的检查检验并不能免除承包人对于工程施工中的质量问题应承担的法定责任。

②承包人应为监理人的检查和检验提供方便，包括监理人到施工现场，或制造、加工地点，或合同约定的其他地方进行查看和查阅施工原始记录。监理人为此进行的检查和检验，不免除或减轻承包人按照合同约定应当承担的责任。

③监理人的检查和检验不应影响施工的正常进行。监理人的检查和检验影响施工正常进行的，且经检查检验不合格的，影响正常施工的费用由承包人承担，工期不予顺延；经检查检验合格的，由此增加的费用和（或）延误的工期由发包人承担。

（3）隐蔽工程检查

1）承包人自检的要求

承包人应当对工程隐蔽部位进行自检，并经自检确认是否具备覆盖条件。确认质量合格具备覆盖条件的，应书面通知监理人检查。

2）检查程序

①除专用合同条款另有约定外，工程隐蔽部位经承包人自检确认具备覆盖条件的，承包人

应在共同检查前48小时书面通知监理人检查,通知中应载明隐蔽检查的内容、时间和地点,并应附有自检记录和必要的检查资料。

②监理人应按时到场并对隐蔽工程及其施工工艺、材料和工程设备进行检查。经监理人检查确认质量符合隐蔽要求,并在验收记录上签字后,承包人才能进行覆盖。经监理人检查质量不合格的,承包人应在监理人指示的时间内完成修复,并由监理人重新检查,由此增加的费用和(或)延误的工期由承包人承担。

③除专用合同条款另有约定外,监理人不能按时进行检查的,应在检查前24小时向承包人提交书面延期要求,但延期不能超过48小时,由此导致工期延误的,工期应予以顺延。监理人未按时进行检查,也未提出延期要求的,视为隐蔽工程检查合格,承包人可自行完成覆盖工作,并作相应记录报送监理人,监理人应签字确认。监理人事后对检查记录有疑问的,可按重新检查的约定重新检查。

3)重新检查

承包人覆盖工程隐蔽部位后,发包人或监理人对质量有疑问的,可要求承包人对已覆盖的部位进行钻孔探测或揭开重新检查,承包人应遵照执行,并在检查后重新覆盖恢复原状。经检查证明工程质量符合合同要求的,由发包人承担由此增加的费用和(或)延误的工期,并支付承包人合理的利润;经检查证明工程质量不符合合同要求的,由此增加的费用和(或)延误的工期由承包人承担。

4)承包人私自覆盖的处理

承包人未通知监理人到场检查,私自将工程隐蔽部位覆盖的,监理人有权指示承包人钻孔探测或揭开检查。无论工程隐蔽部位质量是否合格,由此增加的费用和(或)延误的工期均由承包人承担。

(4)不合格工程的处理

①因承包人原因造成工程不合格的,发包人有权随时要求承包人采取补救措施,直至达到合同要求的质量标准,由此增加的费用和(或)延误的工期由承包人承担。无法补救的,按照合同中拒绝接收全部或部分工程条款的约定执行。

②因发包人原因造成工程不合格的,由此增加的费用和(或)延误的工期由发包人承担,并支付承包人合理的利润。

(5)质量争议检测的处理

合同当事人对工程质量有争议的,由双方协商确定的工程质量检测机构鉴定,由此产生的费用及因此造成的损失,由责任方承担。

合同当事人均有责任的,由双方根据其责任分别承担。合同当事人无法达成一致的,按照商定或确定执行。

(6)缺陷责任与保修

建设工程竣工后将在合理使用年限内长期使用,为确保工程的安全使用,建设工程实行质量保修和缺陷责任并存制度。如发现质量缺陷,建筑施工企业应当修复。所谓质量缺陷,是指房屋建筑工程的质量不符合工程建设强制性标准以及合同的约定。

1)工程保修的原则

①在工程移交发包人后,因承包人原因产生的质量缺陷,承包人应承担质量缺陷责任和保修义务。

②缺陷责任期届满,承包人仍应按合同约定的工程各部位保修年限承担保修义务。

2)缺陷责任期

这是指承包人按照合同约定承担缺陷修复义务,且发包人扣留质量保证金(已缴纳履约保证金的除外)的期限。

缺陷责任期从工程通过竣工验收之日起计算,合同当事人应在专用合同条款约定缺陷责任期的具体期限,但该期限最长不超过 24 个月。缺陷责任期在保修期限内,是预留保修金的保修期。

3)质量保修书

质量保修书是工程承包人对竣工工程质量保修问题向发包人出具的文件。质量保修书应当明确建设工程的保修范围、保修期限和保修责任等符合国家有关规定。

4)保修的期限和范围

保修期是指承包人按照合同约定对工程承担保修责任的期限。工程保修期从工程竣工验收合格之日起算,具体分部分项工程的保修期由合同当事人在专用合同条款中约定,但不得低于法定最低保修年限。在工程保修期内,承包人应当根据有关法律规定以及合同约定承担保修责任。发包人未经竣工验收擅自使用工程的,保修期自转移占有之日起算。

在正常使用条件下,《建设工程质量管理条例》对建设工程的最低保修期限规定如下:

①基础设施工程、房屋建筑的地基基础工程和主体结构工程,为设计文件规定的该工程的合理使用年限。

②屋面防水工程、有防水要求的卫生间、房间和外墙面的防渗漏,为 5 年。

③供热与供冷系统,为 2 个采暖期、供冷期。

④电气管线、给排水管道、设备安装和装修工程,为 2 年。

其他项目的保修期限由发包方与承包方约定。建设工程的保修期,自竣工验收合格之日起计算。

[课堂互动]

1.国家对工程质量标准的强制性规定是什么?

2.发包人与工程质量管理有关的工作主要包括哪些?

3.承包人的主要合同义务是什么? 其具体质量管理义务有哪些?

8.1.2　施工合同进度管理

(1)施工组织设计的报送

除专用合同条款另有约定外,承包人应在合同签订后 14 天内,但最迟不得晚于开工通知载明的开工日期前 7 天,向监理人提交详细的施工组织设计,并由监理人报送发包人。除专用合同条款另有约定外,发包人和监理人应在监理人收到施工组织设计后 7 天内确认或提出修改意见。对发包人和监理人提出的合理意见和要求,承包人应自费修改完善。根据工程实际情况需要修改施工组织设计的,承包人应向发包人和监理人提交修改后的施工组织设计。

(2)施工进度计划编制与修订规定

1)施工进度计划的编制

承包人应按照施工组织设计约定提交详细的施工进度计划,施工进度计划的编制应当符合国家法律规定和一般工程实践惯例,施工进度计划经发包人批准后实施。施工进度计划是控制工程进度的依据,发包人和监理人有权按照施工进度计划检查工程进度情况。

2)施工进度计划的修订

施工进度计划不符合合同要求或与工程的实际进度不一致的,承包人应向监理人提交修订的施工进度计划,并附具有关措施和相关资料,由监理人报送发包人。除专用合同条款另有约定外,发包人和监理人应在收到修订的施工进度计划后7天内完成审核和批准或提出修改意见。发包人和监理人对承包人提交的施工进度计划的确认,不能减轻或免除承包人根据法律规定和合同约定应承担的任何责任或义务。

(3)开工与测量放线

1)开工准备

除专用合同条款另有约定外,承包人应按照施工组织设计约定的期限,向监理人提交工程开工报审表,经监理人报发包人批准后执行。开工报审表应详细说明按施工进度计划正常施工所需的施工道路、临时设施、材料、工程设备、施工设备、施工人员等落实情况以及工程的进度安排。除专用合同条款另有约定外,合同当事人应按约定完成开工准备工作。

2)开工通知

发包人应按照法律规定获得工程施工所需的许可。经发包人同意后,监理人发出的开工通知应符合法律规定。监理人应在计划开工日期7天前向承包人发出开工通知,工期自开工通知中载明的开工日期起算。

除专用合同条款另有约定外,因发包人原因造成监理人未能在计划开工日期之日起9天内发出开工通知的,承包人有权提出价格调整要求,或者解除合同。发包人应当承担由此增加的费用和(或)延误的工期,并向承包人支付合理利润。

3)测量放线

测量放线是工程施工的前提条件,测量放线的准确与否将直接影响工程的质量、安全。发包人应在最迟不得晚于开工通知载明的开工日期前7天通过监理人向承包人提供测量基准点、基准线和水准点及其书面资料。发包人应对其提供的测量基准点、基准线和水准点及其书面资料的真实性、准确性和完整性负责。

承包人发现发包人提供的测量基准点、基准线和水准点及其书面资料存在错误或疏漏的,应及时通知监理人。监理人应及时报告发包人,并会同发包人和承包人予以核实。发包人应就如何处理和是否继续施工作出决定,并通知监理人和承包人。

(4)工期延误

1)发包人原因导致的工期延误

在合同履行过程中,因下列情况导致工期延误和(或)费用增加的,由发包人承担由此延误的工期和(或)增加的费用,且发包人应支付承包人合理的利润:

①发包人未能按合同约定提供图纸或所提供图纸不符合合同约定的。

②发包人未能按合同约定提供施工现场、施工条件、基础资料、许可、批准等开工条件的。

③发包人提供的测量基准点、基准线和水准点及其书面资料存在错误或疏漏的。

④发包人未能在计划开工日期之日起7天内同意下达开工通知的。

⑤发包人未能按合同约定日期支付工程预付款、进度款或竣工结算款的。

⑥监理人未按合同约定发出指示、批准等文件的。

⑦专用合同条款中约定的其他情形。

因发包人原因未按计划开工日期开工的,发包人应按实际开工日期顺延竣工日期,确保实际工期不低于合同约定的工期总日历天数。因发包人原因导致工期延误需要修订施工进度计划的,按照修订后的施工进度计划执行。

2)承包人原因导致的工期延误

因承包人原因造成工期延误的,可以在专用合同条款中约定逾期竣工违约金的计算方法和逾期竣工违约金的上限。承包人支付逾期竣工违约金后,不免除承包人继续完成工程及修补缺陷的义务。

3)不利物质条件

不利物质条件是指有经验的承包人在施工现场遇到的不可预见的自然物质条件、非自然的物质障碍和污染物,包括地表以下物质条件和水文条件以及专用合同条款约定的其他情形,但不包括气候条件。

承包人遇到不利物质条件时,应采取克服不利物质条件的合理措施继续施工,并及时通知发包人和监理人。通知应载明不利物质条件的内容以及承包人认为不可预见的理由。监理人经发包人同意后应当及时发出指示,指示构成变更的,按变更约定执行。承包人因采取合理措施而增加的费用和(或)延误的工期由发包人承担。

4)异常恶劣的气候条件

异常恶劣的气候条件是指在施工过程中遇到的,有经验的承包人在签订合同时不可预见的,对合同履行造成实质性影响的,但尚未构成不可抗力事件的恶劣气候条件。合同当事人可以在专用合同条款中约定异常恶劣的气候条件的具体情形。

承包人应采取克服异常恶劣的气候条件的合理措施继续施工,并及时通知发包人和监理人。监理人经发包人同意后应当及时发出指示。指示构成变更的,按变更约定办理。承包人因采取合理措施而增加的费用和(或)延误的工期由发包人承担。

(5)暂停施工

1)发包人原因引起的暂停施工

因发包人原因引起暂停施工的,监理人经发包人同意后,应及时下达暂停施工指示。情况紧急且监理人未及时下达暂停施工指示的,按照紧急情况下的暂停施工执行。

因发包人原因引起的暂停施工,发包人应承担由此增加的费用和(或)延误的工期,并支付承包人合理的利润。

2)承包人原因引起的暂停施工

因承包人原因引起的暂停施工,承包人应承担由此增加的费用和(或)延误的工期,且承包人在收到监理人复工指示后84天内仍未复工的,视为承包人违约的情形约定的承包人无法继续履行合同的情形。

3)指示暂停施工

监理人认为有必要时,并经发包人批准后,可向承包人作出暂停施工的指示,承包人应按监理人指示暂停施工。

4)紧急情况下的暂停施工

因紧急情况需暂停施工,且监理人未及时下达暂停施工指示的,承包人可先暂停施工,并及时通知监理人。监理人应在接到通知后24小时内发出指示,逾期未发出指示的,视为同意承包人暂停施工。监理人不同意承包人暂停施工的,应说明理由,承包人对监理人的答复有异议的,应按照争议解决约定处理。

5)暂停施工后的复工

暂停施工后,发包人和承包人应采取有效措施积极消除暂停施工的影响。在工程复工前,监理人会同发包人和承包人确定因暂停施工造成的损失,并确定工程复工条件。当工程具备复工条件时,监理人应经发包人批准后向承包人发出复工通知,承包人应按照复工通知要求复工。

承包人无故拖延和拒绝复工的,由承包人承担由此增加的费用和(或)延误的工期;因发包人原因无法按时复工的,按照因发包人原因导致工期延误约定办理。

6)暂停施工持续56天以上

监理人发出暂停施工指示后56天内未向承包人发出复工通知,除该项停工属于承包人原因引起的暂停施工及不可抗力约定的情形外,承包人可向发包人提交书面通知,要求发包人在收到书面通知后28天内准许已暂停施工的部分或全部工程继续施工。发包人逾期不予批准的,则承包人可以通知发包人,将工程受影响的部分视为按合同中合同变更的范围条款约定的可取消工作。

暂停施工持续84天以上不复工的,且不属于承包人原因引起的暂停施工不可抗力约定的情形,并影响到整个工程以及合同目的实现的,承包人有权提出价格调整要求,或者解除合同。解除合同的,按照因发包人违约解除合同执行。

7)暂停施工期间的工程照管

暂停施工期间,承包人应负责妥善照管工程并提供安全保障,由此增加的费用由责任方承担。

8)暂停施工的措施

暂停施工期间,发包人和承包人均应采取必要的措施确保工程质量及安全,防止因暂停施工扩大损失。

(6)提前竣工

1)提前竣工的程序及内容

发包人要求承包人提前竣工的,发包人应通过监理人向承包人下达提前竣工指示,承包人应向发包人和监理人提交提前竣工建议书。提前竣工建议书应包括实施的方案、缩短的时间、增加的合同价格等内容。发包人接受该提前竣工建议书的,监理人应与发包人和承包人协商采取加快工程进度的措施,并修订施工进度计划,由此增加的费用由发包人承担。承包人认为提前竣工指示无法执行的,应向监理人和发包人提出书面异议,发包人和监理人应在收到异议后7天内予以答复。任何情况下,发包人不得压缩合理工期。

2)提前竣工的奖励

发包人要求承包人提前竣工,或承包人提出提前竣工的建议能够给发包人带来效益的,合同当事人可以在专用合同条款中约定提前竣工的奖励。

[课堂互动]

《建设工程施工合同(示范文本)》(GF—2017—0201)对施工组织设计的报送是如何规定的?

［课程育人］

在建设工程合同管理中有很多的工作流程和规定,请谈一谈制定相关的工作流程和工作规定的意义是什么? 在工作中如何做到按工作流程和工作规定完成任务?

8.1.3　施工合同造价管理

(1)预付款

工程预付款,是发包人为了帮助承包人解决工程施工前期资金紧张的困难而提前给付的一笔款项,主要用于承包人进行材料、工程设备、施工设备的采购及修建临时工程、组织施工队伍进场等方面。

1)预付款的支付

①预付款的支付时间。应按照专用合同条款约定执行,但最迟应在开工通知载明的开工日期7天前支付。

②预付款的用途。应当用于材料、工程设备、施工设备的采购及修建临时工程、组织施工队伍进场等。

③预付款的扣回。除专用合同条款另有约定外,预付款在进度付款中同比例扣回。在颁发工程接收证书前,提前解除合同的,尚未扣完的预付款应与合同价款一并结算。

④逾期支付预付款的规定。发包人逾期支付预付款超过7天的,承包人有权向发包人发出要求预付的催告通知,发包人收到通知后7天内仍未支付的,承包人有权暂停施工,并按发包人违约的情形执行。

2)预付款担保

①预付款担保的时间规定。发包人要求承包人提供预付款担保的,承包人应在发包人支付预付款7天前提供预付款担保,专用合同条款另有约定的除外。

②预付款担保的形式。可采用银行保函、担保公司担保等形式,具体由合同当事人在专用合同条款中约定。在预付款完全扣回之前,承包人应保证预付款担保持续有效。

③预付款担保的扣回。发包人在工程款中逐期扣回预付款后,预付款担保额度应相应减少,但剩余的预付款担保金额不得低于未被扣回的预付款金额。

(2)工程进度付款支付

1)付款周期

除专用合同条款另有约定外,付款周期应按照计量周期的约定与计量周期保持一致。

2)进度付款申请单的编制

除专用合同条款另有约定外,进度付款申请单应包括下列内容:

①截至本次付款周期已完成工作对应的金额。

②根据变更应增加和扣减的变更金额。

③根据预付款约定应支付的预付款和扣减的返还预付款。

④根据质量保证金约定应扣减的质量保证金。

⑤根据索赔应增加和扣减的索赔金额。

⑥对已签发的进度款支付证书中出现错误的修正,应在本次进度付款中支付或扣除的金额。

⑦根据合同约定应增加和扣减的其他金额。

3）进度付款申请单的提交

①单价合同进度付款申请单的提交。单价合同的进度付款申请单,按照单价合同的计量约定的时间按月向监理人提交,并附上已完成工程量报表和有关资料。单价合同中的总价项目按月进行支付分解,并汇总列入当期进度付款申请单。

②总价合同进度付款申请单的提交。总价合同按月计量支付的,承包人按照总价合同的计量约定的时间按月向监理人提交进度付款申请单,并附上已完成工程量报表和有关资料。总价合同按支付分解表支付的,承包人应按照支付分解表及进度付款申请单的编制的约定向监理人提交进度付款申请单。

③其他价格形式合同的进度付款申请单的提交。合同当事人可在专用合同条款中约定其他价格形式合同的进度付款申请单的编制和提交程序。

4）进度款审核和支付

①审核时间。除专用合同条款另有约定外,监理人应在收到承包人进度付款申请单以及相关资料后7天内完成审查并报送发包人,发包人应在收到后7天内完成审批并签发进度款支付证书。发包人逾期未完成审批且未提出异议的,视为已签发进度款支付证书。

②异议的处理。发包人和监理人对承包人的进度付款申请单有异议的,有权要求承包人修正和提供补充资料,承包人应提交修正后的进度付款申请单。监理人应在收到承包人修正后的进度付款申请单及相关资料后7天内完成审查并报送发包人。发包人应在收到监理人报送的进度付款申请单及相关资料后7天内,向承包人签发无异议部分的临时进度款支付证书。存在争议的部分,按照争议解决的约定处理。

③支付完成时间及逾期违约处理。除专用合同条款另有约定外,发包人应在进度款支付证书或临时进度款支付证书签发后14天内完成支付。发包人逾期支付进度款的,应按照中国人民银行发布的同期同类贷款基准利率支付违约金。

④特别规定。发包人签发进度款支付证书或临时进度款支付证书,不表明发包人已同意、批准或接受了承包人完成的相应部分的工作。

5）进度付款的修正

对已签发的进度款支付证书进行阶段汇总和复核中发现错误、遗漏或重复的,发包人和承包人均有权提出修正申请。经发包人和承包人同意的修正,应在下期进度付款中支付或扣除。

（3）质量保证金

质量保证金是约定承包人用于保证其在缺陷责任期内履行缺陷修补义务的担保。经合同当事人协商一致扣留质量保证金的,应在专用合同条款中予以明确。

1）承包人提供质量保证金的方式

承包人提供质量保证金有以下3种方式:

①质量保证金保函。

②相应比例的工程款。

③双方约定的其他方式。

除专用合同条款另有约定外,质量保证金原则上采用第①种方式。

2）质量保证金的扣留

质量保证金的扣留有以下3种方式:

①逐次扣留。在支付工程进度款时逐次扣留,在此情形下,质量保证金的计算基数不包括预付款的支付、扣回以及价格调整的金额。

②一次性扣留。工程竣工结算时一次性扣留质量保证金。

③其他方式扣留。即双方约定的其他扣留方式。

除专用合同条款另有约定外,质量保证金的扣留原则上采用上述第①种方式。

发包人累计扣留的质量保证金不得超过结算合同价格的3%,如承包人在发包人签发竣工付款证书后28天内提交质量保证金保函,发包人应同时退还扣留的作为质量保证金的工程价款。保函金额不得超过工程价款结算总额的3%。

3)质量保证金的退还

缺陷责任期内,承包人认真履行合同约定的责任;到期后,承包人可向发包人申请返还质量保证金。

发包人在接到承包人返还质量保证金申请后,应于14天内会同承包人按照合同约定的内容进行核实。如无异议,发包人应当按照约定将质量保证金返还给承包人。对返还期限没有约定或者约定不明确的,发包人应当在核实后14天内将质量保证金返还承包人,逾期未返还的,依法承担违约责任。发包人在接到承包人返还质量保证金申请后14天内不予答复,经催告后14天内仍不予答复,视同认可承包人的返还质量保证金申请。

发包人和承包人对质量保证金预留、返还以及工程维修质量、费用有争议的,按合同相关约定的争议和纠纷解决程序处理。

发包人在退还质量保证金的同时,应按照中国人民银行发布的同期同类贷款基准利率支付利息。

(4)价格调整

外界因素的变化,将引起施工成本的增减变动,承、发包双方将面临如何主张和进行价格调整的问题。引起合同价格调整的情形有两个方面:

1)市场价格波动引起的调整

合同价格是否进行调整,需要衡量的首要问题是合同当事人约定的合同价格形式。不同的价格形式,决定了不同的价格调整机制。《合同示范文本》规定了合同价格形式的选择,即发包人和承包人应在合同协议书中选择下列一种合同价格形式:单价合同、总价合同和其他价格形式。

《合同示范文本》还规定,除专用合同条款另有约定外,市场价格波动超过合同当事人约定的范围的,合同价格应当调整。合同当事人可以在专用合同条款中约定选择以下一种方式对合同价格进行调整:

①采用价格指数调整价格差额。因人工、材料和设备等价格波动影响合同价格时,根据专用合同条款中约定的数据,按照通用条款给定的公式计算差额并调整合同价格。

②采用造价信息调整价格差额。合同履行期间,因人工、材料、工程设备和机械台班价格波动影响合同价格时,人工、机械使用费按照国家或省、自治区、直辖市建设行政管理部门、行业建设管理部门或其授权的工程造价管理机构发布的人工、机械使用费系数进行调整;需要进行价格调整的材料,其单价和采购数量应由发包人审批,发包人确认需调整的材料单价及数量,作为调整合同价格的依据。

③专用合同条款约定的其他方式。除了上述两种方式外,合同当事人也可以在专用条款

中另行约定其他的方式调整合同价格。

2）法律变化引起的调整

基准日期后,法律变化导致承包人在合同履行过程中所需要的费用发生除市场价格波动引起的调整约定以外的增加时,由发包人承担由此增加的费用;减少时,应从合同价格中予以扣减。

（5）竣工结算

1）竣工结算申请

①竣工结算申请的提交时间和要求。除专用合同条款另有约定外,承包人应在工程竣工验收合格后 28 天内向发包人和监理人提交竣工结算申请单,并提交完整的结算资料,有关竣工结算申请单的资料清单和份数等要求由合同当事人在专用合同条款中约定。

②竣工结算申请的的内容。除专用合同条款另有约定外,竣工结算申请单应包括以下内容:

a. 竣工结算合同价格。

b. 发包人已支付承包人的款项。

c. 应扣留的质量保证金。

d. 发包人应支付承包人的合同价款。

2）竣工结算审核

①审核时间和程序。除专用合同条款另有约定外,监理人应在收到竣工结算申请单后 14 天内完成核查并报送发包人。发包人应在收到监理人提交的经审核的竣工结算申请单后 14 天内完成审批,并由监理人向承包人签发经发包人签认的竣工付款证书。监理人或发包人对竣工结算申请单有异议的,有权要求承包人进行修正和提供补充资料,承包人应提交修正后的竣工结算申请单。

发包人在收到承包人提交竣工结算申请书后 28 天内未完成审批且未提出异议的,视为发包人认可承包人提交的竣工结算申请单,并自发包人收到承包人提交的竣工结算申请单后第 29 天起视为已签发竣工付款证书。

②支付时间及违约处理。除专用合同条款另有约定外,发包人应在签发竣工付款证书后 14 天内,完成对承包人的竣工付款。发包人逾期支付的,按照中国人民银行发布的同期同类贷款基准利率支付违约金;逾期支付超过 56 天的,按照中国人民银行发布的同期同类贷款基准利率的两倍支付违约金。

③异议的处理。承包人对发包人签认的竣工付款证书有异议的,对于有异议部分应在收到发包人签认的竣工付款证书后 7 天内提出异议,并由合同当事人按照专用合同条款约定的方式和程序进行复核,或按照争议解决约定处理。对于无异议部分,发包人应签发临时竣工付款证书,并按规定完成付款。承包人逾期未提出异议的,视为认可发包人的审批结果。

3）甩项竣工协议

所谓甩项竣工,是指工程合同施工内容并未全部完成,但发包人需要使用已完工程,且不影响已完工程,具备单位工程使用功能,发包人要求承包人先完成部分工程,并进行结算。甩项工程的实质为合同变更。

发包人要求甩项竣工的,合同当事人应签订甩项竣工协议。在甩项竣工协议中应明确合同当事人按照竣工结算申请竣工结算审核的约定,对已完合格工程进行结算,并支付相应合同价款。

（6）最终结清

最终结清是合同当事人在缺陷责任期终止证书颁发后,就质量保证金、维修费用等款项进行结算和支付。

1）最终结清申请单

①提交时间及要求。除专用合同条款另有约定外，承包人应在缺陷责任期终止证书颁发后7天内，按专用合同条款约定的份数向发包人提交最终结清申请单，并提供相关证明材料。

②应增减的费用。除专用合同条款另有约定外，最终结清申请单应列明质量保证金、应扣除的质量保证金、缺陷责任期内发生的增减费用。

③异议的处理。发包人对最终结清申请单内容有异议的，有权要求承包人进行修正和提供补充资料，承包人应向发包人提交修正后的最终结清申请单。

2）最终结清证书和支付

①证书颁发时间。除专用合同条款另有约定外，发包人应在收到承包人提交的最终结清申请单后14天内完成审批并向承包人颁发最终结清证书。发包人逾期未完成审批，又未提出修改意见的，视为发包人同意承包人提交的最终结清申请单，且自发包人收到承包人提交的最终结清申请单后15天起视为已颁发最终结清证书。

最终结清认证书是表明发包人已经履行完其合同义务的证明文件。

②支付的期限及违约处理。除专用合同条款另有约定外，发包人应在颁发最终结清证书后7天内完成支付。发包人逾期支付的，按照中国人民银行发布的同期同类贷款基准利率支付违约金；逾期支付超过56天的，按照中国人民银行发布的同期同类贷款基准利率的两倍支付违约金。

③异议的处理。承包人对发包人颁发的最终结清证书有异议的，按争议解决的约定办理。

［课堂互动］

微课:施工合同造价管理
施工合同造价管理的内容主要有哪些？

［项目实训］

请根据模块7实训模拟的工程项目和中标施工企业，替发包人和承包人根据《建设工程施工合同（示范文本）》（GF—2017—0201）格式，自行拟定并签订一份施工合同专用条款。

任务8.2　施工合同的变更及其他管理

8.2.1　施工合同的变更管理

合同变更是指合同履行过程中由双方当事人依法对合同的内容所进行的修改，工程内容、工程的数量、质量要求和标准、实施程序等的改变都属于合同变更。工程变更一般是指在工程施工过程中,根据合同约定对施工的程序、工程的内容、数量、质量要求及标准等作出的变更。工程变更属于合同变更,合同变更主要是由于工程变更而引起的,合同变更的管理也主要是进行工程变更的管理。

(1)工程变更的原因

工程变更一般主要有以下几个方面的原因:

①发包人新的变更指令,对建筑的新要求。如发包人有新的意图,发包人修改项目计划、削减项目预算等。

②由于设计人员、监理方人员、承包商事先没有很好地理解发包人的意图,或设计错误,导致图纸修改。

③工程环境的变化,预定的工程条件不准确,要求实施方案或实施计划变更。

④由于产生新技术和新知识,有必要改变原设计、原实施方案或实施计划,或由于发包人指令及发包人责任的原因造成承包商施工方案的改变。

⑤政府部门对工程新的要求,如国家计划变化、环境保护要求、城市规划变动等。

⑥由于合同实施出现问题,必须调整合同目标或修改合同条款。

(2)变更范围和内容

与《民法典合同编》规定的合同变更不同,工程施工合同变更的范围存在一定的限制。根据《合同示范文本》中的通用合同条款的规定,除专用合同条款另有约定外,合同履行过程中发生以下情形的,应按照本条约定进行变更:

①增加或减少合同中任何工作,或追加额外的工作。

②取消合同中任何工作,但转由他人实施的工作除外。

③改变合同中任何工作的质量标准或其他特性。

④改变工程的基线、标高、位置和尺寸。

⑤改变工程的时间安排或实施顺序。

(3)变更权、工程变更程序

1)变更权

根据《合同示范文本》中通用合同条款的规定,发包人和监理人均可以提出变更。变更指示均通过监理人发出,监理人发出变更指示前应征得发包人同意。涉及设计变更的,应由设计人提供变更后的图纸和说明。

也就是说,在合同履行过程中,虽然涉及多方主体,但变更权的最终决定权集中于发包人,即需要发包人进行批准,并通过监理人向承包人发出书面指示,承包人不得擅自进行变更。

2)工程变更的程序

①发包人提出变更。发包人提出变更的,应通过监理人向承包人发出变更指示,变更指示应说明计划变更的工程范围和变更的内容。

②监理人提出变更建议。监理人提出变更建议的,需要向发包人以书面形式提出变更计划,说明计划变更工程范围和变更的内容、理由,以及实施该变更对合同价格和工期的影响。发包人同意变更的,由监理人向承包人发出变更指示。发包人不同意变更的,监理人无权擅自发出变更指示。

③变更执行。承包人收到监理人下达的变更指示后,认为不能执行时,应立即提出不能执行该变更指示的理由。承包人认为可以执行变更的,应当书面说明实施该变更指示对合同价

格和工期的影响,且合同当事人应当按照变更估价约定确定变更估价。

(4)变更估价及工期调整

通常情况下,变更的产生有可能会影响合同价格、工期、项目资源组织等方面的变化,变更的估价直接影响变更事项的实施和合同目的的实现。因此,变更估价应遵循一定的原则,按照规定的程序进行,工期调整也要按照规定进行。

1)变更估价原则

变更估价一般按照以下约定处理:

①已标价工程量清单或预算书有相同项目的,按照相同项目单价认定。

②已标价工程量清单或预算书中无相同项目,但有类似项目的,参照类似项目的单价认定。

③变更导致实际完成的变更工程量与已标价工程量清单或预算书中列明的该项目工程量的变化幅度超过15%的,或已标价工程量清单或预算书中无相同项目及类似项目单价的,按照合理的成本与利润构成的原则,由合同当事人按照商定或确定来确定变更工作的单价。

2)变更估价程序

①承包人应在收到变更指示后14天内向监理人提交变更估价申请。

②监理人应在收到承包人提交的变更估价申请后7天内审查完毕并报送发包人,监理人对变更估价申请有异议的,应通知承包人修改后重新提交。

③发包人应在承包人提交变更估价申请后14天内审批完毕。发包人逾期未完成审批或未提出异议的,视为认可承包人提交的变更估价申请。

因变更引起的价格调整应计入最近一期的进度款中支付。

3)变更引起的工期调整

因变更引起工期变化的,合同当事人均可要求调整合同工期,由合同当事人按照通用条款商定或确定并参考工程所在地的工期定额标准确定增减工期天数。

(5)承包人的合理化建议

1)合理化建议的提出

承包人提出合理化建议的,应向监理人提交合理化建议说明,说明建议的内容和理由,以及实施该建议对合同价格和工期的影响。

2)合理化建议的程序

①监理人应在收到承包人提交的合理化建议后7天内审查完毕并报送发包人,发现其中存在技术上的缺陷时,应通知承包人修改。

②合理化建议经发包人批准的,监理人应及时发出变更指示。

合理化建议如果被采纳,由此引起的合同价格调整应按变更估价约定进行,发包人可对承包人给予奖励。

(6)暂估价、暂列金额和计日工

1)暂估价

暂估价项目在施工合同中的管理分为两大类:一类是依法必须招标的暂估价项目;另一类是不属于依法必须招标的暂估价项目。

对于依法必须招标的暂估价项目,有两种招标方式:第一种为由承包人组织招标,发包人审批招标方案、中标候选人等方式;第二种由发包人和承包人共同招标选择的方式。

对于第二类不属于依法必须招标的暂估价项目,不存在法定选择方式的约束,除以上两种方式外,还可以由承包人直接实施暂估价项目。

对于导致暂估价合同订立和履行迟延的,由此增加的费用和(或)延误的工期按照原因归属原则确定。是发包人原因的,由发包人承担,并支付承包人合理的利润;是承包人原因的,由承包人承担。

2)暂列金额

暂列金额应按照发包人的要求使用,发包人的要求应通过监理人发出。合同当事人可以在专用合同条款中协商确定有关事项。

3)计日工

需要采用计日工方式的,经发包人同意后,由监理人通知承包人以计日工计价方式实施相应的工作,其价款按列入已标价工程量清单或预算书中的计日工计价项目及其单价进行计算;已标价工程量清单或预算书中无相应的计日工单价的,按照合理的成本与利润构成的原则,由合同当事人按照通用条款商定或确定来确定变更工作的单价。

需要强调的是,采用计日工计价的任何一项工作,承包人应在该项工作实施过程中,每天提交报表和有关凭证报送监理人审查,包括:

①工作名称、内容和数量。

②投入该工作的所有人员的姓名、专业、工种、级别和耗用工时。

③投入该工作的材料类别和数量。

④投入该工作的施工设备型号、台数和耗用台时。

⑤其他有关资料和凭证。

计日工由承包人汇总后,列入最近一期进度付款申请单,由监理人审查并经发包人批准后列入进度付款。

[课堂互动]

什么是工程变更? 变更估价的原则有哪些?

8.2.2　不可抗力、保险和担保的管理

(1)不可抗力

1)不可抗力的确认

①不可抗力是指合同当事人在签订合同时不能预见、在合同履行过程中不可避免且不能克服的自然灾害和社会性突发事件。如地震、海啸、瘟疫、骚乱、戒严、暴动、战争和专用合同条款中约定的其他情形。

②不可抗力发生的原因有两种:一是自然原因,如洪水、暴风、地震、干旱、暴风雪等人类无法控制的大自然力量所引起的灾害事故;二是社会原因,如战争、罢工、政府禁止令等引起的社会性突发事件。

③构成不可抗力的要件,构成不可抗力须具备两个要件:

a.不能预见的偶然性。这主要是指从主观方面说的,不可抗力的事件,必须是当事人在订立合同时不能预见的事件,事件在合同订立后的发生纯属偶然。

b.不能避免、不能克服的客观性。合同当事人作为一般的民事主体,对于构成不可抗力的事件,除了不能遇见外,还必须不能避免或不能克服。如果当事人可以克服就不能认定为不可抗力。

④不可抗力的确认规定。不可抗力事件发生后,发包人和承包人应收集证明不可抗力发生及不可抗力造成损失的证据,并及时认真统计所造成的损失。合同当事人对是否属于不可抗力或其损失的意见不一致的,由监理人按商定或确定的约定处理。发生争议时,按争议解决的约定处理。

2)不可抗力的通知

①合同一方当事人遇到不可抗力事件,使其履行合同义务受到阻碍时,应立即通知合同另一方当事人和监理人,书面说明不可抗力和受阻碍的详细情况,并提供必要的证明。

②不可抗力持续发生的,合同一方当事人应及时向合同另一方当事人和监理人提交中间报告,说明不可抗力和履行合同受阻的情况。

③合同一方当事人应于不可抗力事件结束后 28 天内提交最终报告及有关资料。

3)不可抗力的承担

不可抗力引起的后果及造成的损失由合同当事人按照法律规定及合同约定各自承担。不可抗力发生前已完成的工程应当按照合同约定进行计量支付。不可抗力导致的人员伤亡、财产损失、费用增加和(或)工期延误等后果,由合同当事人按以下原则承担:

①永久工程、已运至施工现场的材料和工程设备的损坏,以及因工程损坏造成的第三人人员伤亡和财产损失由发包人承担。

②承包人施工设备的损坏由承包人承担。

③发包人和承包人承担各自人员伤亡和财产的损失。

④因不可抗力影响承包人履行合同约定的义务,已经引起或将引起工期延误的,应当顺延工期,由此导致承包人停工的费用损失由发包人和承包人合理分担,停工期间必须支付的工人工资由发包人承担。

⑤因不可抗力引起或将引起工期延误,发包人要求赶工的,由此增加的赶工费用由发包人承担。

⑥承包人在停工期间按照发包人要求照管、清理和修复工程的费用由发包人承担。

不可抗力发生后,合同当事人均应采取措施尽量避免和减少损失的扩大,任何一方当事人没有采取有效措施导致损失扩大的,应对扩大的损失承担责任。因合同一方迟延履行合同义务,在延迟履行期间遭遇不可抗力的,不免除其违约责任。

4)因不可抗力解除合同

因不可抗力导致合同无法履行连续超过 84 天或累计超过 140 天的,发包人和承包人均有权解除合同。合同解除后,由双方当事人按照商定或确定条款商定或确定发包人应支付的款项,该款项包括:

①合同解除前承包人已完成工作的价款。

②承包人为工程订购的并已交付给承包人或承包人有责任接受交付的材料、工程设备和其他物品的价款。

③发包人要求承包人退货或解除订货合同而产生的费用,或因不能退货或解除合同而产生的损失。

④承包人撤离施工现场以及遣散承包人人员的费用。

⑤按照合同约定在合同解除前应支付给承包人的其他款项。

⑥扣减承包人按照合同约定应向发包人支付的款项。

⑦双方商定或确定的其他款项。

除专用合同条款另有约定外,合同解除后,发包人应在商定或确定上述款项后28天内完成上述款项的支付。

(2)保险

虽然我国对工程保险(主要是施工过程中的保险)没有强制性规定,但随着项目法人责任制的推行,以前存在着事实上由国家承担不可抗力风险的情况将会有很大改变。工程项目参加保险的情况会越来越多。

有关保险和双方的保险义务分担如下:

1)工程保险

除专用合同条款另有约定外,发包人应投保建筑工程一切险或安装工程一切险;发包人委托承包人投保的,因投保产生的保险费和其他相关费用由发包人承担。

2)工伤保险

①发包人应依照法律规定参加工伤保险,并为在施工现场的全部员工办理工伤保险,缴纳工伤保险费,并要求监理人及由发包人为履行合同聘请的第三方依法参加工伤保险。

②承包人应依照法律规定参加工伤保险,并为其履行合同的全部员工办理工伤保险,缴纳工伤保险费,并要求分包人及由承包人为履行合同聘请的第三方依法参加工伤保险。

3)其他保险

发包人和承包人可以为其施工现场的全部人员办理意外伤害保险并支付保险费,包括其员工及为履行合同聘请的第三方人员,具体事项由合同当事人在专用合同条款约定。除专用合同条款另有约定外,承包人应为其施工设备等办理财产保险。

合同当事人应及时向另一方当事人提交其已投保的各项保险的凭证和保险单复印件,并应与保险人保持联系,使保险人能够随时了解工程实施中的变动,并确保按保险合同条款要求持续保险。

未按约定保险的补救措施按以下规定办理:一是发包人未按合同约定办理保险,或未能使保险持续有效的,则承包人可代为办理,所需费用由发包人承担。发包人未按合同约定办理保险,导致未能得到足额赔偿的,由发包人负责补足。二是承包人未按合同约定办理保险,或未能使保险持续有效的,则发包人可代为办理,所需费用由承包人承担。承包人未按合同约定办理保险,导致未能得到足额赔偿的,由承包人负责补足。

(3)担保

《合同示范文本》对工程建设施工合同的担保采取承发包"双方互为担保制度"。其主要内容如下:

1)资金来源证明

发包人应在收到承包人要求提供资金来源证明的书面通知后28天内,向承包人提供能够按照合同约定支付合同价款的相应资金来源证明。

2)支付担保

发包人要求承包人提供履约担保的,发包人应向承包人提供支付担保。支付担保可以采用银行保函或担保公司担保等形式,具体由合同当事人在专用合同条款中约定。

所谓支付担保,是指担保人为发包人提供的,保证发包人按照合同约定支付工程款的担保,较为常见的支付担保包括银行或担保公司的保函,也有母公司为其子公司提供的担保以及其他第三人提供的担保。

3)履约担保

发包人需要承包人提供履约担保的,由合同当事人在专用合同条款中约定履约担保的方式、金额及期限等。履约担保可以采用银行保函或担保公司担保等形式,具体由合同当事人在专用合同条款中约定。

因承包人原因导致工期延长的,继续提供履约担保所增加的费用由承包人承担;非因承包人原因导致工期延长的,继续提供履约担保所增加的费用由发包人承担。

［课堂互动］

什么是不可抗力? 构成不可抗力须具备哪两个要件?

8.2.3　违约和争议的解决

违约行为是指施工合同当事人违反合同义务的行为,违约行为的后果直接导致对施工合同债权的侵害,必须承担相应的违约责任。

(1)施工合同违约

1)发包人违约

发包人未按照合同约定履行其义务,即构成违约。

①发包人违约的情形。

在合同履行过程中,属于发包人违约的情形有:

a.延迟下达开工通知。因发包人原因未能在计划开工日期前 7 天内下达开工通知的。

b.迟延付款。因发包人原因未能按合同约定支付合同价款的。

c.违反变更规定。发包人违反变更的范围约定,自行实施被取消的工作或转由他人实施的。

d.提供不合格的材料、设备。发包人提供的材料、工程设备的规格、数量或质量不符合合同约定,或因发包人原因导致交货日期延误或交货地点变更等情况的。

e.造成暂停施工。因发包人违反合同约定造成暂停施工的。

f.迟发复工指示。发包人无正当理由没有在约定期限内发出复工指示,导致承包人无法复工的。

g.根本违约。发包人明确表示或者以其行为表明不履行合同主要义务的。

h.其他。发包人未能按照合同约定履行其他义务的。

发包人发生除根本违约以外的违约情况时,承包人可向发包人发出通知,要求发包人采取有效措施纠正违约行为。发包人收到承包人通知后 28 天内仍不纠正违约行为的,承包人有权暂停相应部位工程施工,并通知监理人。

②发包人违约的责任。

发包人应承担因其违约给承包人增加的费用和(或)延误的工期,并支付承包人合理的利润。此外,合同当事人可在专用合同条款中另行约定发包人违约责任的承担方式和计算方法。关于违约责任承担方式,《民法典合同编》等法律规定可以采用继续履行、停止违约行为、赔偿损失、支付违约金、执行定金罚则及其他补救措施。

③因发包人违约解除合同。

除专用合同条款另有约定外,承包人按发包人违约的情形约定暂停施工满 28 天后,发包人仍不纠正其违约行为并致使合同目的不能实现的,或出现发包人根本违约的情形,承包人有权解除合同,发包人应承担由此增加的费用,并支付承包人合理的利润。

④因发包人违约解除合同后的付款。

承包人按照约定解除合同的,发包人应在解除合同后 28 天内支付下列款项,并解除履约担保:

a. 合同解除前所完成工作的价款。

b. 承包人为工程施工订购并已付款的材料、工程设备和其他物品的价款。

c. 承包人撤离施工现场以及遣散承包人人员的款项。

d. 按照合同约定在合同解除前应支付的违约金。

e. 按照合同约定应当支付给承包人的其他款项。

f. 按照合同约定应退还的质量保证金。

g. 因解除合同给承包人造成的损失。

合同当事人未能就解除合同后的结清达成一致的,按照争议解决的约定处理。承包人应妥善做好已完工程和与工程有关的已购材料、工程设备的保护和移交工作,并将施工设备和人员撤出施工现场,发包人应为承包人撤出提供必要条件。

2)承包人违约

承包人未按照合同约定履行其义务,即构成违约。

①承包人违约的情形。

在合同履行过程中,属于承包人违约的情形有:

a. 违法转包和分包。承包人违反合同约定进行转包或违法分包的。

b. 材料、设备不合格。承包人违反合同约定采购和使用不合格的材料和工程设备的。

c. 质量不合格。因承包人原因导致工程质量不符合合同要求的。

d. 私自运出材料、设备。承包人违反材料与设备专用要求的约定,未经批准,私自将已按照合同约定进入施工现场的材料或设备撤离施工现场的。

e. 工期违约。承包人未能按施工进度计划及时完成合同约定的工作,造成工期延误的。

f. 修复违约。承包人在缺陷责任期及保修期内,未能在合理期限对工程缺陷进行修复,或拒绝按发包人要求进行修复的。

g. 根本违约。承包人明确表示或者以其行为表明不履行合同主要义务的。

h. 其他。承包人未能按照合同约定履行其他义务的。

承包人发生除根本违约以外的其他违约情况时,监理人可向承包人发出整改通知,要求其在指定的期限内改正。

②承包人违约的责任。

承包人应承担因其违约行为而增加的费用和(或)延误的工期。此外,合同当事人可在专用合同条款中另行约定承包人违约责任的承担方式和计算方法。

③因承包人违约解除合同。

除专用合同条款另有约定外,出现承包人根本违约的情况时,或监理人发出整改通知后,承包人在指定的合理期限内仍不纠正违约行为并致使合同目的不能实现的,发包人有权解除合同。合同解除后,因继续完成工程的需要,发包人有权使用承包人在施工现场的材料、设备、临时工程、承包人文件和由承包人或以其名义编制的其他文件,合同当事人应在专用合同条款约定相应费用的承担方式。发包人继续使用的行为不免除或减轻承包人应承担的违约责任。

④因承包人违约解除合同后的处理。

因承包人原因导致合同解除的,则合同当事人应在合同解除后 28 天内完成估价、付款和清算,并按以下约定执行:

a. 合同解除后,按商定或确定的规定商定或确定承包人实际完成工作对应的合同价款,以及承包人已提供的材料、工程设备、施工设备和临时工程等的价值。

b. 合同解除后,承包人应支付的违约金。

c. 合同解除后,因解除合同给发包人造成的损失。

d. 合同解除后,承包人应按照发包人要求和监理人的指示完成现场的清理和撤离。

e. 发包人和承包人应在合同解除后进行清算,出具最终结清付款证书,结清全部款项。

因承包人违约解除合同的,发包人有权暂停对承包人的付款,查清各项付款和已扣款项。发包人和承包人未能就合同解除后的清算和款项支付达成一致的,按照争议解决的约定处理。

⑤采购合同权益转让。

因承包人违约解除合同的,发包人有权要求承包人将其为实施合同而签订的材料和设备的采购合同的权益转让给发包人,承包人应在收到解除合同通知后 14 天内,协助发包人与采购合同的供应商达成相关的转让协议。

3)第三人造成的违约

在履行合同过程中,一方当事人因第三人的原因造成违约的,应当向对方当事人承担违约责任。一方当事人和第三人之间的纠纷,依照法律规定或者按照约定解决。

(2)争议的解决

涉及纠纷解决时,首先应当了解多种纠纷解决机制。和解和调解是首选方式,仲裁或诉讼是最终解决方式,建设工程施工合同还有一种方式是争议评审方式。

1)和解

和解的实质即为协商,即合同当事人双方之间就争议内容进行谈判、协商,最终达成一致。

合同当事人可以就争议自行和解,自行和解达成协议的经双方签字并盖章后作为合同补充文件,双方均应遵照执行。

2)调解

调解即请求具有调解职能的机构进行调解。

合同当事人可以就争议问题请求建设行政主管部门、行业协会或其他第三方进行调解。调解达成协议的,经双方签字并盖章后作为合同补充文件,双方均应遵照执行。

3)争议评审

它是工程施工领域独特的争议解决机制。

合同当事人在专用合同条款中约定采取争议评审方式解决争议以及评审规则,并按下列约定执行:

①争议评审小组的确定。合同当事人可以共同选择一名或三名争议评审员,组成争议评审小组。除专用合同条款另有约定外,合同当事人应当自合同签订后 28 天内,或者争议发生

后 14 天内,选定争议评审员。

选择一名争议评审员的,由合同当事人共同确定;选择三名争议评审员的,各自选定一名,第三名成员为首席争议评审员,由合同当事人共同确定或由合同当事人委托已选定的争议评审员共同确定,或由专用合同条款约定的评审机构指定第三名首席争议评审员。

除专用合同条款另有约定外,评审员报酬由发包人和承包人各承担一半。

②争议评审小组的决定。合同当事人可在任何时间将与合同有关的任何争议共同提请争议评审小组进行评审。争议评审小组应秉持客观、公正原则,充分听取合同当事人的意见,依据相关法律、规范、标准、案例经验及商业惯例等,自收到争议评审申请报告后 14 天内作出书面决定,并说明理由。合同当事人可以在专用合同条款中对本项事项另行约定。

③争议评审小组决定的效力。争议评审小组作出的书面决定经合同当事人签字确认后,对双方具有约束力,双方应遵照执行。

任何一方当事人不接受争议评审小组决定或不履行争议评审小组决定的,双方可选择采用其他争议解决方式。

4)仲裁或诉讼

因合同及合同有关事项产生的争议,合同当事人可以在专用合同条款中约定以下一种方式解决争议:

①向约定的仲裁委员会申请仲裁。

②向有管辖权的人民法院起诉。

仲裁和诉讼是相互排斥的,合同当事人只能选择其中任意一种方式,而且必须明确,无论约定仲裁还是诉讼,必须符合《仲裁法》和《民事诉讼法》的规定。

5)争议解决条款效力

合同有关争议解决的条款独立存在,合同的变更、解除、终止、无效或者被撤销均不影响其效力,即争议解决条款具有独立性,不受合同的变更、解除、终止、无效或者被撤销的影响。这样可保障了合同争议发生后合同当事人解决争议的途径和依据。

[课堂互动]

施工合同执行过程中遇到争议,有哪些解决方式?

任务 8.3　施工合同跟踪与控制

合同签订以后,合同中各项任务的执行要落实到具体的项目经理部或具体的项目参与人员身上,承包单位作为履行合同义务的主体,必须对合同执行者(项目经理部或项目参与人)的履行情况进行跟踪、监督和控制,确保合同义务的完全履行。

8.3.1　施工合同跟踪

(1)施工合同跟踪的含义

施工合同跟踪有两个方面的含义。一是承包单位的合同管理职能部门对合同执行者(项目经理部或项目参与人)履行情况进行的跟踪、监督和检查,二是合同执行者(项目经理部或项目参与人)本身对合同计划的执行情况进行的跟踪、检查与对比。在合同实施过程中,二者缺一不可。

(2)合同跟踪的依据

合同跟踪的重要依据是合同以及依据合同而编制的各种计划文件;其次是各种实际工程文件,如原始记录、报表、验收报告等;另外,还要有管理人员对现场情况的直观了解,如现场巡视、交谈、会议、质量检查等。

(3)合同跟踪的对象

1)承包的任务

①工程施工的质量,包括材料、构件、制品和设备等的质量,以及施工或安装质量,是否符合合同要求等。

②工程进度,是否在预定期限内施工,工期有无延长,延长的原因是什么等。

③工程数量,是否按合同要求完成全部施工任务,有无合同规定以外的施工任务等。

④成本的增加和减少。

2)工程小组或分包人的工程和工作

可以将工程施工任务分解交由不同的工程小组或发包给专业分包完成,工程承包人必须对这些工程小组或分包人及其所负责的工程进行跟踪检查、协调关系,提出意见、建议或警告,保证工程总体质量和进度。

对专业分包人的工作和负责的工程,总承包商负有协调和管理的责任,并承担由此造成的损失,所以专业分包人的工作和负责的工程必须纳入总承包工程的计划和控制中,防止因分包人工程管理失误而影响全局。

3)发包人和其委托的工程师的工作

①发包人是否及时、完整地提供了工程施工的实施条件,如场地、图纸、资料等。

②发包人和工程师是否及时给予了指令、答复和确认等。

③发包人是否及时并足额地支付了应付的工程款项。

8.3.2　合同实施的偏差分析

通过合同跟踪,可能会发现合同实施中存在着偏差,即工程实施实际情况偏离了工程计划和工程目标,此时应及时分析原因,采取措施,纠正偏差,避免损失。合同实施偏差分析的内容包括以下几个方面:

(1)产生偏差的原因分析

通过对合同执行实际情况与实施计划的对比分析,不仅可以发现合同实施的偏差,而且可以探索引起差异的原因。原因分析可以采用鱼刺图、因果关系分析图(表)、成本量差、价差、效率差分析等方法定性或定量地进行。

(2)合同实施偏差的责任分析

该责任分析即分析产生合同偏差的原因是由谁引起的,应该由谁承担责任。责任分析必须以合同为依据,按合同规定落实双方的责任。

(3)合同实施趋势分析

针对合同实施偏差情况,可以采取不同的措施,应分析在不同措施下合同执行的结果与趋

279

势,包括:

①最终的工程状况,包括总工期的延误、总成本的超支、质量标准、所能达到的生产能力(或功能要求)等。

②承包商将承担什么样的后果,如被罚款、被清算,甚至被起诉,对承包商资信、企业形象、经营战略的影响等。

③最终工程经济效益(利润)水平。

8.3.3 合同实施的偏差处理

根据合同实施偏差分析的结果,承包商应该采取相应的调整措施,其调整措施可以分为以下4项:

(1)组织措施

如增加人员投入,调整人员安排,调整工作流程和工作计划等。

(2)技术措施

如变更技术方案,采用新的高效率的施工方案等。

(3)经济措施

如增加投入,采取经济激励措施等。

(4)合同措施

如进行合同变更,签订附加协议,采取索赔手段等。

[课程育人]

1.在施工合同执行中需要及时进行合同跟踪和纠偏,请谈一谈这样做的意义是什么。
2.请想一想,平时的生活中是否也存在需要进行跟踪和纠偏的情况?

任务8.4 施工合同案例分析

8.4.1 案例1 合同生效与否

【背景】 2018年8月8日,某建筑公司向水泥厂发出了一份购买水泥的要约。要约中明确规定承诺期限为2018年8月12日12:00。为了保证工作的快捷,要约中同时约定了采用电子邮件方式作出承诺并提供了电子邮箱。水泥厂收到要约后经过研究,同意出售给建筑公司水泥。水泥厂于2018年8月12日11:30给建筑公司发出了同意出售水泥的电子邮件。但是,由于建筑公司所在地区的网络出现故障,建筑公司直到下午15:30才收到邮件。

问:你认为该承诺是否有效? 为什么?

【案例评析】

根据《民法典合同编》,采用数字电文形式订立合同的;收件人指定特定系统接收数据电文的。该数据电文进入特定系统的时间,视为到达时间。同时《民法典合同编》第四百八十七条规定,受要约人在承诺期限内发出承诺,按照通常情形能够及时到达要约人,但因其他原因承诺到达要约人时超过承诺期限的,除要约人及时通知受要约人因承诺超过期限不接受该承诺的以外,该承诺有效。

水泥厂于 2018 年 8 月 12 日 11:30 发出电子邮件,正常情况下,建筑公司可即时收到承诺,但是由于外界原因而没有在承诺期限内收到。此时根据《民法典合同编》第四百八十七条规定,建筑公司可以承认该承诺的效力,也可以不承认。如果不承认该承诺的效力,就要及时通知水泥厂;若不及时通知,就视为已经承认该承诺的效力。

8.4.2　案例 2　合同中止与否

【背景】　2017 年底,某发包人与承包人签订施工承包合同,约定施工到月底结付当月工程进度款。2008 年初,承包人接到开工通知后随即进场施工。截至 2018 年 4 月,发包人均结清当月应付工程进度款。承包人计划 2018 年 5 月完成的当月工程量为 1 200 万元,此时承包人获悉,法院在另一诉讼案中对发包人实施保全措施,查封了其办公场所;同月,承包人又获悉,发包人已经严重资不抵债。2018 年 5 月 3 日,承包人向发包人发出书面通知称,"鉴于贵公司工程款支付能力严重不足,本公司决定暂时停止本工程的施工,并愿意与贵公司协商解决后续事宜"。

问:施工承包人这么做是否合适? 他行使什么权来维护自身的合法权益?

【案例评析】

上述情况属于有证据表明发包人经营状况严重恶化,承包人可以中止施工,并有权要求发包人提供适当的担保,并可根据是否获得担保再决定是否终止合同,属于行使不安抗辩权的典型情形。

8.4.3　案例 3　合同变更纠纷处理

【背景】　某厂房建设场地原为农田,按设计要求在厂房建造时,厂房地坪范围内的耕植土应清除,基础必须埋在老土层下 2 m 处。为此,发包人在"三通一平"阶段就委托土方施工公司清除了耕植土产,用好土回填压实至一定设计标高,故在施工招标文件中指出,施工单位无须再考虑清除耕植土问题。然而,开工后,施工单位在开挖基坑(槽)时发现,相当一部分基础开挖深度虽已达到设计标高,但未见老土,且在基础和场地范围内仍有一部分深层的耕植土和池塘淤泥等必须清除。

1.在工程中遇到地基条件与原设计所依据的地质资料不符时,承包人应该怎么办?

2.根据修改的设计图纸,基础开挖要加深加大,为此,承包人提出了变更工程价格和延长工期的要求。请问承包人的要求是否合理,为什么?

3.对于工程施工中出现变更工程价款和工期的事件后,发、承包双方需要注意哪些时效性问题?

4.对合同中未规定的承包人义务,合同实施过程又必须进行的工作,你认为应如何处理?

【案例评析】

1.发生这种情况时,承包人可采取下列办法:

第一步,根据《建设工程施工合同(示范文本)》(GF—2017—0201)的规定,在工程中遇到地基条件与原设计所依据的土质资料不符时,承包人应及时通知甲方,要求对原设计进行变更。

第二步,在《建设工程施工合同(示范文本)》(GF—2017—0201)规定的时限内,向发包提出设计变更价款和工期顺延的要求。发包人如确认则调整合同;如不同意,应由发包人在合同规定的时限内,通知承包人就变更价格进行协商,协商一致后,修改合同。若协商不一致,按工程承包合同纠纷处理方式解决。

2. 承包人的要求合理。因为工程地质条件的变化,不是一个有经验的承包人能够合理预见的,属于发包人风险。基础开挖加深加大必然增加费用和延长工期。

3. 在出现变更工程价款和工期事件之后,主要应注意以下问题:

(1)承包人提出变更工程价款和工期的时间。

(2)发包人确认的时间。

(3)双方对变更工程价款和工期不能达成一致意见时的解决办法和时间。

4. 一般情况下,可按工程变更处理,其处理程序参见[案例评析]1中的第二步,也可以另行委托施工。

8.4.4 案例4 缺陷责任纠纷

【背景】 某建筑公司与某医院签订一建设工程施工合同,明确承包人(建筑公司)保质、保量、保工期完成发包人(医院)的门诊楼施工任务。工程竣工后,承包人向发包人提交了竣工报告,发包人认为工程质量好,双方合作愉快,为不影响病人就医,没有组织验收便直接投入使用。在使用过程中发现门诊楼存在质量问题,遂要求承包人修理。承包人则认为工程未经验收便提前使用,出现的质量问题,承包人不再承担责任。

1. 依据有关法律、法规,该质量问题的责任由谁来承担?

2. 工程未经验收,发包人提前使用,可否视为工程已交付,承包人不再承担责任?

3. 如果工程现场有发包人聘任的监理工程师,出现上述问题应如何处理,是否应承担一定责任?

4. 发生上述问题时,承包人的保修责任应如何履行?

5. 上述纠纷,发包人和承包人可以通过何种方式解决?

【案例评析】

1. 该质量问题的责任由发包人承担。

2. 工程未经验收,发包人提前使用可视为发包人已接收该项工程,但不能免除承包人负责保修的责任。

3. 监理工程师应及时为发包人和承包人协商解决纠纷,出现质量问题属于监理工程师履行职责失职,应依据监理合同承担责任。

4. 承包人保修责任,应依据建设工程保修规定履行。

5. 发包人和承包人可通过协商、调解及合同条款规定去仲裁或诉讼。

8.4.5 案例5 合同履行纠纷

【背景】 某工程建设单位委托监理单位承担施工阶段和工程质量保修期的监理工作,建设单位与施工单位按《建设工程施工合同(示范文本)》(GF—2017—0201)签订了施工合同。在基坑支护施工中,项目监理机构发现施工单位采用了一项新技术,未按已批准的施工技术方案施工。项目监理机构认为本工程使用该项新技术存在安全隐患,总监理工程师下达了工程暂停令,同时报告了建设单位。施工单位认为该项新技术通过了有关部门的鉴定,不会发生安全问题,仍继续施工。于是项目监理机构向建设行政主管部门报告。施工单位在建设行政主管部门的干预下暂停了施工。施工单位复工后,就此事引起的损失向项目监理机构提出索赔。建设单位也认为项目监理机构"小题大做",致使工程延期,要求监理单位对此事承担相应责任。该工程施工完成后,施工单位按竣工验收有关规定,向建设单位提交了竣工验收报告。建设单位未及时验收,到施工单位提交竣工验收报告后第 45 天时发生台风,致使工程已安装的门窗玻璃部分损坏。建设单位要求施工单位对损坏的门窗玻璃进行无偿修复,施工单位不同意无偿修复。

1. 在施工阶段施工单位的哪些做法不妥? 说明理由。

2. 建设单位的哪些做法不妥?

3. 对施工单位采用新的基坑支护施工方案,项目监理机构还应做哪些工作?

4. 施工单位不同意无偿修复是否正确,为什么? 工程修复时监理工程师的主要工作内容有哪些?

【案例评析】

1.(1)不妥之处:未按已批准的施工技术方案施工。理由:应执行已批准的施工技术方案;若采用新技术时,相应的施工技术方案应经项目监理机构审批。

(2)不妥之处:总监理工程师下达工程暂停令后施工单位仍继续施工。理由:施工单位应当执行总监理工程师下达的工程暂停令。

2.(1)要求监理单位对工程延期承担相应责任。

(2)不及时组织竣工验收。

(3)要求施工单位对门窗玻璃进行无偿修复。

3.(1)要求施工单位报送采用新技术的基坑支护施工方案。

(2)审查施工单位报送的施工方案。

(3)若施工方案可行,总监量工程师签认;若施工方案不可行,要求施工单位仍按原批准的施工方案执行。

4.(1)正确。因为建设单位收到竣工验收报告后未及时组织工程验收,应当承担工程保管责任。

(2)①进行监督检查,验收合格后予以签认。②核实工程费用和签署工程款支付证书,并报建设单位。

8.4.6　案例 6　监理合同管理

【背景】　某工程项目发包人与施工单位已签订施工合同。监理单位在执行合同中陆续遇到一些问题需要进行处理,若你作为一名监理工程师,对遇到的下列问题,应提出怎样的处理意见?

1. 在施工招标文件中,按工期定额计算,工期为 550 天。但在施工合同中,开工日期为 2017 年 12 月 15 日,竣工日期为 2019 年 7 月 20 日,日历天数为 581 天,请问监理的工期目标应为多少天? 为什么?

2. 施工合同规定,发包人给施工单位供应图纸 7 套,施工单位在施工中要求发包人再提供 3 套图纸,增加的施工图纸的费用应由谁来支付?

3. 在基槽开挖土方完成后,施工单位未对基槽四周进行围栏防护,发包人代表进入施工现场不慎掉入基坑摔伤,由此发生的医疗费用应由谁来支付?为什么?

4.在结构施工中,施工单位需要在夜间浇筑混凝土,经发包人同意并办理了有关手续。按地方政府有关规定,在晚上11点以后一般不得施工,若有特殊情况,需要给附近居民补贴,此项费用由谁来承担?

5.在结构施工中,由于发包人供电线路事故原因,造成施工现场连续停电3天,停电后施工单位为了减少损失,经过调剂,工人尽量安排其他生产工作。但现场一台塔式起重机、两台混凝土搅拌机停止工作,施工单位按规定时间就停工情况和经济损失提出索赔报告,要求索赔工期和费用,监理工程师应如何批复?

【案例评析】

1.按照合同文件的解释顺序,协议条款与招标文件在内容上有矛盾时,应以协议条款为准。故监理的工期目标应为581天。

2.合同规定发包人供应图纸7套,施工单位再要3套图纸,超出合同规定,故增加的图纸费用由施工单位支付。

3.在基槽开挖土方后,在四周设置围栏,按合同文件规定是施工单位的责任。未设围栏而发生人员摔伤事故,所发生的医疗费用应由施工单位支付。

4.夜间施工虽经发包人同意,并办理了有关手续,但应由发包人承担有关费用。

5.由于施工单位以外的原因造成的停电,在一周内超过8小时,施工单位又按规定提出索赔。监理工程师应批复工期顺延。由于工人已安排进行其他生产工作的,监理工程师应批复因改换工作引起的生产效率降低的费用。造成施工机械停止工作,监理工程师视情况可批复机械设备租赁费或折旧费的补偿。

[分组讨论]

【背景】某建筑公司与某学校签订了一份建设工程施工合同,明确承包人(建筑公司)保质、保量、保工期完成发包人(学校)的教学楼施工任务。工程竣工后,承包人向发包人提交了竣工报告,发包人认为双方合作愉快,为了不影响学生上课,还没有组织验收,便直接使用了。使用中,校方发现教学楼存在质量问题,遂要求承包人修理。承包人则认为工程未经验收,发包人提前使用,出现质量问题,承包人不再承担责任。

问题:

1.依据有关法律、法规,该质量问题的责任由谁承担?

2.工程未经验收,发包人提前使用,可否视为工程已交付,承包人不再承担责任?

3.如果该工程委托监理,出现上述问题应如何处理?监理工程师是否承担一定责任?

4.发生上述问题,承包人的保修责任应如何履行?

5.上述纠纷,发包人和承包人可以通过何种方式解决?

[项目实训]

请根据模块7实训模拟的工程项目和中标施工企业,替发包人和承包人根据《建设工程施工合同(示范文本)》格式,签订一份施工合同专用条款。

小　结

　　建设工程施工合同的管理就是建设工程施工合同管理的相关部门和合同当事人及监理人对合同依法进行的一系列活动。这些管理划分为以下两个层次：政府的监督管理和企业的实施管理。

　　施工合同质量管理包括对工程质量的要求、质量保证措施、隐蔽工程检查、不合格工程的处理和质量争议检测等内容。

　　施工合同进度管理包括施工组织设计的提交、确认和修改，施工进度计划的编制与修改，开工与测量放线，工期延误，暂停施工和提前竣工等内容。

　　施工合同造价管理包括预付款的支付和担保，工程进度付款支付，质量保证金的扣留和返还，竣工结算及最终结清。

　　合同变更是指合同履行过程中由双方当事人依法对合同的内容所进行的修改，工程内容、工程的数量、质量要求和标准、实施程序等的改变都属于合同变更。合同变更主要是由于工程变更而引起的，工程施工合同变更的范围存在一定的限制；发包人和监理人均可以提出变更，但变更权的最终决定权集中于发包人。

　　变更的产生有可能会影响合同价格、工期、项目资源组织等方面的变化，涉及变更估价及工期调整；承包人可以提出合理化建议；暂估价、暂列金额和计日工是具有不确定因素的合同要素，可能引起合同变更。

　　不可抗力是指合同当事人在签订合同时不能预见、在合同履行过程中不可避免且不能克服的自然灾害和社会性突发事件。构成不可抗力须具备两个要件，因不可抗力导致合同无法履行超过规定天数，可解除合同。

　　保险是工程分担保险的有效办法，施工合同涉及的保险有三类：工程保险、工伤保险和其他保险。

　　施工合同的担保采取承发包"双方互为担保制度"，有支付担保和履约担保。

　　施工合同违约是普遍现象，违约是多方面原因造成的，有发包人违约、承包人违约和第三人违约。违约应承担违约责任。

　　争议解决的方式有多种，和解和调解是首选方式，仲裁或诉讼是最终解决方式，建设工程施工合同还有一种争议评审方式，是工程施工领域独特的争议解决机制。

　　对施工合同的跟踪与控制是确保合同义务的完全履行的重要手段；合同跟踪的重要依据是合同以及依据合同而编制的各种计划文件；通过合同跟踪，可能会发现合同实施中存在着偏差，需要进行偏差原因分析、合同实施偏差的责任分析，合同实施趋势分析；根据合同实施偏差分析的结果，实施偏差处理。

知识扩展链接

1. 最高人民法院关于审理建设工程施工合同纠纷案件适用法律问题的解释(一)(2020)25 号

https://www.court.gov.cn/fabu-xiangqing-282111.html

2. 最高人民法院关于审理建设工程施工合同纠纷案件适用法律问题的解释(二)

https://www.court.gov.cn/fabu-xiangqing-137931.html

3. 关于印发《建设工程监理合同(示范文本)》的通知

https://www.mohurd.gov.cn/gongkai/fdzdgknr/zfhcxjsbwj/201204/20120423_209598.html

复习思考与练习

一、填空题

1. 工程质量标准必须符合国家或者行业质量验收规范和标准,这是国家的 _____ 规定。

2. 因发包人原因造成工程质量未达到合同约定标准的,由发包人承担由此增加的费用和(或)_____,并支付承包人合理的_____。

3. _____,是指承包人按照合同约定承担缺陷修复义务,且发包人扣留质量保证金的期限,自工程实际竣工日期起计算。

4. _____是指有经验的承包人在施工现场遇到的不可预见的自然物质条件、非自然的物质障碍和污染物,包括地表以下物质条件和水文条件以及专用合同条款约定的其他情形,但不包括气候条件。

5. 暂停施工期间,_____应负责妥善照管工程并提供安全保障,由此增加的费用由_____承担。

6.《建设工程施工合同(示范文本)》(GF—2013—0201)关于逾期支付预付款的规定,发包人逾期支付预付款超过 7 天的,承包人有权向发包人发出要求预付的_____,发包人收到通知后 7 天内仍未支付的,承包人有权_____,并按发包人违约的情形执行。

7. 施工合同造价管理中,质量保证金是约定承包人用于保证其在_____内履行缺陷修补义务的担保。

8. _____,指工程合同施工内容并未全部完成,但发包人需要使用已完工程,且不影响已完工程,具备单位工程使用功能,发包人要求承包人先完成部分工程,并进行结算。

9. 不可抗力发生的原因,有两种:一是_____,二是_____。

10. 合同跟踪的重要依据是_____以及依据合同而编制的各种_____文件。

二、单选题

1. 在工程施工合同质量管理中,领取施工许可证是(   )的工作。

    A. 发包人   B. 承包人   C. 监理人   D. 设计人

2. 除专用合同条款另有约定外,工程隐蔽部位经承包人自检确认具备覆盖条件的,承包人应在共同检查前(   )小时书面通知监理人检查。

    A. 12   B. 24   C. 36   D. 48

3. 缺陷责任期自实际竣工日期起计算,合同当事人应在专用合同条款约定缺陷责任期的具体期限,但该期限最长不超过(   )个月。

    A. 12   B. 24   C. 48   D. 60

4. 除专用合同条款另有约定外,因发包人原因造成监理人未能在计划开工日期之日起(   )天内发出开工通知的,承包人有权提出价格调整要求,或者解除合同。

    A. 56   B. 84   C. 90   D. 105

5. 因承包人原因引起的暂停施工,承包人应承担由此增加的费用和(或)延误的工期,且承包人在收到监理人复工指示后(   )天内仍未复工的,视为承包人违约的情形约定的承包人无法继续履行合同的情形。

    A. 49   B. 56   C. 84   D. 98

6. 《建设工程施工合同(示范文本)》(GF—2013—0201)规定了合同价格形式的选择,即发包人和承包人应在合同协议书中选择下列一种合同价格形式,以下哪一项不是文本规定的价格形式(   )。

    A. 单价合同   B. 总价合同   C. 成本加酬金   D. 其他价格形式

7. 发包人累计扣留的质量保证金不得超过结算合同价格的(   )。

    A. 5%   B. 10%   C. 15%   D. 20%

8. 发包人在收到承包人提交竣工结算申请书后(   )天内未完成审批且未提出异议的,视为发包人认可承包人提交的竣工结算申请单,并自发包人收到承包人提交的竣工结算申请单后第(   )天起视为已签发竣工付款证书。

    A. 21;22   B. 28;29   C. 30;31   D. 60;61

9. 不可抗力导致的人员伤亡、财产损失、费用增加和(或)工期延误等后果,由合同当事人按规定的原则承担,以下错误的是(   )。

    A. 永久工程、已运至施工现场的材料和工程设备的损坏,以及因工程损坏造成的第三人人员伤亡和财产损失由发包人承担

    B. 承包人施工设备的损坏由承包人承担

    C. 发包人承担现场人员伤亡和财产的损失

    D. 承包人在停工期间按照发包人要求照管、清理和修复工程的费用由发包人承担

10. 合同当事人可以共同选择一名或三名争议评审员,组成争议评审小组。除专用合同条款另有约定外,合同当事人应当自合同签订后(   )天内,或者争议发生后(   )天内,选定争议评审员。

A.14；14 B.14；28 C.28；14 D.28；28

三、多选题

1.发包人、监理人、承包人对建设工程施工合同的实施管理体现在合同从订立到履行的全过程中,包括施工合同的( ),贯穿施工准备阶段、施工过程和竣工验收阶段。

A.质量管理 B.进度管理 C.造价管理 D.安全管理

2.承包人的具体质量管理义务有( )。

A.领取施工许可证

B.对于发包人和监理人的错误指示,承包人不得拒绝实施

C.对施工人员质量管理方面

D.对材料、工程设备以及工程的所有部位及其施工工艺的质量管理方面

3.《建设工程质量管理条例》规定,在正常使用条件下,建设工程的最低保修期限为( )。

A.基础设施工程、房屋建筑的地基基础工程和主体结构工程,为设计文件规定的该工程的合理使用年限

B.屋面防水工程、有防水要求的卫生间、房间和外墙面的防渗漏,为 5 年

C.供热与供冷系统,为 2 个采暖期、供冷期

D.电气管线、给排水管道、设备安装和装修工程,为 1 年

4.在合同履行过程中,因下列情况导致工期延误和(或)费用增加的,由发包人承担由此延误的工期和(或)增加的费用,且发包人应支付承包人合理的利润( )。

A.发包人未能按合同约定提供图纸或所提供图纸不符合合同约定的

B.发包人未能按合同约定提供施工现场、施工条件、基础资料、许可、批准等开工条件的

C.发包人未能在计划开工日期之日起 7 天内同意下达开工通知的

D.监理人未按合同约定发出指示、批准等文件的

5.工程预付款,是发包人为了帮助承包人解决工程施工前期资金紧张的困难而提前给付的一笔款项,主要用于( )等方面。

A.承包人进行材料、工程设备、施工设备的采购

B.修建临时工程

C.组织施工队伍进场

D.购买办公用品

6.除专用合同条款另有约定外,竣工结算申请单应包括以下内容( )。

A.竣工结算合同价格

B.发包人已支付承包人的款项

C.应支付的质量保证金

D.发包人应支付承包人的合同价款

7.根据《建设工程施工合同(示范文本)》中通用合同条款的规定,可以提出工程变更的主

体是(　　)。

　A. 发包人　　　　　B. 监理人　　　　　C. 承包人　　　　　D. 地方政府主管部门

8.《建设工程施工合同(示范文本)》(GF—2013—0201)规定,变更估价一般按照以下约定处理(　　)。

　A. 已标价工程量清单或预算书有相同项目的,按照相同项目单价认定

　B. 已标价工程量清单或预算书中无相同项目,但有类似项目的,参照类似项目的单价认定

　C. 变更导致实际完成的变更工程量与已标价工程量清单或预算书中列明的该项目工程量的变化幅度超过 15% 的,按照合理的成本与利润构成的原则,由合同当事人按照商定或确定来确定变更工作的单价

　D. 已标价工程量清单或预算书中无相同项目及类似项目单价的,按照合理的成本构成的原则,由合同当事人按照商定或确定来确定变更工作的单价

9. 在合同履行过程中,属于发包人违约的情形有(　　)。

　A. 迟延下达开工通知　　　　　　B. 违反变更规定

　C. 私自运出材料、设备　　　　　D. 提供不合格的材料、设备

10. 建设工程施工合同争议解决的方式有(　　)。

　A. 和解和调解　　　B. 争议评审　　　C. 仲裁　　　D. 诉讼

模块 **9**

工程施工索赔

[模块概述]

索赔是合同当事人在合同中的重要权利,也是极易引起合同履行纠纷的管理活动。本模块讲述了工程施工索赔,首先讲述了工程索赔概述,包括施工索赔的概念与特征、分类、原因及处理原则;接着讲述了索赔工作程序与技巧,包括施工索赔工作程序及处理、索赔证据及报告及索赔的策略和技巧;然后讲述了索赔计算,包括施工索赔费用的组成、费用索赔及工期索赔的计算方法;最后通过索赔案例加深对施工索赔的理解和运用。

[学习目标]

掌握 施工索赔的概念与特征;施工索赔的一般工作程序;施工索赔费用的组成。

熟悉 施工索赔的处理原则;承包人的索赔程序及处理;施工索赔证据及报告。

了解 施工索赔的分类;施工索赔的产生的原因;发包人的索赔程序及处理;施工索赔的策略和技巧;费用索赔的计算方法;工期索赔的计算方法。

[能力目标]

具备施工索赔的发现能力、申请和处理能力。

[素质目标]

培养学生的主观能动性,树立正确的索赔观念和维权意识,养成良好的职业习惯。

[案例导入]

模块9 案例辨析
某公司与 A 公司建设工程施工索赔纠纷案

任务 9.1　工程施工索赔概述

索赔是合同当事人在合同中的重要权利,也是极易引起合同履行纠纷的管理活动。合同当事人正确地理解和运用索赔,可以准确高效地维护自身的权益,有效避免合同履行争议,保证工程建设顺利进行。

9.1.1　施工索赔的概念与特征

(1)施工索赔的概念

索赔作为一种正当的权利要求,一般来讲,是指合同在履行过程中,合同一方发生并非由于本方的过错或原因造成的,也不属于自己风险范围的额外支出或损失,受损方依据法律或合同向对方提出的补偿要求。作为合同术语的索赔出现在施工合同中,来源于长期工程建设实践,我国的法律中并未对索赔进行定义,相关部门规章或规范性文件有所涉及,但也并未进行严格定义。

根据《建设工程施工合同(示范文本)》(GF—2017—0201),可以对施工索赔定义为:根据合同约定,承包人认为有权得到追加付款和(或)延长工期的或发包人认为有权得到赔付金额和(或)延长缺陷责任期的而向对方提出的权利主张。

总之,施工索赔是利用经济杠杆进行工程项目管理的有效手段,对承包商、发包人和监理工程师来说,处理索赔问题水平的高低反映出工程项目管理水平的高低。随着建筑市场的建立与发展,索赔将成为项目管理中越来越重要的问题。

(2)施工索赔的特征

从索赔的基本含义,可以看出索赔具有以下基本特征:

1)索赔是双向的

不仅承包人可以向发包人索赔,发包人同样也可以向承包人索赔。由于实践中发包人向承包人索赔发生的频率相对较低,而且在索赔处理中,发包人始终处于主动和有利地位,对承包人的违约行为可以直接从应付工程款中扣抵、扣留保留金或通过履约保函向银行索赔来实现自己的索赔要求。因此,在工程实践中大量发生的、处理比较困难的是承包人向发包人的索赔,也是监理人进行施工合同管理的重点内容之一。

2)只有实际发生了经济损失或权利损害,一方才能向对方索赔

经济损失是指因对方因素造成合同外的额外支出,如人工费、材料费、机械费、管理费等额外开支。权利损害是指虽然没有经济上的损失,但造成了一方权利上的损害,如由于恶劣气候条件对工程进度的不利影响,承包人有权要求工期延长等。因此,发生了实际的经济损失或权利损害,应是一方提出索赔的基本前提条件。有时上述两者同时存在,如发包人未及时交付合格的施工现场,既造成承包人的经济损失,又侵犯了承包人的工期权利,承包人既要求经济赔偿,又要求工期延长;有时两者则可单独存在,如恶劣气候条件影响、不可抗力事件等,承包人根据合同规定或惯例则只能要求工期延长,不应要求经济补偿。

3)索赔是一种未经对方确认的单方行为

索赔与我们通常所说的工程签证不同。在施工过程中签证是承发包双方就额外费用补偿

或工期延长等达成一致的书面证明材料和补充协议,它可以直接作为工程款结算或最终增减工程造价的依据。而索赔则是单方面行为,对对方尚未形成约束力,这种索赔要求能否得到最终实现,必须要通过双方确认(如双方协商、谈判、调解或仲裁、诉讼)后才能实现。

许多人一听到"索赔"两字,很容易联想到争议的仲裁、诉讼或双方激烈的对抗,因此往往认为应当尽可能避免索赔,担心因索赔而影响双方的合作或感情。实质上,索赔是一种正当的权利或要求,是合情、合理、合法的行为,它是在正确履行合同的基础上争取合理的偿付,不是无中生有、无理争利。索赔同守约、合作并不矛盾、对立,索赔本身就是市场经济中合作的一部分,只要是符合有关规定的、合法的或者符合有关惯例的,就应该理直气壮地、主动地向对方索赔。大部分索赔都可以通过协商谈判和调解等方式获得解决,只有在双方坚持己见而无法达成一致时,才会提交仲裁或诉诸法院求得解决,即使诉诸法律程序,也应当被看成遵法守约的正当行为。

[课堂互动]

微课:施工索赔相关内容
什么叫施工索赔? 它有哪些基本特征?

9.1.2　施工索赔的分类

工程施工过程中发生索赔涉及的内容是广泛的,为了更好地研究索赔,可以对索赔从不同的角度、标准和方法进行分类,主要有以下几种分类方式:

(1)按索赔请求主体分类

①发包人索赔。即发包人认为有权得到赔付金额和(或)延长缺陷责任期而提出的索赔。

②承包人索赔。即承包人认为有权得到追加付款和(或)延长工期而提出的索赔。

(2)按索赔的内容分类

①工期索赔。就是由于非承包商原因而导致施工进程延误,要求发包人延长施工时间,使原规定的工程竣工日期顺延,从而避免了违约罚金的发生。

②费用索赔。就是要求经济补偿,进而调整合同价款。当施工的客观条件改变,导致承包人增加开支时,要求对超出计划成本的附加开支给予补偿,以挽回不应由他承担的经济损失。

③利润索赔。就是当承包人受到的经济损失是由发包人造成时,承包人除可提出费用赔偿外,还可以要求发包人支付合理的利润。

(3)按索赔的合同依据分类

索赔按合同依据可分为合同中明示索赔和合同中默示索赔。

合同中明示的索赔是指索赔事项所涉及的内容在合同文件中能够找到明确的依据,发包人或承包商可以据此提出索赔要求。

合同中默示的索赔是指索赔事项所涉及的内容已经超过合同文件中规定的范围,在合同文件中没有明确的文字描述,但可以根据合同条件中某些条款的含义,合理推论出存在一定的索赔权。

（4）按索赔事件的性质分类

索赔按事件性质可分为工程延误索赔、工程变更索赔、合同被迫终止索赔、工程加速索赔、意外风险和不可预见因素索赔和其他索赔。

工程延误索赔是因发包人未按合同要求提供施工条件，如未及时交付设计图纸、施工现场、道路等，或因发包人指令工程暂停或不可抗力事件等原因造成工期拖延的，承包人对此提出索赔。

工程变更索赔是由于发包人或监理工程师指令增加或减少工程量或增加附加工程、修改设计、变更工程顺序等，造成工期延长和费用增加，承包人对此提出索赔。

合同被迫终止索赔是由于发包人或承包人违约以及不可抗力事件等原因造成合同非正常终止，无责任的受害方因其蒙受经济损失而向对方提出索赔。

工程加速索赔是由于发包人或工程师指令加快施工速度，缩短工期，引起承包人人、财、物的额外开支而提出的索赔。

意外风险和不可预见因素索赔是在工程实施过程中，因人力不可抗拒的自然灾害、特殊风险以及一个有经验的承包人通常不能合理预见的不利施工条件或外界障碍，如地下水、地质断层、溶沟、地下障碍物等引起的索赔。

其他索赔是因货币贬值、汇率变化、物价、工资上涨、政策法令变化等原因引起的索赔。

（5）按索赔的处理方式分类

索赔按处理方式可分为单项索赔和总索赔。

单项索赔就是采取一事一索赔的方式，即按每一件索赔事项发生后，报送索赔通知书，编报索赔报告，要求单项解决支付，不与其他的索赔事项混在一起。

总索赔又称综合索赔或一揽子索赔，即对整个工程（或某项工程）中所发生的数起索赔事项，综合在一起进行索赔。

（6）按索赔所依据的理由分类

①合同内索赔。即索赔以合同条文作为依据，发生了合同规定给承包人以补偿的干扰事件，承包人根据合同规定提出索赔要求。这是最常见的索赔。

②合同外索赔。指工程过程中发生的干扰事件的性质已经超过合同范围或在合同中找不出具体的依据，一般必须根据适用于合同关系的法律解决索赔问题。

③道义索赔。它是指由于承包人失误（如报价失误、环境调查失误等）或发生承包人应负责的风险而造成承包人重大损失而进行的索赔。

9.1.3　施工索赔的原因及处理原则

（1）施工索赔产生的原因

施工索赔产生的原因可以根据责任划分为两大类，一类是可归责于合同当事人的原因产生的索赔，即合同当事人违约行为产生的索赔，如发包人未及时交付图纸和基础资料；另一类是不可归责于合同当事人的原因产生的索赔，如合同履行过程中遭遇的不可抗力。具体主要有以下几种：

1）工程变更

一般在合同中均订有变更条款，即发包人均保留变更工程的权利。发包人在任何时候均可对施工图、说明书、合同进度表,用文字写成书面文件进行变更。

①在工程变更的情况下,承包商必须熟悉合同规定的工程内容,以便确定执行的变更工程是否在合同范围以内。如果不在合同范围以内,承包商可以拒绝执行,或者经双方同意签订补充协议。

②施工条件变化(即与现场条件不同)。这里所说的施工条件变化是针对以下两种情况:一是该条规定用来处理现场地面以下与合同出入较大的潜在自然条件的变更;二是现场的施工条件与合同确定的情况大不相同,承包商应立即通知发包人或工程师进行检查确认。

2)工程延期

在以下情况下,工程完成期限是允许推迟的:

①由于发包人或其员工的疏忽失职。

②由于提供施工图的时间推迟。

③由于发包人中途变更工程。

④由于发包人暂停施工。

⑤工程师同意承包商提出的延期理由。

⑥由于不可抗力所造成的工程延期。

在发生上述任何一种情况时,承包商应立即将备忘录送给工程师,并提出延长工期的要求。

3)不可抗力或意外风险

不可抗力,顾名思义即指超出合同各方控制能力的意外事件。

4)不依法履行施工合同

承发包双方在履行施工合同的过程中往往因一些意见分歧和经济利益驱动等人为因素,不严格执行合同文件而引起的施工索赔。

除上述原因外,工程项目的特殊性,如工程规模大、技术难度大、投资额大、工期长、材料设备价格变化快;工程项目内外环境的复杂多变性及参与工程建设主体的多元性等问题随着工程的逐步开展而不断暴露出新问题,必然使工程项目受到影响,导致工程项目成本和工期的变化,这些都是索赔形成的根源。因此,索赔的发生,不仅是一个索赔意识或合同观念的问题,从本质上讲,索赔也是一种客观存在。

(2)施工索赔的处理原则

1)索赔必须以合同为依据

遇索赔事件时,监理工程师应以完全独立的身份,站在客观公正的立场上,以合同为依据审查索赔要求的合理性、索赔价款的正确性。另外,承包商也只有以合同为依据提出索赔时,才容易索赔成功。

2)及时、合理处理索赔

如承包方的合理索赔要求长时间得不到解决,积累下来可能会影响其资金周转,从而影响工程进度。此外,索赔初期可能只是普通的信件来往的单项索赔,拖到后期综合索赔,将使索赔问题复杂化(如涉及利息、预期利润补偿、工程结算及责任的划分、质量的处理等),大大增加处理索赔的难度。

3)必须注意资料的积累

积累一切可能涉及索赔论证的资料,技术问题、进度问题和其他重大问题的会议应做好文字记录,并争取会议参加者签字,作为正式文档资料。同时应建立严密的工程日志,建立业务往来文件编号档案等制度,做到处理索赔时以事实和数据为依据。

4)加强索赔的前瞻性

有效避免过多的索赔事件的发生,监理工程师应对可能引起的索赔有所预测,及时采取补救措施,避免过多索赔事件的发生。

[课堂互动]

施工索赔的处理原则有哪些?

任务 9.2　索赔工作程序与技巧

9.2.1　施工索赔工作程序及处理

(1)施工索赔的一般工作程序

施工索赔的一般工作过程,即是施工索赔的处理过程,有以下 7 个步骤:

①索赔要求的提出。

②索赔证据的准备。

③索赔文件(报告)的编写。

④索赔文件(报告)的报送。

⑤索赔文件(报告)的评审。

⑥索赔谈判与调解。

⑦索赔仲裁与诉讼。

(2)承包人的索赔程序及处理

1)承包人的索赔程序

根据合同约定,承包人认为有权得到追加付款和(或)延长工期的,应按以下程序向发包人提出索赔:

①发出索赔意向通知书。承包人应在知道或应当知道索赔事件发生后 28 天内,向监理人递交索赔意向通知书,并说明发生索赔事件的事由;承包人未在前述 28 天内发出索赔意向通知书的,丧失要求追加付款和(或)延长工期的权利。

②递交索赔报告。承包人应在发出索赔意向通知书后 28 天内,向监理人正式递交索赔报告;索赔报告应详细说明索赔理由以及要求追加的付款金额和(或)延长的工期,并附必要的记录和证明材料。

③递交延续索赔通知。索赔事件具有持续影响的,承包人应按合理时间间隔继续递交延续索赔通知,说明持续影响的实际情况和记录,列出累计的追加付款金额和(或)工期延长

天数。

④递交最终索赔报告。在索赔事件影响结束后 28 天内,承包人应向监理人递交最终索赔报告,说明最终要求索赔的追加付款金额和(或)延长的工期,并附必要的记录和证明材料。

2)对承包人索赔的处理

①审查并报送发包人。监理人应在收到索赔报告后 14 天内完成审查并报送发包人。监理人对索赔报告存在异议的,有权要求承包人提交全部原始记录副本。

②签认的索赔处理结果。发包人应在监理人收到索赔报告或有关索赔的进一步证明材料后的 28 天内,由监理人向承包人出具经发包人签认的索赔处理结果。发包人逾期答复的,则视为认可承包人的索赔要求。

③支付索赔款项。承包人接受索赔处理结果的,索赔款项在当期进度款中进行支付;承包人不接受索赔处理结果的,按照争议解决约定处理。

(3)发包人的索赔程序及处理

1)发包人的索赔程序

相对于承包人索赔成因的复杂性,发包人的索赔原因相对较为简单,一般均为可归责于承包人的事件。其索赔程序如下:

①发出通知。根据合同约定,发包人认为有权得到赔付金额和(或)延长缺陷责任期的,监理人应向承包人发出通知并附有详细的证明材料。

②提出索赔意向通知书。发包人应在知道或应当知道索赔事件发生后 28 天内通过监理人向承包人提出索赔意向通知书。发包人未在前述 28 天内发出索赔意向通知书的,丧失要求赔付金额和(或)延长缺陷责任期的权利。

③递交索赔报告。发包人应在发出索赔意向通知书后 28 天内,通过监理人向承包人正式递交索赔报告。

2)对发包人索赔的处理

①承包人收到发包人提交的索赔报告后,应及时审查索赔报告的内容、查验发包人证明材料。

②承包人应在收到索赔报告或有关索赔的进一步证明材料后 28 天内,将索赔处理结果答复发包人。如果承包人未在上述期限内作出答复的,则视为对发包人索赔要求的认可。

③承包人接受索赔处理结果的,发包人可从应支付给承包人的合同价款中扣除赔付的金额或延长缺陷责任期;发包人不接受索赔处理结果的,按第 20 条争议解决约定处理。

[课堂互动]

按照《建设工程施工合同(示范文本)》(GF—2017—0201)规定,想想在实事求是的前提下,承包人与发包人应该如何完成各自的索赔工作?

9.2.2　施工索赔证据及报告

(1)施工索赔的证据及基本要求

1)索赔证据

索赔证据是当事人用来支持其索赔成立或和索赔有关的证明文件和资料。索赔证据作为索赔文件的组成部分,在很大程度上关系到索赔的成功与否。证据不全、不足或没有证据,索赔是很难获得成功的。常见的索赔证据有:

①各种合同文件。

②工程各种往来函件、通知、答复等。

③各种会谈纪要。

④经过发包人或者工程师批准的承包人的施工进度计划、施工方案、施工组织设计和现场实施情况记录。

⑤工程各项会议纪要。

⑥施工现场记录。

⑦工程有关照片和录像等。

⑧施工日记、备忘录等。

⑨工程结算资料、财务报告、财务凭证等。

⑩国家法律、法令、政策文件。

2)索赔证据的基本要求

①真实性。索赔证据必须是在实际工作中产生的,完全反映实际情况,能经得起推敲。

②及时性。索赔事项发生后,就应在有效期内及时收集证据并提出索赔意向,逾期将丧失索赔权。

③全面性。所提供的证据应能说明事件全过程,否则,可能会被要求重新补充证据。

④关联性。索赔证据应当与索赔事件有必然联系,并能互相说明,符合逻辑,不能相互矛盾。

⑤有效性。索赔证据必须有法律证明效力。特别是在双方意见分歧、争执不下时,更要注意这一点。

(2)索赔报告的组成及其编制

1)索赔报告的组成

索赔报告是承包人向发包人索赔的正式书面材料,也是发包人审议承包人索赔请求的主要依据。索赔报告通常包括总述部分、论证部分、索赔款项或工期计算部分、证据部分4部分。

2)索赔报告的编制

①总述部分。它是承包人致发包人或工程师的一封简短的提纲性信函,概要论述索赔事件发生的日期和过程,承包人为该索赔事件所付出的努力和附加开支,承包人的具体索赔要求。应通过总述部分把其他材料贯通起来,其主要内容包括以下几项:说明索赔事件、列举索赔理由、提出索赔金额与工期、附件说明。

②论证部分。它是索赔报告的关键部分,其目的是说明自己有索赔权,是索赔能否成立的关键。要注意引用的每个证据的效力或可信程度,对重要的证据资料必须附以文字说明或确认。

③索赔款项或工期计算部分。该部分需列举各项索赔的明细数字及汇总数据,要求正确计算索赔款项与索赔工期。

④证据部分。主要包括两个方面,一是索赔报告中所列举事实、理由、影响因果关系等证明文件和证据资料;二是详细计算书,这是为了证实索赔金额的真实性而设置的,可以大量运用图表。

3）索赔文件编制应注意的问题

整个索赔文件应该简要概括索赔事实与理由,通过叙述客观事实、合理引用合同规定,建立事实与损失之间的因果关系,证明索赔的合理合法性;同时应特别注意索赔材料的表述方式对索赔解决的影响。一般要注意以下几个方面:

①索赔事件要真实、证据确凿。索赔针对的事件必须有确凿的证据,令对方无可推卸和辩驳。

②计算索赔款项和工期要合理、准确。要将计算的依据、方法、结果详细说明列出,这样易于对方接受,避免发生争端。

③责任分析清楚。一般索赔所针对的事件都是由于非承包人责任而引起的,因此在索赔报告中必须明确对方负全部责任,而不可以使用含糊不清的词语。

④明确承包人为避免和减轻事件的影响和损失而作的努力。在索赔报告中,要强调事件的不可预见性和突发性,说明承包人对它的发生没有任何的准备,也无法预防,并且承包人为了避免和减轻该事件的影响和损失已尽了最大的努力,采取了能够采取的措施,从而使索赔理由更加充分,更易于对方接受。

⑤阐述由于干扰事件的影响,使承包人的工程施工受到严重干扰,并为此增加了支付,拖延了工期,表明干扰事件与索赔有直接的因果关系。

⑥索赔文件书写用语应尽量婉转,避免使用强硬语言,否则会给索赔带来不利影响。

[课程育人]

1.在编制索赔报告时,编制内容中有哪些需要特别注意的?

2.想想在索赔工作中,诚实守信原则应该如何体现?

9.2.3　施工索赔的策略和技巧

（1）施工索赔的策略

承包商面对索赔问题是痛苦的。不索赔造成公司利益损失,索赔则可能引起发包人和总监的不满,影响企业声誉。索赔能争取到合同金额外的款项和工期顺延,为尽量避免发包人反感,应掌握一定的策略。

1）全面履行合同

承包商应以积极合作的态度,主动配合发包人完成合同规定的各项义务,搞好各项管理工作,协调好各方面的关系。

2）着眼重大索赔

承包商在施工承包中,不能斤斤计较。尤其是在工程施工的初期,不能让对方感到很难友好相处,不容易合作共事。

3）注意灵活性

在索赔事件处理中,承包商要有灵活性,讲究索赔策略,要有充分准备,要能让步,力求索赔问题的解决,使双方都满意。

4）变不利为有利,变被动为主动

在工程施工过程中,承包商往往处于不利的被动地位。通过寻找索赔机会,承包商可以变不利为有利,变被动为主动。

5)树立正确的索赔观念

索赔是工程施工中的正常现象，是承包人的重要权利，必须高度重视。

(2)施工索赔技巧

掌握索赔的技巧对索赔的成功十分重要。同样性质和内容的索赔，如果方法不当、技巧不高，容易给索赔工作增加新的困难，甚至导致事倍功半的结果。反之，如果方法得当、技巧高明，一些看似很难索赔的项目，也能获得比较满意的结果。因此，要做好索赔工作，除了要做到有理、有据、按时外，掌握一些索赔的技巧也是很重要的。

1)把握好提出索赔的时机

过早提出索赔，对方有充足的时间寻找理由反驳；过迟提出索赔，容易给对方留下借口和理由，遭到拒绝。承包商应在索赔时效范围内适时提出索赔。

2)商签好合同协议

在签订合同过程中，承包人应对明显把重大风险转嫁给承包人的合同条件提出修改的要求，对其达成修改的协议应以"谈判纪要"的形式写出，作为该合同文件的有效组织部分。对以下发包人免责的条款应特别注意：合同条款中不列索赔条款；拖期付款无时限、无利息；无调价公式；发包人认为对某部分工程不够满意，即有权决定扣减工程款；发包人对不可预见的工程施工条件不承担责任等。如果这些问题在签订合同时不谈判清楚，承包人将来就很难有索赔机会。

3)对口头变更指令要得到确认

如果监理工程师口头指令变更，承包人应要求监理工程师予以书面确认。否则，如果承包人执行了指令，监理工程师却不承认，拒绝承包人的索赔要求，承包人苦于没有证据，则达不到索赔的目的。

4)索赔事件的论证要充足

索赔的成功在很大程度上取决于承包人对索赔作出的解释和强有力的证据材料。因此，承包人在正式提出索赔之前，必须保证索赔证据详细完整，这就要求承包人注意记录和积累保存以下资料：施工日志、来往文件、气象资料、备忘录、会议纪要、工程照片、工程音像资料、工程进度计划、工程核算资料、工程图纸和招标投标文件等。

5)及时发出索赔意向通知书

一般合同规定，索赔事件发生后的一定时间内，承包人必须发出索赔意向通知书，过期无效。

6)索赔计价方法和款额要适当

索赔计算时采用"附加成本法"容易被对方接受，因为这种方法只计算索赔事件引起的计划外附加开支，计价项目具体，使索赔能较快得到解决。索赔计价不能过高，过高容易让对方反感，将索赔报告束之高阁，长期得不到解决。而且还有可能让发包人准备周密的反索赔计划，以高额的反索赔对付高额的索赔，使索赔工作更加复杂化。

7)力争单项索赔，避免总索赔

单项索赔事件简单，容易解决，而且还能得到及时支付。总索赔问题复杂、金额大，不易解决，往往到工程结束后还得不到索赔款。

8)坚持采用"清理账目法"

采用"清理账目法"是指承包人在接受发包人按某项索赔的当月结算索赔款时，对该项索赔款的余款部分以"清理账目法"的形式保留文字依据,以保留自己今后获得索赔款余额部分的权利。由于在索赔支付过程中,承包人和监理工程师对确定新单价和工程量方面经常存在不同意见。按合同规定,工程师有权确定分项工程单价,如果承包人认为工程师的决定不尽合理而坚持自己的要求,可同意接受工程师决定的"临时单价"或"临时价格"付款,先拿到一部分索赔款;对其余不足部分,则书面通知工程师和发包人,作为索赔款的余额,保留自己的索赔权利,否则等于同意并承认了发包人对索赔的付款,以后对余额再无权追索,失去了将来要求余款的权利。

9)力争友好解决,防止对立情绪

在索赔时,争议是难免的,如果遇到争端不能理智协商讨论问题,有可能导致发包人拒绝谈判,使谈判旷日持久,这是最不利于索赔问题解决的。因此在索赔谈判时,承包人要头脑冷静,营造和谐的谈判氛围,防止对立情绪,力争友好解决索赔争议。

10)注意同监理工程师搞好关系

监理工程师是处理索赔解决争议的公正的第三方,索赔必须取得监理工程师的认可,注意同监理工程师搞好关系,争取监理工程师的公正裁决,竭力避免仲裁或诉讼。

(3)注意防范的几个问题

1)投标报价时的疏忽

承包商应仔细研究招标文件,详细进行施工现场查勘,慎重确定报价。为了中标而冒险地降低报价,从而在投标报价时就埋下了亏损的种子,限制了施工索赔成功的可能性。

2)商签合同时的疏忽

合同谈判过程中对原合同条件的任何改动,应以"谈判纪要"的形式写出,作为该项目合同文件的有效组成部分,否则将错过索赔的时机。

3)对口头的工程变更指令不予以确认

有的工程师常向承包商发生口头的工程变更指令,此时,承包商应要求工程师补发书面指令或正式备函给工程师,要求予以正式确认。否则,会有得不到应有的经济补偿的风险。

4)没有在规定的时限内发出索赔通知书

承包商应根据具体工程项目合同文件的规定执行,不可忽略时限天数。

5)索赔报告对事实论证不足

根据工程施工合同条件,承包商发出索赔通知书后,每隔 28 天应报送一次索赔证据资料,并在索赔事件结束后的 28 天内报送总结性的报告。在该报告中,应附有索赔款计算书和必要的索赔证据资料。证据资料应集中论证该项索赔的发生过程、严重程度及造成的具体损失款额。这些证据是否充分有力,对索赔的成败关系重大。

6)没有及时申请并获准延长工期

在土建工程施工过程中,由于多方面的原因,经常导致工期拖延。这时,承包商应及时研究发生拖期的原因,并把不属于自己的责任的拖期向工程师正式提出,要求获得工期延长。

7)计价方法不当,索赔款额高

索赔款的计价方法经常采取的有实际成本法、总费用法、修正的总费用法等。在这些计价方法中,反映附加成本的实际费用法比较适用,容易被业主和工程师接受。另一个较常发生的问题,是承包商的索赔款额过高,且论证资料不足,使工程师和业主反感。这样做不仅会导致索赔失败,也会伤害承包商自己的信誉。

8)采取了"算总账"的索赔方法

施工索赔的正确做法,是把索赔纳入按月结算的轨道,要求工程师和业主按月结算支付工程款和索赔款。这样,使索赔逐月解决,以免累积成为巨额。

9)在业主拒付索赔款的条件下继续施工并建成工程

按照工程施工合同条款的做法,当业主长期不支付工程款或索赔款时,承包商有权暂停施工或放慢施工进度。按工程进展支付工程款、按合同原则支付索赔款、按工程施工合同条款办事的基本原则,合同双方都应遵循。

在工程施工中,合同双方应密切配合,公正合理地解决合同实施过程中出现的任何问题,保证工程项目顺利建成。在处理施工索赔问题时,双方也应持这个态度。但是在施工索赔的实践中,合同双方极易发生对抗,甚至形成严重的合同争端。承包商在提出索赔要求以及进行索赔谈判的时候,一定要注意方式和方法,不要引起矛盾的激化。

任务 9.3　索赔计算

9.3.1　施工索赔费用的组成

在已拥有索赔权的情况下,如果采用不合理的计价方法,没有事实根据地扩大索赔金额,往往使索赔搁浅,甚至失败。因此,客观地分析索赔费用的组成和合理地计算,显得十分重要。

(1)索赔费用的组成

索赔费用与工程计价相似,包括直接费、间接费和利润。直接费部分主要是人工费、材料费、设备费、工地杂费和分包费;间接费主要包括工地和总部管理费、保险费、手续费和利息等。

(2)可以索赔的费用

只要各种工程资料和会计资料齐全,承包商若在下述各项费用中遭受了损失,均可通过索赔得到补偿。现将施工索赔中可以索赔的费用归纳如下:

1)人工费

人工费包括增加工作内容的人工费、停工损失费和工作效率降低的损失等累计,其中增加工作的人工费应按照计日工费计算,而停工损失费和工作效率降低的损失费则按窝工费计算,窝工费的标准双方在合同中约定。

2)设备费

设备费可采用机械台班费、机械折旧费、设备租赁费等几种形式。当工作内容增加引起设备费索赔时,设备费的标准按照机械台班费计算。因窝工引起的设备费索赔,当施工机械属于施工企业自有时,按照机械折旧费计算索赔费用;当施工机械是施工企业从外租赁时,索赔费用的标准按照设备租赁费计算。

3)材料费

材料费可包括材料原价、材料运输费、采保费、包装费、材料的运输损耗等,但由于承包人自身管理不善等原因造成的材料损坏、失效等费用损失不能计入材料费索赔。

4）保函手续费和保险费

工程延期时,保函手续费相应增加,反之,取消部分工程且发包人与承包人达成提前竣工协议时,承包人的保函金额相应折减,则计入合同内的保函手续费也相应扣减。

5）贷款利息

在实际施工过程中,由于工程变更和工期延误,会引起承包商投资的增加。发包人拖期支付工程款,也会给承包商造成一定的经济损失,因此承包商会提出利息索赔。

承包商对利息索赔可以采取以下方法计算:

①按当时的银行贷款利率计算。

②按当时的银行透支利率计算。

③按合同双方协议的利率计算。

6）管理费

此项又可分为现场管理费和公司管理费两部分,由于二者的计算方法不一样,所以在审核过程中应区别对待。

7）利润

承包商的利润是其正常合同报价中的一部分,也是承包商进行施工的根本原因。所以当索赔事项发生时,承包商会相应提出利润的索赔。但是对于不同性质的索赔,承包商可能得到的利润补偿不同。一般由于发包人方工作失误造成承包商的损失,可以索赔利润,而发包人方也难以预见的事项造成的损失,承包商一般不能索赔利润。

9.3.2 费用索赔的计算方法

索赔费用的计算方法很多,各个工程项目都可能因具体情况不同而采用不同的方法,主要有三种:

（1）总费用法

计算出索赔工程的总费用,减去原合同报价,即得索赔金额。这种计算方法简单但不尽合理,因为实际完成工程的总费用中,可能包括由于承包人的原因(如管理不善、材料浪费、效率太低等)所增加的费用,而这些费用是属于不该索赔的;另一方面,原合同价也可能因工程变更或单价合同中的工程量变化等原因而不能代表真正的工程成本。凡此种种原因,使得采用此法往往会引起争议,故一般不常用。

但是在某些特定条件下,当需要具体计算索赔金额很困难,甚至不可能时,则也有采用此方法的。这种情况下,应具体核实已开支的实际费用,取消其不合理部分,以求接近实际情况。

（2）修正的总费用法

该方法原则上与总费用法相同,计算对某些方面作出相应的修正,以使用结果更趋合理,修正的内容主要有:

①计算索赔金额的时期仅限于受事件影响的时段,而不是整个工期。

②只计算在该时期内受影响项目的费用,而不是全部工作项目的费用。

③不直接采用原合同报价,而是采用在该时期内如未受事件影响而完成该项目的合理费用。

根据上述修正,可比较全面、合理地计算出受索赔事件影响而实际增加的费用。

（3）实际费用法

实际费用法即根据索赔事件所造成的损失或成本增加,按费用项目逐项进行分析、计算索赔金额的方法。

这种方法比较复杂,但能客观地反映施工单位的实际损失,比较合理,易于被当事人接受,在国际工程中被广泛采用。实际费用法是按每个索赔事件所引起损失的费用项目分别分析计算索赔值的一种方法,通常分三步:第一步,分析每个或每类索赔事件所影响的费用项目,不得有遗漏。这些费用项目通常应与合同报价中的费用项目一致。第二步,计算每个费用项目受索赔事件影响的数值,通过与合同价中的费用价值进行比较即可得到该项费用的索赔值。第三步,将各费用项目的索赔值汇总,得到总费用索赔值。

[分组讨论]

桩基础工程施工:因甲方施工图纸和桩提供不及时,致使施工方施工机械停滞、工人待工。现施工方已向甲方提出工期索赔和费用索赔,并附计算书:

(1)折旧年限为 10 年,机械购置费 325 万,折合机械停滞费为 890 元/天。

(2)人工的窝工损失按日工资标准计算。

问题:施工方的此种计算方法是否合理? 并附带相关依据或者规范规则。

9.3.3　工期索赔的计算方法

(1)工期的索赔中应当注意的问题

①划清施工进度拖延的责任。

②被延误的工作应是处于施工进度计划关键线路上的施工内容。

(2)工期索赔的计算方法

工期索赔的计算主要有网络图分析法、对比分析法、劳动生产率降低计算法和简单累加法。

1)网络图分析法

利用进度计划的网络图,分析其关键线路。如果延误的工作为关键工作,则总延误的时间为批准顺延的工期;如果延误的工作为非关键工作,当该工作由于延误超过时差限制而成为关键工作时,可以批准延误时间与时差的差值;若该工作延误后仍为非关键工作,则不存在工期索赔问题。网络图分析法要求承包人切实使用网络技术进行进度控制,才能依据网络计划提出工期索赔,这是一种科学合理的计算方法,容易得到认可,适用于各类工期索赔。

2)对比分析法

对比分析法比较简单,适用于索赔事件仅影响单位工程或分部分项工程的工期。工程量有增加时,需由此而计算对总工期的影响。公式如下:

①对于已知部分工程的延期时间。

　工期索赔值=受干扰部分工程的合同价/原合同总价×该受干扰部分工期延期时间

②对于已知额外增加工程量的价格。

　　工期索赔值=额外增加的工程量的价格/原合同总价×原合同总工期

3)劳动生产率降低计算法

在索赔事件干扰正常施工导致劳动生产率降低,而使工期拖延时,可按下式计算:

索赔工期=[计划工期×(逾期劳动生产率-实际劳动生产率)]/预期劳动生产率

4)简单累加法

在施工过程中,由于恶劣气候、停电、停水及意外风险造成全面停工而导致的工期拖延,可以一一列举各种原因引起的停工天数,累加结果,即可作为索赔天数。应该注意的是,由多项索赔事件引起的总工期索赔,最好用网络图分析法计算索赔工期。

[课堂互动]

施工中可以索赔的费用主要有哪些?

[分组讨论]

某建筑公司(乙方)于某年4月20日于某厂(甲方)签订了修建建筑面积为3 000 m² 工业厂房(带地下室)的施工合同。乙方编制的施工方案和进度计划已获监理工程师批准,该工程的基坑施工方案规定,土方工程采用租赁一台斗容量为1 m³ 的反铲挖掘机施工。甲、乙双方约定5月11日开工,5月20日完工。在实际施工中发生如下几件事件:

(1)因租赁的挖掘机大修,晚开工2天,造成人员窝工10个工日。

(2)基坑开挖后,因遇软土层,接到监理工程师5月15日停工的指令,并进行地质复查,配合用工15个工日。

(3)5月19日接到监理工程师于5月20日复工令,但在5月20日~5月22日期间,因罕见的大雨迫使基坑开挖暂停,造成人员窝工10个工日。

(4)5月23日用30个工日修复冲坏的永久道路,5月24日恢复正常挖掘工作,最终基坑于5月30日挖掘完毕。

问题:

(1)简述工程施工索赔的程序。

(2)建筑公司对上述哪些事件可以向厂方要求索赔,哪些事件不可以要求索赔,并说明原因。

(3)影响事件工期索赔各是多少天? 总计工期索赔是多少天?

任务9.4 索赔案例分析

施工索赔是一项涉及面广且非常细致的工作,包括建设工程项目施工过程中的各个环节和各个方面。承包商的任何索赔要求,只有准确地计算要求赔偿的数额,并证明此数额是正确和合情合理的,索赔才能获得成功。现将施工现场实际情况收集整理和经常发生的主要几种施工索赔案例,分别介绍如下:

9.4.1 案例1 关于工程量增加和等待工程变更造成人工费超支的索赔

【背景】 某商住楼工程报价中,有钢筋混凝土框架80 m³,经计算模板面积为570 m²,其整个模板工程的工作内容包括模板的制作、运输、安装、拆除、清理、刷油等。由于以下因素的影响,造成人工费的增加,因此承包商对人工费超支向发包人提出索赔。

【案例分析】

（1）合同约定分析

双方合同约定，预算规定模板工程用工 3.5 h/m²，人工费单价为 8 元/h，则模板工程报价中合计人工费计算如下：

$$8 \text{ 元/h} \times 3.5 \text{ h/m}^2 \times 570 \text{ m}^2 = 15\,960 \text{ 元（人民币）}$$

（2）影响因素分析

从工程施工中实际验收的工程量、用工记录、承包商的人工工资报表，而得知其影响因素如下：

①该模板工程小组 10 人共工作了 28 天，每天 8 小时，其中因等待工程变更的影响，使现场模板工作小组 10 人停工 4 小时；

②由于设计图纸修改，使实际现浇钢筋混凝土框架工程量为 88 m³，模板为 630 m²；

③因国家政策性人工工资调整，人工费单价调增到 10 元/h。

以上影响因素是承包商提出索赔的主要依据。因此，进一步收集和整理上述影响因素的索赔证据是十分重要的，并在认真加以核实计算后，才能拟写索赔报告。

（3）人工费索赔的计算

①实际模板工程人工费与报价人工费差额的计算。

实际模板工程人工费计算如下：

$$10 \text{ 元/h} \times 8 \text{ h/（d·人）} \times 28 \text{ d} \times 10 \text{ 人} = 22\,400 \text{ 元}$$

人工费差额（即实际人工费支出与报价人工费之差额）的计算如下：

$$22\,400 \text{ 元} - 15\,960 \text{ 元} = 6\,440 \text{ 元}$$

②由于设计变更所引起的人工费增加，其计算如下：

$$8 \text{ 元/h} \times 3.5 \text{ h/m}^2 \times (630-570) \text{ m}^2 = 1\,680 \text{ 元}$$

③工资调整所引起的人工费增加，其计算如下：

$$(10-8) \text{ 元/h} \times 3.5 \text{ h/m}^2 \times 630 \text{ m}^2 = 4\,410 \text{ 元}$$

④停工等待发包人指令所引起的人工费增加，其计算如下：

$$10 \text{ 元/h} \times 4 \text{ h/人} \times 10 \text{ 人} = 400 \text{ 元}$$

则承包商有理由提出人工费索赔的数量计算如下：

$$1\,680 \text{ 元} + 4\,410 \text{ 元} + 400 \text{ 元} = 6\,490 \text{ 元}$$

9.4.2　案例 2　关于工期延误造成人工费损失的索赔

【背景】　某校教学楼工程，合同规定该工程全部完工需要 127 960 工日。开工后，由于发包人没有及时提供设计资料而造成工期拖延 6.5 个月。

设计资料供应不及时，可能产生降效问题。一般来说，主要是产生窝工问题，对此承包商应对现场劳动力作适当调整，如减少现场施工人数或安排做其他工作，因此承包商要索赔最多也只能是窝工的人工费损失。

$$窝工的人工费 = 工日单价 \times 0.75 \times 窝工工日$$

（工期延长引起的其他损失另计）

在工期拖延的这段时间里，该工程实际使用了 42 800 工日，其中非直接生产用工 15 940

工日,临时工程用工4 850工日。上述用工均有记工单和工资表为证据。而在这段时间里,实际完成该工程全部工程量的10.5%。另外,由于发包人指令对该工程作了较大的设计变更,使合同工程量增加了20%(工程量增加所引起的索赔另行提出计算)。合同约定生产工人人工费报价为85元/工日,工地交通费为5.5元/工日。

【案例分析】

(1)影响因素分析

由于工程量增加了20%,则该工程的劳动力总需要量也相应按比例增加,其具体计算如下:

$$劳动力总需要量=127\,960\,工日×(1+20\%)=153\,552\,工日$$

而在工期拖延的期间里,实际仅完成10.5%的工程量,所需劳动力计算如下:

$$完成10.5\%的工程量所需劳动力=153\,552\,工日×10.5\%=16\,123\,工日$$

(2)索赔费用计算

承包商对工期延误而造成的生产效率降低提出费用索赔,其方法是实际用工数量减去完成10.5%工程量所需用工数量、非直接生产用工数量和临时工程用工数量。即:

$$劳动生产效率降低(工日数)=42\,800\,工日-16\,123\,工日-15\,940\,工日-4\,850\,工日=5\,887\,工日$$

$$人工费损失值=85\,元/工日×5\,887\,工日=500\,395\,元$$

$$工地交通费用=5.5\,元/工日×5\,887\,工日=32\,378\,元$$

(3)案例分析

①因工期延误造成人工费损失的索赔计算,要求报价中劳动效率的确定是科学的、符合实际的。如果承包商在报价中把劳动效率定得较高,计划用工数就较少,则承包商可通过索赔获得额外的收益。所以驻地工程师在处理此类问题时,要重新审核承包商的报价依据。

②对于承包商的责任和风险所造成的劳动效率降低,如由于气候原因造成现场工人停工,计算时应在其中给以扣除,对此驻地工程师必须有详细的现场记录,否则因审核计算无依据,容易引起索赔争议。

9.4.3 案例3 关于工程工期延误造成管理费用增加的索赔

由于工程工期延误或工程范围变更,造成企业管理费用增加,则可以向发包人提出索赔。按照我国现行费用定额(即费用标准)的规定,管理费用分为现场管理费用和企业(总部)管理费。

【背景】 如某承包商承包某一工程,原计划合同工期为240天,工程在实施过程中工期延误了60天,即实际施工工期为300天,原计划合同工期的240天内,承包商的实际经营状况如见表9.1。请计算其管理费索赔值。

表9.1 承包商的实际经营状况表

单位:元

序 号	名 称	延误工程	其余工程	总 计
1	合同金额	200 000	400 000	600 000
2	直接成本	180 000	320 000	500 000
3	总部管理费			60 000

【案例分析】

（1）现场管理费用的索赔计算

现场管理费用索赔可按照下列公式进行计算：

现场管理费用索赔值＝索赔的直接成本费用×现场管理费费率

现场管理费费率应按照各地区对现场管理费费率的规定取值。若按 16% 规定取值,则计算式如下：

$$现场管理费用索赔值 = 180\ 000\ 元×16\% = 28\ 800\ 元$$

（2）企业（总部）管理费用的索赔计算

企业（总部）管理费用的索赔可按照管理费用的日费率分摊的办法计算,其计算步骤和计算公式如下：

延误工程应分摊的企业（总部）管理费 A ＝（被延误工程的原价/同期承包工程合同价之和）×同期承包工程计划企业（总部）管理费

单位时间（日或周）企业（总部）管理费费率 B＝A/计划合同工期（日或周）

企业（总部）管理费用索赔值 C＝B×工程延误时间（日或周）

计算式如下：

$$A = (200\ 000/600\ 000)元×60\ 000\ 元 = 20\ 000\ 元$$

$$B = A/240\ 天 = 20\ 000\ 元/240\ 天$$

$$C = B×60\ d = (20\ 000\ 元/240\ 天)×60\ 天 = 5\ 000\ 元$$

若用工程直接成本来代替合同金额,则：

$$A_1 = (180\ 000/500\ 000)元×60\ 000\ 元 = 21\ 600\ 元$$

$$B_1 = A_1/240\ 天 = 21\ 600\ 元/240\ 天$$

$$C_1 = B_1×60\ 天 = (21\ 600\ 元/240\ 天)×60\ 天 = 5\ 400\ 元$$

（3）案例分析

按照以上工期延误后其企业（总部）管理费用索赔的原理,企业（总部）管理费用索赔值的计算就有了可靠的依据。就是说一旦工程工期延误,相当于该工程占用了可调往其他工程的施工力量,包括部分管理人员和费用,即损失了在其他工程中可以获取的企业（总部）。也就是说,由于工程工期延误,影响了这一时期内其他工程的收入,其企业（总部）管理费用也因此而减少,故应在工程工期延误的施工项目中索取补偿。

9.4.4　案例 4　关于工期索赔

【背景】　某施工单位根据领取的某 200 m² 二层厂房工程项目招标文件和全套施工图纸,采用低报价策略编制了投标文件,并获得中标。该施工单位（乙方）于×年×月×日与建设单位（甲方）签订了该工程项目的固定价格施工合同。合同工期为 8 个月。甲方在乙方进入施工现场后,因资金紧缺,无法如期支付工程款,口头要求乙方暂停施工 1 个月。乙方亦口头答应。工程按合同规定期限验收时,甲方发现工程质量有问题,要求返工。2 个月后,返工完毕。结算时甲方认为乙方迟延交付工程,应按合同约定偿付逾期违约金。乙方认为临时停工是甲方要求的。乙方为抢工期,加快施工进度才出现了质量问题,因此迟延交付的责任不在乙方。甲方则认为临时停工和不顺延工期是当时乙方答应的。乙方应履行承诺,承担违约责任。

问题：

(1)该工程采用固定价格合同是否合适？

(2)该施工合同的变更形式是否妥当？此合同争议依据合同法律规范应如何处理？

【案例分析】

(1)因为固定价格合同适用于工程量不大且能够较准确计算、工期较短、技术不太复杂、风险不大的项目。该工程基本符合这些条停，故采用固定价格合同是合适的。

(2)根据《中华人民共和国民法典》和《建设工程施工合同(示范文本)》(GF—2017—0201)的有关规定，建设工程合同应当采取书面形式，合同变更亦应当采取书面形式。若在应急情况下，可采取口头形式，但事后应予以书面形式确认。否则在合同双方对合同变更内容有争议时，往往因口头形式协议很难举证，而不得不以书面协议约定的内容为准。本案例中甲方要求临时停工，乙方亦答应，是甲、乙双方的口头协议，且事后并未以书面的形式确认，所以该合同变更形式不妥。在竣工结算时双方发生了争议，对此只能以原书面合同规定为准。

在施工期间，甲方因资金紧缺要求乙方停工1个月，此时乙方应享有索赔权。乙方虽然未按规定程序及时提出索赔，丧失了索赔权，但是根据《民法典》的规定，在民事权利的诉讼时效期内，仍享有通过诉讼要求甲方承担违约责任的权利。甲方未能及时支付工程款，应对停工承担责任，故应当赔偿乙方停工1个月的实际经济损失，工期顺延1个月。工程因质量问题返工，造成逾期交付，责任在乙方，故乙方应当支付逾期交工1个月的违约金，因质量问题引起的返工费用由乙方承担。

[**案例讨论**]

微课:从索赔案例看索赔在工程经营管理中的重要性

[**项目实训**]

1.某城市职业学院在实训大楼建设的土方工程中，承包商在合同标明有坚硬岩石的地方没有遇到坚硬岩石，因此工期提前2个月。但在合同中另一未标明地下水位在施工面以下的地方遇到地下水位高于最低施工面，因此导致开挖工作变得更加困难，由此造成了实际生产率比原计划低得多，经测算影响工期3个月。由于施工效率低，导致后序施工任务延误到雨季进行，按一般公认标准推算，又影响工期2个月。施工单位因此造成的各项损失准备提出索赔。

2.指导教师提出关于施工索赔的问题。

例如：

(1)该项施工索赔能否成立？为什么？

(2)在该索赔事件中，应提出的索赔内容包括哪两个方面？

（3）在工程施工中,通常可以提供的索赔证据有哪些?

3.分组讨论,每组 5~6 人,由各组组长负责。

4.处理工程案例中的问题,形成书面报告。

5.编制索赔报告。

实训成果:处理施工索赔问题的书面报告和索赔报告。

小　结

根据《建设工程施工合同(示范文本)》(GF—2017—0201),可以将施工索赔定义为:根据合同约定,承包人认为有权得到追加付款和(或)延长工期的或发包人认为有权得到赔付金额和(或)延长缺陷责任期的而向对方提出的权利主张。施工索赔具有双向性、实际发生损失和单方行为的基本特征。工作中,可以对索赔从不同的角度、标准和方法进行分类。

施工索赔产生的原因具体有:工程变更、工程延期、不可抗力或意外风险及不依法履行施工合同等。索赔的处理原则:必须以合同为依据、及时、合理处理索赔、必须注意资料的积累和加强索赔的前瞻性。

施工索赔的处理过程一般包括 7 个步骤。根据合同约定,承包人认为有权得到追加付款和(或)延长工期的,可以向发包人提出索赔;根据合同约定,发包人认为有权得到赔付金额和(或)延长缺陷责任期的,应通过监理人向承包人发出通知。

索赔证据是当事人用来支持其索赔成立或和索赔有关的证明文件和资料。证据不全、不足或没有证据,索赔是很难获得成功的。

索赔报告是承包人向发包人索赔的正式书面材料,也是发包人审议承包人索赔请求的主要依据。索赔报告通常包括总述部分、论证部分、索赔款项或工期计算部分、证据部分 4 部分。

施工索赔应掌握一定的策略和技巧,注意防范容易出现的问题。

索赔费用与工程计价相似,包括直接费、间接费和利润。直接费部分主要是人工费、材料费、设备费、工地杂费和分包费;间接费主要包括工地和总部管理费、保险费、手续费和利息等。索赔费用的计算方法很多,主要有 3 种:总费用法、修正的总费用法和实际费用法。

工期索赔的计算主要有网络图分析法、对比分析法、劳动生产率降低计算法和简单累加法。

工程施工索赔,只有通过实际案例,才能得到巩固和加强。

知识扩展链接

1. 房屋建筑和市政基础设施项目工程总承包管理办法

https://www.mohurd.gov.cn/gongkai/fdzdgknr/tzgg/201912/20191231_243363.html

2. 住房城乡建设部关于发布国家标准《建设项目工程总承包管理规范》的公告

https://www.mohurd.gov.cn/gongkai/fdzdgknr/tzgg/201706/20170629_232410.html

3.住房和城乡建设部市场监管总局关于印发建设项目工程总承包合同(示范文本)的通知

https://www.mohurd.gov.cn/gongkai/fdzdgknr/tzgg/202012/20201209_248376.html

复习思考与练习

一、填空题

1._____是指合同在履行过程中,合同一方发生并非由于本方的过错或原因造成的,也不属于自己风险范围的额外支出或损失,受损方依据法律或合同向对方提出的补偿要求。

2.索赔是双向的,不仅____可以向发包人索赔,发包人同样也可以向_____索赔。

3.索赔只是____行为,对对方尚未形成约束力,这种索赔要求能否得到最终实现,必须要通过双方确认后才能实现。

4.按索赔请求主体分类,可分为_____和_____。

5.按索赔的处理方式可分为_____和_____。

6._____是当事人用来支持其索赔成立或和索赔有关的证明文件和资料。

7.2013版施工合同对承包人索赔的处理规定,_____应在收到索赔报告后14天内完成审查并报送发包人。_____对索赔报告存在异议的,有权要求承包人提交全部原始记录副本。

8._____是承包人向发包人索赔的正式书面材料,也是发包人审议承包人索赔请求的主要依据。

9.索赔报告通常包括_____、_____、_____或工期计算部分、证据部分4部分。

10.直接费部分主要是_____、_____、_____、工地杂费和分包费。

二、单选题

1.施工索赔,可以按索赔所依据的理由进行分类,以下不是按所依据的理由分类的是(　　)。

A.合同内索赔　　　　　　　　　B.合同外索赔

C.合同中默示的索赔　　　　　　D.道义索赔

2.施工索赔的产生原因可以根据责任划分分为两大类,以下是(　　)不可归责于合同当事人的原因产生的索赔。

A.发包人或其员工的疏忽失职　　B.工程变更

C.合同履行过程中遭遇的不可抗力　D.不依法履行施工合同

3.以下说法不正确的是(　　)。

A.发包人在任何时候均可对施工图、说明书、合同进度表,用文字写成书面文件进行变更

B.如果变更工程不在合同范围以内,承包商可以拒绝执行,或者经双方同意签订补充

协议

  C. 现场的施工条件与合同确定的情况大不相同,承包商应立即通知发包人或工程师进行检查确认

  D. 任何情况下,承包方都可以提出工程延期

 4. 关于工程施工索赔,承包人在知道索赔事件发生后(　　)天内,向监理人递交索赔意向通知书,并说明发生索赔事件的事由。

  A. 7　　　　　　　　B. 14　　　　　　　　C. 21　　　　　　　　D. 28

 5. 承包人应在发出索赔意向通知书后(　　)天内,向监理人正式递交索赔报告。

  A. 7　　　　　　　　B. 14　　　　　　　　C. 21　　　　　　　　D. 28

 6. 监理人应在收到索赔报告后(　　)天内完成审查并报送发包人。

  A. 7　　　　　　　　B. 14　　　　　　　　C. 21　　　　　　　　D. 28

 7. 关于承包人的索赔,以下说法错误的是(　　)。

  A. 承包人未在知道或应当知道索赔事件发生后 28 天内发出索赔意向通知书的,丧失要求追加付款和(或)延长工期的权利

  B. 发包人逾期答复的,则视为认可承包人的索赔要求

  C. 发包人拒绝承包人的索赔,可不作任何答复

  D. 承包人接受索赔处理结果的,索赔款项在当期进度款中进行支付

 8. 关于发包人的索赔,以下说法错误的是(　　)。

  A. 如果承包人未在上述期限内作出答复的,则视为对发包人索赔要求的认可

  B. 承包人接受索赔处理结果的,发包人可从应支付给承包人的合同价款中扣除赔付的金额或延长缺陷责任期

  C. 发包人的索赔程序包括:①发出通知②提出索赔意向通知书 ③递交索赔报告

  D. 发包人应在发出索赔意向通知书后 14 天内,通过监理人向承包人正式递交索赔报告

 9. 以下做法对索赔有利的是(　　)。

  A. 索赔报告对事实论证不足

  B. 计价方法不当,索赔款额高

  C. 对口头的工程变更指令不予以确认

  D. 坚持采用"清理账目法"

 10. 可以索赔的费用不包括(　　)。

  A. 税金　　　　　　B. 人工费　　　　　　C. 设备费　　　　　　D. 利润

三、多选题

 1. 索赔作为一种正当的权利要求,具有以下基本特征(　　)。

  A. 索赔是双向的

  B. 只有实际发生了经济损失或权利损害,一方才能向对方索赔

  C. 索赔是一种需经对方确认的双方行为

  D. 索赔是一种未经对方确认的单方行为

2. 按索赔的内容分类,有( )。

    A. 工期索赔   B. 费用索赔   C. 利润索赔   D. 发包人索赔

3. 按索赔事件的性质分类,有( )。

    A. 工程加速索赔   B. 工程延误索赔

    C. 合同被迫终止索赔   D. 工程变更索赔

4. 工程施工索赔产生的原因,具体有以下几种( )。

    A. 依法履行施工合同   B. 工程延期

    C. 不可抗力或意外风险   D. 工程变更

5. 在以下情况中,承包人完成工程期限是允许推迟的( )。

    A. 由于提供施工图的时间推迟

    B. 承包人施工组织管理不善

    C. 由于发包人暂停施工

    D. 由于发包人中途变更工程

6. 施工索赔的处理原则是( )。

    A. 索赔必须以合同为依据   B. 加强索赔的前瞻性

    C. 及时、合理处理索赔   D. 必须注意资料的积累

7. 索赔证据的基本要求是( )。

    A. 真实性   B. 及时性   C. 关联性   D. 有效性

8. 施工索赔费用的组成包括( )。

    A. 直接费   B. 间接费   C. 利润   D. 税金

9. 费用索赔的计算方法有( )。

    A. 修正的总费用法 B. 单位估价法   C. 实际费用法   D. 总费用法

10. 工期索赔的计算方法( )。

    A. 网络图分析法   B. 对比分析法

    C. 劳动生产率降低计算法   D. 简单累加法

附录
电子招投标简介

互联网技术的成熟和广泛应用,促进了电子招投标的普及。《招标投标法实施条例》规定,国家鼓励利用信息网络进行电子招标投标。2013 年 5 月 1 日,国家发改委等八部门联合制定的《电子招标投标办法》及相关附件技术规范正式实施。

所谓电子招标投标(e-bidding),是指根据招标投标相关法律法规规章,以数据电文为主要载体,应用信息技术完成招标投标活动的过程。数据电文是指以电子、光学、磁或者类似手段生成、发送、接收或者储存的信息。

按照特定用途和规定的内容格式要求编辑生成的数据电文称为电子文件。

电子招标投标系统根据功能的不同,分为交易平台、公共服务平台和行政监督平台。其中,以数据电文形式完成招标投标交易活动的信息平台称为交易平台。

目前,广西壮族自治区建设工程招投标和公共资源招投标均已建立了电子招投标平台。下面对广西壮族自治区公共资源电子招投标作简要介绍。

一、电子招投标系统

广西公共资源招投标服务中心电子招投标系统(附图 1)可以实现区、市、县三级联动公共

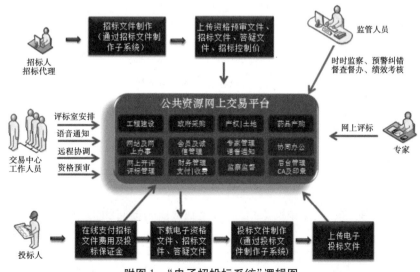

附图 1 "电子招投标系统"逻辑图

资源交易(含工程建设、政府采购、产权交易、土地交易、药品产购)全过程的电子化招投标,包括网上招标、网上投标、网上开标、网上评标、网上行政监管等业务。

二、电子招投标五大功能简介(附图2)

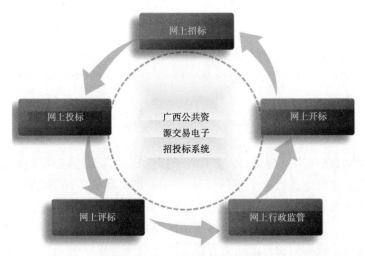

附图2　电子招投标五大功能图

1.网上招标

网上招标包括企业注册、发布招标信息、电子招标文件制作、上传并备案招标文件、网上预约开标时间、网上专家抽取及语音通知、网上公示中标结果等内容。

以上传并备案招标文件环节图例说明(附图3)。招标人(招标代理)利用招标文件制作子系统制作出带有电子签章的招标文件,并通过公共服务平台进行网上上传,备案至项目交易系统。

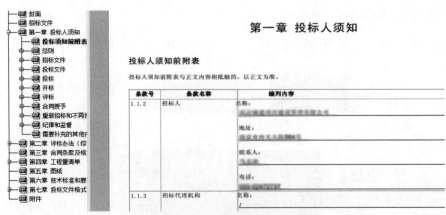

附图3　招标文件环节图例

2.网上投标

网上投标包括网上报名、网银购买招标文件、在线匿名提问、电子投标文件制作、网上加密上传、投标保证金递交等内容。

以电子投标文件制作环节图例说明(附图4)。投标人下载招标文件后,即可利用投标文件制作子系统,采用招标人、投标人双重加密原理制作电子投标文件。

附图4　电子投标文件制作环节图例

制作完成后,对电子标书进行电子签章,如附图5所示。

附图5　对电子标书进行电子签章

3．网上开标

网上开标包括公布投标人名单、投标文件解密、自动唱标等内容。

以自动唱标环节图例说明(附图6)。系统自动关联项目交易系统,将唱标信息公示出来,并进行自动唱标。

序号	单位名称	投标总价(元)	项目经理	授权委托人	工期(天)	质量承诺	保证金(元)	缴纳情况	备注	操作
1		145,946,884.03			260	符合国家质量验收标准	800000	已缴纳		修改
2		131,285,627.57			260	符合国家质量验收标准	800000	已缴纳		修改
3		133,855,369.08			260	符合国家质量验收标准	800000	已缴纳		修改
4		136,845,838.38			260	符合国家质量验收标准	800000	已缴纳		修改
5		137,006,896.03			260	工程质量标准:符合国家建设工程竣工验收标准,质量目标:国优	800000	已缴纳		修改
6		135,957,042.63			260	符合国家质量验收标准	800000	已缴纳		修改
7		135,585,862.53			260	符合国家质量验收标准	800000	已缴纳		修改

附图6　自动唱标环节图例

注:唱标时还与保证金缴纳相关联,自动显示是否缴纳保证金。

4. 网上评标

"网上评标"系统由评标准备、经济标评审、技术标评审、评标结束4大部分组成。以广西公共资源招投标服务中心公共服务平台为纽带,构成广西公共资源交易电子化招投标的全新科技平台。

同时可实现异地远程评标,并进行异地评标时时监控,进一步保证评标的客观、公平、公正。

以评标结束环节图例说明(附图7)。

附图7 评标结束环节图例

评标结束阶段,"网上评标"系统自动汇总经济分、技术分等,形成最终得分并自动排序。评标专家可通过电子签名技术对评标结果进行电子签名,从而形成电子版评标报告。

(1)自动生成评分汇总

系统根据招标文件中设置好的算法模型,自动汇总得分排序,并列出候选人名单。如附图8所示。

序号	投标人	投标报价得分	施工组织设计得分	项目管理得分	其他	总分
1	中州建工集团有限公司	70.00	19.47	5.00	0.00	94.47
2	中建六局第五建设有限公司	69.49	19.93	5.00	0.00	94.42
3	南京尧山通信工程有限公司	69.11	19.13	0.00	0.00	88.24
4	江苏南建工程股份有限公司	69.41	16.80	1.00	0.00	87.21
5	徐州市建工建安集团有限公司	66.65	18.87	1.00	0.00	86.52
6	南京中景新建设工程有限公司	64.16	17.40	0.00	0.00	81.56
7	江苏省工建集团股份有限公司	63.97	17.00	0.00	0.00	80.97

附图8 自动生成评分汇总

(2)评标专家签署评标报告

评标专家可通过电子签名技术对评标结果进行电子签名,确保了整个网上评标过程的无纸化操作。并且该电子签名符合《中华人民共和国电子签名法》规定,与手工签章具有同等法律效力。如附图9所示。

（一）标价比较表

评审情况 投标人姓名	投标总价(元)	对商务偏差的 价格调整(元)	折算的评标价 (元)	经评审的最终 投标价(元)	技术标评 审是否通过	备注	排序
中铁建工集团有限公司	131285027.57	0.00	131285027.57	131285027.57	通过		1
中建八局第二建设有限公司	133517142.41	0.00	133517142.41	133517142.41	通过		2
江苏省建工集团有限公司	133855269.08	0.00	133855269.08	133855269.08	通过		3
南京河海建设工程有限公司	135185658.88	0.00	135185658.88	135185658.88	通过		4
江苏南通二建集团有限公司	145946884.03	0.00	145946884.03	145946884.03	通过		5
南京第三建筑工程公司	156861826.28	0.00	156861826.28	156861826.28	通过		6
江苏南江建筑集团有限公司	157666890.01	0.00	157666890.01	157666890.01	通过		7

评委（签名）：　　　　　　　　　　　　　　　　　　　

2010年10月29日9时0分

附图9　评标专家与电子签名

（3）自动生成评标报告

评标专家签完后,系统自动生成电子版目录式评标报告。并且相应有权限人可以网上查阅和下载、打印评标报告。如附图10所示。

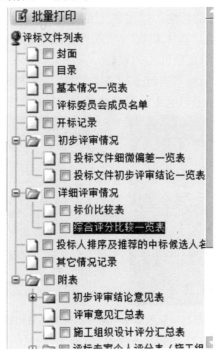

附图10　自动生成评标报告

5. 网上行政监管

"网上行政监管"系统的思路是:在系统中预设相应规范标准(监控点),在实际操作过程中,执行情况数据会与预设的监控点进行衡量比较,同时还可接收在线投诉监督信息。若发现可能违规违纪的情况,"网上行政监管"系统会自动发出相应预警信息。经过深入的调查、取证、挖掘分析后,督办部分可发出督办处理信息进行督办处理。如附图11所示。

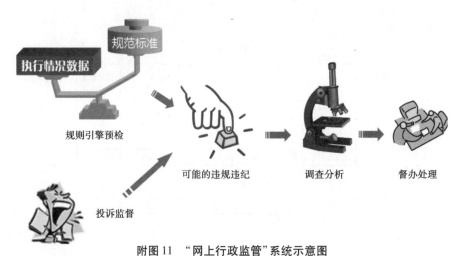

附图 11　"网上行政监管"系统示意图

三、"电子招投标系统"意义

广西公共资源招投标服务中心电子招投标系统的推广应用是公共资源招投标领域的一大创举,将为规范招投标交易市场,实现公开、公平、公正的招投标交易活动作出重大贡献。

①遏制招标人暗定中标人的行为。通过建立并应用评标模型,采用模板形式编制招、投标文件,避免了招标人对投标人的"量体裁衣",实现评标结果的科学性、合理性和不可预见性。破解了招标人与投标人串通,暗定中标人的难题。

②标书电子化,实现了纸质标书向电子标书的转换,极大提升了标书编制效率,并且确保了标书投递的安全性。纸质标书与电子标书的体量对比如附图 12 所示。

附图 12　纸质标书与电子标书的体量比较

③通过对投标人名单、抽取专家名单的保密,限制了相应人员的"权力",确保招投标过程的规范性、有序性。

④全流程网上操作避免了到专管部门、服务中心来回跑的情况,降低了交易成本。同时方便了外地企业投标,减少了企业的投资成本。全流程无纸化,节约了大量纸张使用。据测算,投标直接成本就可以节约为过去的 2/3。

⑤实现了资源的集约共享,所有数据实现一次录入,全程共享,并且同类资源做到了统一有效管理,避免了相同信息的重复、多次录入造成了交易成本浪费。

⑥服务、监管、监察一网运行,实行分权制约,三者直接指责分明,相互支撑,服务、管理、监

督形成了合力。如附图 13 所示。

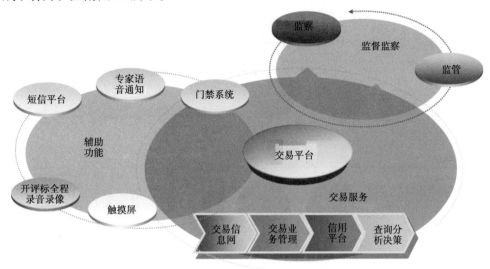

附图 13　电子标书分权制约示意图

⑦严厉打击了串通投标行为。通过设置并应用软、硬件识别码,经济标错误雷同性分析、技术标雷同性分析等多种高科技手段,为科学、合理、有效地发现围标串标线索,打击串通投标,维护招投标市场秩序提供了科技保障。

⑧有效遏制了低价中标、高价结算行为。通过全面分析投标数据,找出所有投标报价内部存在的不平衡数据项,破解了打击因不平衡报价导致的低价中标、高价结算,谋取非法利益的难题。

⑨杜绝评标专家滥用自由裁量权。通过商务标的计算机自动评审,杜绝了评标专家滥用自由裁量权,保证评标工作的客观、公正性。破解了评标专家自由裁量权过大,评标结果受专家人为因素控制的难题。

⑩解决了人为因素对评标数据的干扰和篡改。通过采用软件识别码嵌入技术、数字签名技术、标书加解密技术和可信时间戳技术,保证投标数据的安全性和法律效力,实现评标结果的确定性、可重现性和数据的一致性,破解了人为干扰和篡改评标数据的难题。

⑪有效杜绝恶意抬高和过低中标的现象。通过科学的评标模型,使得过高或过低的投标报价在排序时被排在末位。不能成为中标人。破解了恶意抬高和过低中标,扰乱招投标市场秩序的难题。

⑫网上监管监察系统对交易中心招投标过程进行网上实时监察监控、控制和综合分析,确保行政行为依法、透明、廉洁、高效运行:

一是:监管范围覆盖整个招投标交易全过程。做到服务、监管、监察一网运行,相互支撑,形成有机合力。

二是:网上监察内容广泛。包含时效监察监控、流程监察监控、行为监察监控、重点项目更正督办、廉政风险点监察、异常情况督办跟踪等各方面,全方位的监察监控。

三是:评标过程监管系统时时把握评标过程动态情况,有利于对评委评标进行有力监管,确保评标的公平、公正性,确保评标工作的规范性。

四是:监察统计结果动态展示(附图14)。通过饼状图、柱状图、三色预警、警铃提示等多种手段动态展示,实现更人性化的管理。

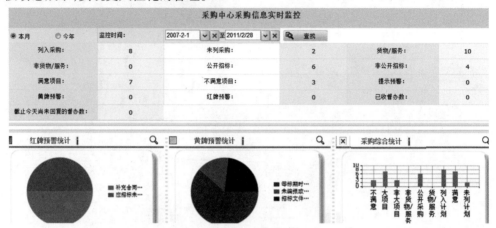

附图14 监察统计结果动态展示

参考文献

［1］中国招标投标协会.中国招标采购常用法规选编(2020)［M］.北京:中国计划出版社,2020.

［2］财政部国库司(政府采购管理办公室).政府采购法律法规工作手册［M］.北京:经济科学出版社,2012.

［3］于健龙,王红松,冯小光,孙巍.中国建设工程法律评论(第九辑)［M］.北京:法律出版社,2019.

［4］常青,段利飞.工程招投标与合同管理［M］.2版.哈尔滨:哈尔滨工业大学出版社,2017.

［5］杨锐,王兆、建设工程招投标与合同管理［M］.北京:人民邮电出版社,2018.

［6］宋春岩.建设工程招投标与合同管理［M］.4版.北京:北京大学出版社,2019.

［7］王晓.建设工程招投标与合同管理［M］.2版.北京理工大学出版社,2017.

［8］刘仁辉.建设工程合同管理与索赔［M］.3版.北京:机械工业出版社,2017.

［9］全国造价工程师职业资格考试培训教材编审委员会.建设工程计价［M］.北京,中国计划出版社,2019.

［10］毛林繁,李帅锋.招标投标法条文辨析及案例分析［M］.北京:中国建筑工业出版社,2013.

［11］赵勇,陈川生.招标采购管理与监督［M］.北京:人民邮电出版社,2013.

［12］住房城乡建设部.国家工商行政管理总局.建设工程施工合同(示范文本)(GF-2017-0201)［S］.北京:中国建筑工业出版社,2017.

［13］《建设工程施工合同(示范合同)(GF-2017-0201)使用指南》编委会.建设工程施工合同(示范文本)(GF-2017-0201)使用指南［M］.北京:中国建筑工业出版社,2018.

［14］蓝兴洲.房地产投资分析［M］.2版.武汉:武汉理工大学出版社,2018.

［15］周玲,满高华.建筑设备工程施工与识图［M］西安:西安交通大学出版社,2016.

［16］陈玲燕,建设工程项目管理［M］.武汉:华中科技大学出版社,2017.